AF138281

Das große Buch der DDR-Nutzfahrzeuge

Udo Paulitz

Das große Buch der
DDR-Nutzfahrzeuge

Landwirtschaft • Feuerwehr • Lastverkehr

Impressum

Verantwortlich: Lothar Reiserer/Alexander Mück
Redaktion, Satz und Layout:
alpha & bet VERLAGSSERVICE, München
Schlusskorrektur: Ute Thomsen
Einbandgestaltung: Ralph Hellberg
Herstellung: Anna Katavic
Printed in Slovenja by Florjancic

**Sind Sie mit diesem Titel zufrieden? Dann
würden wir uns
über Ihre Weiterempfehlung freuen.**
Erzählen Sie es im Freundeskreis, berichten
Sie Ihrem Buchhändler, oder bewerten Sie das
Werk beim Onlinekauf.
Und wenn Sie Kritik, Korrekturen oder
Aktualisierungen haben, freuen wir uns über
Ihre Nachricht an den GeraMond Verlag,
Postfach 40 02 09, D-80702 München oder
per E-Mail an lektorat@verlagshaus.de.

Unser komplettes Programm finden Sie unter

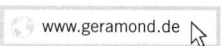

Alle Angaben dieses Werkes wurden sorgfältig
recherchiert und auf den neuesten Stand
gebracht sowie vom Verlag geprüft. Für die
Richtigkeit der Angaben kann jedoch keine
Haftung übernommen werden, weshalb die
Nutzung auf eigene Gefahr erfolgt. Sollte dieses
Werk Links auf Webseiten Dritter enthalten, so
machen wir uns die Inhalte nicht zu eigen und
übernehmen für die Inhalte keine Haftung.

Die Deutsche Nationalbibliothek verzeichnet
diese Publikation in der Deutschen National-
bibliografie; detaillierte bibliografische Daten sind
im Internet über http://dnb.d-nb.de abrufbar.

© 2019 GeraMond Verlag GmbH, München

ISBN 978-3-95613-072-4

Bildnachweis

Hilmar Glinski (Slg. Paulitz): 251, 255 u.
Horst Hintersdorf: Vorsatz, 24, 25 re., 33 u., 41,
43, 46, 47, 53, 54, 59 u., 61, 64
Frank Hartmut Jäger: 100 / 101, 103 o., 110 u.,
118 u., 123 u., 128, 142, 151, 159, 169, 178 u., 179,
182 o., 183, 190 u., 196 o., 197 u.
Andy Melms: 33 o., 40, 73, 82, 93, 95, 98, 264,
272 u.
Uwe Miethe: 247 o., 248 u., 249 o., 267, 268, 270
Norbert Schmitt: 5 o., 65 u., 66, 67 u., 75 o., 79 u.,
86, 91, 116, 143, 170 u., 171, 198, 199 o.
Ralf Weinreich (Slg. Paulitz): 127, 147, 150 u.,
187, 191 o., 241, 255 M., 256 u., 259, 261 o., 263,
265 u., 269, 273, 274 u., 275, 278 u., 279 o.
Harry Werner: 67 o.
Feuerwehren:
  Chemnitz: 125 o., 146, 149, 187
  Gera: 107 u. re.
  Rostock: 106 o., 125 u.

Alle anderen Aufnahmen stammen von
Udo Paulitz oder aus dessen Sammlung.

INHALT

46 PS

Famulus 46

LL 00-91

Famulus

Traktoren

Maulwurf, Harz und Rübezahl

Neubeginn mit alten Modellen

Die bedingungslose Kapitulation des Dritten Reiches im Mai 1945 hinterließ in Deutschland ein Chaos ohnegleichen. Das Land lag in Trümmern, Verkehrsverbindungen und Versorgungseinrichtungen, kurzum die gesamte Infrastruktur war stark zerstört. Hunderttausende Menschen waren auf der Flucht, und ein Großteil der männlichen Bevölkerung befand sich in Kriegsgefangenschaft. Der Zusammenbruch war vollkommen. Nach den Entbehrungen der Kriegszeit begann eine weitere, fast noch schwerere Zeit, die nur ganz allmählich in zäher Arbeit und mit ungebrochenem Aufbauwillen überwunden werden konnte. Was unter den damaligen Bedingungen, bei überwiegend völlig ungenügender Ernährung, von der Bevölkerung geleistet wurde, ist heute nicht vorstellbar. Das war anfangs im westlichen Teil Deutschlands nicht anders als in der sowjetischen Besatzungszone.

Auch in der stark heruntergewirtschafteten Landwirtschaft gestaltete sich die Situation unmittelbar nach Kriegsende katastrophal. Der Vieh- und Maschinenbestand war während des Krieges ohnehin stark geschrumpft. In vielen Dörfern suchte man vergebens nach einer Kuh, einem Schwein oder gar einem Pferd. Die Sicherung der menschlichen Grundbedürfnisse, zu der in erster Linie die Ernährung zählte, war das vorrangig zu lösende Hauptproblem. Im Klartext bedeutete es, dass die Ernte – ganz egal mit welchen Mitteln – eingebracht werden musste. Von dem noch vorhandenen Traktoren- und Gerätebestand – im gesamten Kreis Wismar waren z. B. noch ganze 107 Traktoren vorhanden – war der überwiegende Teil reparaturbedürftig, die wenigsten betriebsbereit. Viele der bis Kriegsende in der Rüstungsproduktion eingebundenen Werkstätten und Reparaturbetriebe waren zerstört und entsprechendes Fachpersonal ebenfalls Mangelware. Nur mit größter Mühe, viel Improvisationskunst und hohem hand-

werklichem Können konnten die Maschinen notdürftig einsatzbereit gehalten werden. Hinzu kam, dass kaum noch Zugtiere vorhanden waren, die in der Lage gewesen wären, den Mangel an Traktoren auszugleichen. Wegen der gewaltigen Engpässe in der Lebensmittelversorgung durfte die Bewirtschaftung der Felder auch nicht unterbrochen werden. Damals wurde die gesamte arbeitsfähige Land- und Stadtbevölkerung unter Androhung strenger Strafen zum Arbeitseinsatz verpflichtet. Aus Mangel an Maschinen wurde jede Hand zur Einbringung der Ernte gebraucht.

Weitere Probleme ergaben sich durch die von den Siegermächten beschlossene Enteignung des Großgrundbesitzes. Im Zuge dieser von der Sowjetischen Militäradministration (SMAD) angeordneten und mit großer Konsequenz durchgeführten sogenannten Bodenreform wurden bis Ende 1949 in der Sowjetzone über 14 000 große Höfe und Güter mit mehr als 100 Hektar Land entschädigungslos enteignet. Diese Maßnahme betraf aber nicht nur Großgrundbesitzer, sondern auch die als Kriegsverbrecher, NSDAP-Mitglieder und Gegner des Kommunismus eingestuften Personen. Das Land wurde ärmeren oder landlosen Bauern und Landarbeitern, aber auch Flüchtlingen zugesprochen. Jeder erhielt eine Fläche von etwa acht Hektar. Alles enteignete und noch verfügbare Ackergerät wurde zunächst von der Vereinigung der gegenseitigen Bauernhilfe (VdgB) regional erfasst und den neuen Kleinbauern gegen Entgelt zur Verfügung gestellt. Ab 1948 richtete man Maschinen-

Eine MAS-Station in den frühen 1950er-Jahren bei den Erntevorbereitungen. Wartung und Reparaturarbeiten an Traktoren und Maschinen erfolgten, wie am Bockkran mit Flaschenzug ersichtlich, unter freiem Himmel.

Erst 1990 ging dieser Bulldog aufs Altenteil, konnte aber der Verschrottung entgehen. Anfang des neuen Jahrtausends wurde er komplett restauriert. Dabei wurde eine neue, durchgehende Frontscheibe installiert. Hier präsentiert er sich nach Abschluss der Arbeiten im Jahr 2003 in neuem Anstrich.

ausleih-Stationen (MAS) ein, deren Bezeichnung später in Maschinen-Traktoren-Stationen (MTS) geändert wurde. Sie erfüllten die gleiche Aufgabe.

Nach Durchführung von Bestandsaufnahmen konnte man erfreulicherweise feststellen, dass dennoch eine Vielzahl von Traktoren und Landmaschinen der unterschiedlichsten Typen die Kriegswirren und die kaum weniger schlimme Zeit danach überlebt hatten. Aussagefähige Zahlen stehen leider nicht zur Verfügung. Es ist aber eine unbestreitbare Tatsache, dass diesen Traktoren und Geräten eine weitaus größere Bedeutung zugemessen werden muss, als dies in der bisherigen Literatur der Fall war. Ohne sie wäre die Not in der Nachkriegswirtschaft noch um ein Vielfaches größer gewesen. Daher sollen diese Veteranen der ersten Stunde nachstehend ihre verdiente Würdigung erfahren.

Lanz – ohne ihn lief anfangs gar nichts

Diesem Hersteller gelang es 1921, den ersten selbstfahrenden Rohölschlepper der Welt auf die Räder zu stellen. Es war eine einfache 12-PS-Maschine mit langsam laufendem, liegend angeordnetem Einzylinder-Zweitakt-Glühkopfmotor. Obwohl dieser kleine Bulldog in erster Linie als selbstfahrende Arbeits- und Zugmaschine zum Antrieb stationärer Maschinen eingesetzt wurde, war Lanz damit ein großer Wurf gelungen.

Der nächste wichtige Entwicklungsschritt von Lanz war der Kühlerbulldog des Typs 15/30 PS. Hier wurde dem hohen Wasserverbrauch der Verdampfungskühlung mit austauschbaren, im geschlossenen Kreislauf arbeiteten Kühlerelementen abgeholfen. Erstmals verfügte er auch über ein Getriebe mit Rückwärtsgang. Dieser 1929 gebaute, restaurierte Bulldog wurde auf Luftbereifung umgerüstet.

Mit der 1926 begonnenen Fließbandfabrikation des Verdampfer- oder Großbulldogs HR 2 entstand das Urmodell des großen Zehnliter-Glühkopfbulldogs. Bereits hier waren alle wesentlichen Konstruktionsmerkmale vorhanden, die bis zum Ende der Bulldogproduktion bestimmend blieben. Das Nachfolgemodell war der mit einer Thermosyphonkühlung versehene Kühlerbulldog 15/30 PS. Es waren leistungsstarke Maschinen, die ihr hauptsächliches Betätigungsfeld auf großen Höfen fanden. Nahezu zeitgleich entwickelten die Lanz-Werke für kleinere Betriebe leichtere Bulldogs der Reihe 12/20, die von einer 4,7-l-Maschine angetrieben wurden.

Als Ersatz für die Kühlerbulldogs folgten 1934 neue Baureihen mit 30 bzw. 38 PS. Schon damals war die Heinrich Lanz AG die größte Landmaschinenfabrik Deutschlands. Etwa die Hälfte der alljährlich im Inland zugelassenen Traktoren kamen aus Mannheim. Der robuste, ständig weiterentwickelte Bulldog bewährte sich in allen Einsatzbereichen. Im In- und

Hier ein weiterer großer Lanz-Bulldog, nachgerüstet mit einem Fahrerhaus aus der frühen DDR-Traktorfertigung sowie mit einem von der Kurbelwelle angetriebenen Luftkompressor für Anhängerbetrieb

Ausland fand er wegen seiner unverwüstlichen Bauart und seiner Wirtschaftlichkeit große Anerkennung und Verbreitung. In der zweiten Hälfte der 1930er-Jahre wurde das Produktionsprogramm laufend ausgebaut. So umfasste es im letzten Friedensjahr sechs Grundmodelle mit 15, 20, 25, 35, 45 und 55 PS. Der 1939 beginnende Krieg bedeutete für einige vielversprechende Neuentwicklungen das Aus. Das Jahr 1942 war auch das letzte Jahr einer als halbwegs regulär zu bezeichnenden Produktion. Bis dahin hatte dieser Hersteller mehr als 100 000 Bulldogs ausgeliefert. Die von staatlicher Seite der Schlepperindustrie verordnete Holzgas-Ära ging auch an Lanz nicht vorbei. Am Ende des Krieges waren die Mannheimer Fabriken weitgehend durch Luftangriffe zerstört.

Die Lanz-Werke hatten im Inland schon frühzeitig ein flächendeckendes Händlernetz und einen gut funktionierenden Werkskundendienst aufgebaut. In die landwirtschaftlich stark ausgeprägten Gebiete Mittel- und Ostdeutschlands ging rund die Hälfte der Lanz-Vorkriegsproduktion. Dabei waren die gro-

Dauerhaft und anspruchslos war der Lanz Großbulldog HR 2. Diese erste große Lanz-Maschine war ein Bulldog mit Verdampfungskühlung, wobei der Wasserkasten über einen dem hohen Verbrauch angemessenen Vorrat von 135 l verfügte. Der abgebildete, von Eisen- auf Luftbereifung umgerüstete Bulldog wurde im Sommer 1979 zufällig in Neudorf im Erzgebirge in einer Scheune entdeckt.

ßen Zehnliter-Maschinen die eindeutigen Favoriten, denn die Höfe östlich der Elbe waren vergleichsweise großflächig gestaltet. Hier wurden die großen Maschinen überwiegend für schwere Pflugarbeiten eingesetzt. Trotz großer Verluste erlebten viele das Kriegsende. Ungefähr jeder zweite in der SBZ und späteren DDR vorhandene Vorkriegstraktor war ein Lanz-Bulldog. Diese Fahrzeuge bildeten jahrelang das Rückgrat in den MAS/MTS-Stationen, wo sie fast immer auf unvorstellbar hohe Betriebsleistungen kamen. Ohne die unverwüstlichen Bulldogs wären in den ersten Nachkriegsjahren nicht nur die Landwirtschaft, sondern auch die meisten Bereiche des Güternahverkehrs zusammengebrochen. Hinzu kam, dass den großen Maschinen aus Mannheim keiner der frühen Radtraktoren volkseigener Produktion leistungsmäßig das Wasser reichen konnte, dies besonders, wenn auf schweren Böden gearbeitet

werden musste. In den durch Treibstoffknappheit geprägten ersten Nachkriegsjahren konnten die anspruchslosen Maschinen noch einmal ihre Trümpfe als „Allesfresser" voll ausspielen. Denn hinsichtlich der Kraftstoffqualität war der Bulldogmotor überhaupt nicht wählerisch. Er verdaute alle billigen Öle und Kraftstoffe, aber auch anderweitig nicht mehr verwendbare Altöle und Ölreste. Die fast immer viel zu knappen Kraftstoffzuteilungen konnten mit diesen Abfällen sinnvoll gestreckt werden.

Trotz ihrer ausgesprochenen Robustheit machten Verschleißerscheinungen auch vor den Bulldogs nicht halt. Das zunehmende Alter, aber auch die überaus starke Nutzung forderten ihren Tribut. Die sich vertiefende Spaltung Deutschlands und

Dieser 45 PS starke Ackerluftbulldog D 9506 von 1938 hat neben dem Fahrerhaus Marke Eigenbau eine Druckluftbremsanlage für Anhängerbetrieb erhalten. Der wohl im Bezirk Leipzig überwiegend für Straßentransporte eingesetzte Bulldog wurde vorbildlich restauriert.

letztendlich der Mauerbau 1961 machten es zunehmend aussichtsloser, an werksseitige Ersatzteile heranzukommen. Für den Betrieb gänzlich unbrauchbare Maschinen wurden ausgeschlachtet und als Ersatzteilspender verwendet. Viele Verschleißteile wurden von meist kleineren, regionalen DDR-Betrieben nachgefertigt. Erst ab der zweiten Hälfte der 1960er-Jahre ging die Ersatzteilfertigung zurück. Die jetzt total überalterten Vorkriegsmaschinen waren mittlerweile einfach verbraucht, was bei den horrenden Betriebsstunden nicht weiter verwundert. Immer häufiger mussten diese altgedienten Veteranen den Gang zum Hochofen antreten. Überwiegend waren dies die großen Maschinen, denn die kleineren Bulldogs wurden häufig von den nach Feierabend tätigen Privatbauern erworben.

Im Laufe ihres langen Einsatzlebens waren die Maschinen zahlreichen Änderungen unterworfen. Eigenumbauten und bauliche Ergänzungen, zu denen häufig geschlossene Fahrerhäuser zählten,

Erstaunlich viele Bulldogs haben die DDR-Zeiten bis nach der Wende überlebt. Dazu gehört auch dieser 1936 gebaute, mit Dach ausgerüstete Eilbulldog D 9531, dessen numerische Bezeichnung auf das Vorhandensein einer Seilwinde hinweist.

Selten hingegen sind heute die eisenbereiften Ackerbulldogs. Denn diese nur mit Dreiganggetriebe, ohne Brems- und Beleuchtungsanlage, vielfach auch ohne Anlasszündung ausgelieferten Billigbulldogs wurden nach dem Krieg oft auf Gummibereifung umgerüstet.

Obwohl sie etwas im Schatten der großen Zehnliterbulldogs standen, waren die kleinen 20- und 25-PS-Maschinen auch in der DDR eine feste Größe. Der seit 1936 gebaute 20-PS-Bauernbulldog D 3506 war für kleinere Höfe gedacht. Hier ein 1938 gebautes, nachträglich mit Lichtmaschine am Wasserkasten und Hinterradkotflügeln ausgerüstetes Exemplar.

waren an der Tagesordnung. Dies traf natürlich nicht nur auf Fahrzeuge der Marke Lanz, sondern auf alle übrigen Vorkriegstraktoren in der DDR zu.

Deutz – Die unverwüstlichen Stahlschlepper

Die Kölner Motorenfabrik Deutz zählte vor dem Krieg zu den drei großen Traktorherstellern Deutschlands. Bereits 1907 entstand das erste landwirtschaftliche Nutzfahrzeug. Das Engagement war

zunächst nur von kurzer Dauer. Um den eigenen Motoren einen neuen Verbreitungsbereich zu erschließen, stieg dieser Hersteller erst im Jahr 1927 endgültig in die Branche ein. Das Erstlingswerk war eine eher stationäre Arbeitsmaschine und weniger für den Acker gedacht. Der endgültige Durchbruch zum erfolgreichen Schlepperfabrikanten gelang 1934, als das erste Fahrzeug aus der Reihe der sogenannten Stahlschlepper vorgestellt wurde. Bei diesen sehr fortschrittlichen Modellen ging das Unternehmen erstmals zur selbsttragenden Blockbauweise über, die sich – durch den amerikanischen Fordson-Schlepper vorgegeben – bereits auf breiter Front durchgesetzt hatte. Die in verschiedenen Varianten und Motorleistungen produzierten Traktoren wurden ein Riesenerfolg und teilweise bis in die frühen 1950er-Jahre gefertigt. Auch auf dem Territorium der DDR verblieben zahlreiche dieser Schlepper, die lange Zeit unverzichtbare Dienste namentlich im Transportgewerbe geleistet haben.

Noch größere Erfolge konnte Deutz mit dem berühmten, 1936 vorgestellten 11-PS-Bauernschlepper F 1 M 414 erzielen. Dieser vornehmlich für Kleinbetriebe vorgesehene Schlepper war weltweit das erste in Großserie fabrizierte Fahrzeug in dieser Leistungsklasse. Er leitete den ersten Motorisierungsschub bei

Der restaurierte, weißrot lackierte Schlepper der Firma Krappe ist ein 50 PS starker Deutz F 3 M 317 aus dem Jahr 1939, der mittlerweile von einem Fremdaggregat angetrieben wird. Ebenso wie die übrigen abgebildeten Fahrzeuge wurde er noch bis in die frühen 1990er-Jahre eingesetzt.

In Leipzig gab es einen größeren Kohlenhändler, bei dem sich bis in die 1980er-Jahre noch mehrere Deutz-Straßenschlepper aus der Vorkriegszeit im Einsatz befanden. Zumindest teilweise besaßen diese noch aus den 1930er-Jahren stammenden Fahrzeuge keine Originalmotoren mehr. Die äußerlich sehr heruntergekommen wirkenden Deutz-Traktoren waren mit ein oder zwei mit Braunkohlenbriketts beladenen Anhängern unterwegs. Hier wurde mithilfe mechanischer Kohlenwaagen der staubige Brennstoff in Zentnersäcke abgefüllt und dann in die Keller getragen.

den landwirtschaftlichen Kleinbetrieben in Deutschland ein. Auch den kleinen Deutz konnte man in der DDR noch zahlreich antreffen.

Hanomag – Solide Qualität aus Hannover

Die Hanomag-Werke in Hannover-Linden waren der dritte große Anbieter der deutschen Schlepperindustrie der 1930er-Jahre. Nach dem Engagement in die Kraftpflugtechnik vollzogen die Hannoveraner 1924 mit dem WD-Schlepper den Einzug in den Markt der Radschlepper. 1931 war ein sehr zuverlässiger Dieselmotor serienreif geworden. Dieses Antriebsaggregat bildete die Grundlage zu einer kompletten Schlepperreihe, die im Leistungsbereich von 36 bis 50 PS lag. Es gab sie als Ackerschlepper, wahlweise mit Eisen- oder Luftbereifung, aber auch als Verkehrsschlepper für den überwiegenden Straßeneinsatz. 1942 begann die Serienfertigung des neuen Modells R 40, eines sehr soliden Radschlepers mit 40 PS, der alle bisherigen Typen ersetzte. Im weiteren Verlauf des Krieges kam der Schlepperbau infolge der immer stärker geforderten Rüstungsproduktion fast vollkommen zum Erliegen. Wegen ihrer Zuverlässigkeit und Robustheit waren Hanomag-Traktoren überall geschätzt und begehrt.

Normag – Die berühmten Ackerschlepper aus Nordhausen

Die Nordhäuser Maschinenbau GmbH, die in den 1930er-Jahren unter dem Namen Normag firmierte,

Ein 1939 gebauter Hanomag-Dieselschlepper SR 38/45, der noch im Sommer 1979 in einem Dorf im Erzgebirge als Einsatzfahrzeug angetroffen wurde. Der 45 PS starke Traktor hatte eine den härteren klimatischen Bedingungen angepasste, geschlossene Eigenbau-Holzkabine erhalten.

Ein mustergültig restaurierter NG 22 von 1939 mit angebautem Seitenmähwerk. Dieses schöne Fahrzeug befindet sich noch immer in erster Hand.

hatte 1938 mit dem Bau von Ackerschleppern begonnen. Es war das Acker- und Bauernschlepper-Modell NG 22, das von einem 22 PS starken Zweizylinder-MWM-Diesel angetrieben wurde und sich durch Zuverlässigkeit schnell einen guten Namen machte. Während sich der NG 22 auch für leichtere Transportarbeiten eignete, gab es den mit dem Zweizylinder-Deutz-Diesel F 2 M 414 bestückten NG 10 als reinen Ackerschlepper. Beide Modelle wurden ein großer Erfolg, denn bis zum verordneten Baustopp im Jahr 1942 waren es 4972 Einheiten, die die Werkstore verließen. Als Ersatz musste nun der Generatorschlepper NG 25 produziert werden, von dem bis zum Beginn des Jahres 1948 die beachtliche Zahl von immerhin 2449 Exemplaren entstand. Da die Normag-Werke zu den beiden einzigen in der sowjetisch besetzten Zone gelegenen Traktorenwerken zählten, war die Zahl der einsatzfähigen Fahrzeuge regional relativ groß. So verrichteten auch noch Jahre nach Kriegsende viele dieser Traktoren ihren Dienst auf den Feldern der Republik.

Restaurierter Traktor des Typs SA 751 mit Windschutzscheibe und Dach aus dem Jahr 1939, gesehen im Jahr 2009 auf dem Fahrzeugtreffen in Markkleeberg. Dieses Fahrzeug firmiert noch unter dem O-&-K-Firmensignet.

Orenstein & Koppel (MBA) – Quadratisch, kantig, gut

Die in Berlin ansässigen Orenstein-&-Koppel-Werke stiegen erst 1938 in die Schlepperbranche ein. Als Produktionsstandort wählte man die Werksanlagen der früheren Maschinenfabrik Montania in Nordhausen. Damit war neben der Firma Normag ein weiterer Schlepperbauer in Nordhausen entstanden. Aus politischen Motiven – die beiden Firmeneigner waren jüdischer Abstammung – wurde 1939 die Enteignung der Inhaber durch die nationalsozialistische Reichsregierung verfügt. Ab 1941 firmierte das Unternehmen unter der Bezeichnung „Maschinenbau- und Bahnbedarf AG" (MBA). Erst 1949 wurde diese völlig willkürliche Umbenennung wieder aufgehoben. Das erste Produkt war das Schleppermodell SA 751, das von einem hauseigenen Zweizylinder-Dieselmotor mit 30 PS angetrieben wurde. Gegen die starke, am Markt etablierte Konkurrenz blieben die Verkaufserfolge dieses mehr als soliden Traktors konventioneller Machart eher mäßig. Immerhin verließen bis 1943 genau 1401 Fahrzeuge das Werk in Nordhausen. Mit 403 Einheiten noch um einiges geringer waren die Fertigungszahlen eines seit 1939 unter der Bezeichnung SB 751 produzierten 15-PS-Bauernschleppers. Zu Beginn des Jahres 1943 musste der Traktorenbau gänzlich eingestellt werden. Danach war das Unternehmen nur noch als Zulieferer von Rüstungsgütern tätig. Bedingt durch die Werksnähe, überlebten verhältnismäßig viele dieser Traktoren in der DDR.

FAMO – Der Schlepper aus Breslau

Die Breslauer Fahrzeug- und Motorenwerke GmbH (FAMO) wurden im November 1935 als Tochtergesellschaft der Dessauer Junkers-Flugzeugwerke gegründet. Gleichzeitig übernahm sie die bisherige, von

Im Jahr 1939 entstand dieser Ackerradschlepper XL, dessen Hinterradfelgen mit zusätzlichen Ballastgewichten ausgerüstet sind.

den Linke-Hofmann-Werken (LHB) in Breslau aufgezogene Schlepperfertigung. Dieses Unternehmen stellte die seit Jahren bewährten Kettenschlepper Boxer und Rübezahl her, während Entwicklungsarbeiten für einen Radschlepper gerade erst angelaufen waren. Die FAMO setzte dabei auf einen schweren Radschlepper der gehobenen Leistungsklasse, dessen Abnehmerkreise hauptsächlich in der Großlandwirtschaft östlich der Elbe gesehen wurde. 1936 wurde der erste Prototyp des Ackerschleppers XL vorgestellt, der mit seinem kräftigen Vierzylinder-Diesel mit 42–45 PS Motorleistung gut motorisiert war. 1938 ging das Fahrzeug in Serie. Kaum war die Produktion angelaufen, brach der Krieg aus und verhinderte die beabsichtigte Großserienfertigung. 1942 musste der Bau endgültig eingestellt werden. Als sich die Ostfront immer mehr den deutschen Reichsgrenzen näherte, erteilte das Rüstungsministerium im Dezember 1944 die Weisung, die FAMO-Betriebs-

einrichtungen in Richtung Westen zu verlagern. Eine noch realisierte Teilverlagerung zum Junkerswerk Schönebeck / Elbe bildete dann den Ausgangspunkt, um den FAMO-Schlepper als RS 01/40 Pionier in der DDR wiederauferstehen zu lassen. Einige Radschlepper XL, aber auch Kettenschlepper hatten selbst in der SBZ die schweren Zeiten überlebt. Sie waren ob ihrer Zuverlässigkeit und großen Leistung dort sehr begehrt.

Fahr – Traktoren aus dem Badischen

Die im badischen Gottmadingen ansässige Maschinenfabrik Fahr AG baute 1938 ihren ersten Traktor. Hierbei handelte es sich um das Modell F 22, das aufgrund der bisherigen Erfahrungen im Landmaschinenbau außerordentlich zweckmäßig konstruiert war. Insbesondere war die sehr niedrige Schwerpunktlage des 22 PS starken Traktors hervorzuheben. Infolge des Krieges entstanden von diesem ausgezeichneten Schleppermodell bis Mitte 1942 allerdings nur noch 1652 Exemplare.

Stock – Ein fortschrittlicher Bauernschlepper

Diese in Berlin ansässige und seit 1930 unter dem Namen Stock-Motorpflug-Gesellschaft mbH tätige

Dieser 45 PS starke Kettenschlepper-Boxer wurde 1939 bei den FAMO-Werken gebaut.

In der DDR verblieben ist dieser 1940 gebaute Fahr F 22 mit der Fabrikationsnummer 295.

Der Stock-Bauernschlepper – hier ein Fahrzeug von 1941 – war ein sehr fortschrittliches, geradezu vorbildlich gestaltetes Fahrzeug, an dessen Technik sich manche Nachkriegshersteller orientierten.

Ein 1939 gebauter Ackerschlepper Z 1, der nach Kriegsende mit einem geschlossenen Fahrerhaus versehen wurde. Das Fahrzeug war mit Getriebezapfwelle und Riemenscheibe ausgerüstet.

Firma besaß in der Branche als Hersteller von Tragpflügen und Kettenschleppern einen ausgezeichneten Ruf. 1935 wurde der Bau von Ackerschleppern aufgenommen. Das seit 1938 gefertigte, verbesserte Stock-Modell besaß den unverwüstlichen Deutz-Diesel F 2 M 414 mit 22 PS und als einziger deutscher Schlepper bereits ein Gruppenschaltgetriebe mit 6/2 Gängen. Die bis 1942 gefertigten Stückzahlen blieben klein. 1945 wurde das im Berliner Ostsektor gelegene Traktorwerk von der sowjetischen Besatzungsmacht demontiert und erlosch damit für immer. Nicht viel anders erging es der Firma Primus, die durch den Standort im Berliner Osten ebenfalls ihre Produktionsstätte für immer verlor.

MIAG – Ein Mühlenbetrieb als Traktorhersteller

1936 begann die aus dem Zusammenschluss bedeutender deutscher Mühlenbetriebe in Braunschweig entstandene Firma MIAG – Mühlenbau und Industrie AG – sich dem Traktorbau zuzuwenden. Es entstand der mit einem Hilfsrahmen ausgerüstete Ackerschlepper LD 20, der ob seiner wuchtigen Motorhaube einen etwas klobigen Eindruck machte. Der von einem Zweizylinder-Vorkammer-Diesel mit 20/22 PS angetriebene Traktor galt indes als zuverlässig und erfuhr eine verhältnismäßig weite Verbreitung. Auch nach Kriegsende befanden sich diese unverwüstlichen Schlepper noch lange im Einsatz.

Zettelmeyer – Bewährt auf Acker und Straße

Auch die seit der Jahrhundertwende mit dem Bau von Straßenwalzen befasste Trierer Firma Hubert Zettelmeyer begann Mitte der 1930er-Jahre mit dem Bau von Acker- und Straßenschleppern. Dem ersten Modell Z 1 folgte 1936 der ebenfalls mit einem 20/22-PS-Diesel ausgerüstete Straßenschlepper Z 2. Oftmals verfügte der Z 2 über eine Heckseilwinde, bei der als Kombinationsaggregat Zapfwelle und Riemenscheibe zusammengefasst waren. Die sehr soliden Fahrzeuge erfreuten sich großer Beliebtheit, und vor allem der Straßenschlepper war im Güternahverkehr und bei kleinen Gewerbebetrieben der 1930er-Jahre oft anzutreffen. Auch auf dem Gebiet der späteren DDR verblieben recht viele Fahrzeuge, auf die lange Zeit nicht verzichtet werden konnte.

Kramer – Der Hersteller des „Allesschaffer"

Bis auf das Jahr 1925 lässt sich das Engagement im Traktorenbau der Maschinenfabrik Gebr. Kramer im

Ein im Kreis Stollberg/Sachsen beheimateter, im Jahr 1941 gebauter LD 20 mit Seitenmähwerk. Keinesfalls selbstverständlich war damals der verhältnismäßig bequeme Fahrersitz.

Der kleine Zettelmeyer-Straßenschlepper Z 2 – hier ein Fahrzeug von 1937 – verfügte über durchgehende Kotflügel, die mit Trittbrettern verbunden waren. Häufig waren diese Fahrzeuge mit einer Heckseilwinde bestückt, weshalb sie auch für leichtere Arbeiten im Forst eingesetzt werden konnten.

badischen Gutmadingen zurückverfolgen. In diesem Jahr gelang es, den ersten selbstfahrenden Motormäher auf die Räder zu stellen. Nach und nach wuchs der kleine Betrieb zu einem vollwertigen Schlepperhersteller heran, bei dem im modernen Fließbandverfahren gearbeitet wurde. Von 1936 bis 1942 wurden die Allesschaffer-Bauernschlepper K 12 sowie K 18 mit 12 bzw. 18 PS in beachtlichen Stückzahlen gebaut. Die für kleinbäuerliche Betriebe konzipierten, vergleichsweise preiswerten Traktoren galten als robust, zuverlässig, betriebssicher und konnten zudem ohne Führerschein gefahren werden. Sie waren einfach, unkompliziert und leicht zu bedienen. Der äußerst niedrige Kraftstoffverbrauch – die Motoren waren mit billigem Rohöl und etwas Schmieröl zufrieden – verursachte nur minimale Betriebskosten. In Mitteldeutschland, der späteren DDR, waren diese Kleinschlepper vorwiegend in den kleinparzellierten Regionen Thüringens und Sachsens zu finden. Andererseits konnten sie aber auch auf größeren Höfen als Zweit- und Pflegeschlepper eingesetzt werden.

Ein 1937 gebauter Kramer K 12 M (mit Mähwerk), der mit einem verdampfungsgekühlten 12-PS-Güldner-Diesel ausgerüstet war. Sein niedriger Preis kam dem geringen Einkommen vieler Kleinbauern entgegen.

Beim stärkeren Kramer-Modell K 18 M – hier ein 1939 gebautes Fahrzeug – war das Seitenmähwerk (wie beim K 12 M) serienmäßig vorhanden – zu einen Mehrpreis von 200 Reichsmark.

Die DDR-Traktoren der ersten Generation

Die viel zu geringen Traktorenbestände in der sowjetischen Besatzungszone machten die möglichst schnelle Aufnahme einer eigenen Ackerschlepperproduktion unumgänglich. Das war aber leichter gesagt als getan, denn fast alle wichtigen Hersteller und Zulieferer befanden sich in den westlichen Besatzungszonen.

In den ersten Nachkriegsjahren ging es vor allem darum, die durch den Krieg entstandenen Defizite auszugleichen und den zahlreichen, durch enteignetes Land entstandenen vielen Kleinbauernhöfen Traktoren und andere landwirtschaftliche Geräte zur Verfügung zu stellen. Da zum damaligen Zeitpunkt die Zusammenfassung der Höfe in LPG-Betriebe noch nicht zur Debatte stand, wurde der Bau von Traktoren des mittleren Leistungsbereichs vorangetrieben.

Nach Kriegsende war auf dem Territorium der SBZ und späteren DDR praktisch keine funktionsfähige Produktionsstätte für Traktoren vorhanden, die sofort mit einer Fertigung hätte beginnen können. Das wenige, was noch vorhanden war, zerstörten die Sowjets durch Demontage. In erster Linie betraf dies den Standort Nordhausen am Harz, wo sich gleich zwei mit dem Schlepperbau befasste Unternehmen befanden. Dies waren die Normag-Werke (Nordhäuser Maschinenbau AG) und der aus der Firma Orenstein & Koppel hervorgegangene Hersteller MBA (Maschinenbau und Bahnbedarf AG). Beide Betriebe hatten – ganz im Gegensatz zur mittelalterlichen Stadt Nordhausen, wo ein militärisch völlig unnötiger amerikanischer Luftangriff unmittelbar vor Kriegsende rund 8000 zivile Opfer forderte – das Kriegsende eigentümlicherweise nahezu unbe-

Mit einfachen Prospektblättern wurden in der DDR – wie hier für den „Pionier" – Produkte beworben, die am Markt nicht frei verkäuflich waren.

40 PS DIESEL-SCHLEPPER
Typ RS 01 · PIONIER ·

ERZEUGNIS DES VEB SCHLEPPERWERK NORDHAUSEN

schädigt überstanden. Obwohl anstelle der MBA die Montania GmbH zur baldigen Aufnahme der Schlepperfertigung gegründet wurde, demontierten die Sowjets das Werk und machten die gesamte Bausubstanz dem Erdboden gleich. Die von ihren in den Westen geflohenen Besitzern verlassenen Normag-Werke wurden enteignet. Lediglich der Maschinenpark durfte für einen bescheidenen Schlepperbau weiter genutzt werden. Hier entstanden in kleinen Stückzahlen weitere Generatorschlepper, aber auch Rückbauten auf Dieselbetrieb. Die einzelne, in den folgenden Jahren recht unübersichtliche Entwicklung beider Hersteller kann hier nicht detailliert ausgeführt werden. Das dann schließlich dem Bereich der Spezial-, Bau- und Bergbaumaschinen zugeschlagene Normag-Werk schied für die zukünftige Traktorenherstellung aus. Im Juli 1947 fanden in der damaligen Deutschen Zentralverwaltung Industrie die ersten Beratungen betreffs einer Schlepperfertigung in der sowjetischen Besatzungszone statt. Das Ziel bestand darin, Fertigungsstätten für 22- und 40-PS-Schlepper zu finden und deren Bau so kurzfristig wie möglich aufzunehmen. 1948 fasste man sämtliche Fahrzeug- und Motorenfabriken in der SBZ zentral unter dem Dachverband des „IFA Industrieverband Fahrzeugbau" zusammen. Auf der Suche nach einem Standort für die Traktorenproduktion kam Nordhausen wieder in die engere Wahl. Aus dem ehemaligen MBA- und späteren Montania-Werk wurde nun das IFA Schlepperwerk Nordhausen. Dort lief im Juli des Jahres 1949 die Serienfertigung des 22-PS-Schleppers RS 02/22 „Brockenhexe" an.

Eine etwas andere Vorgeschichte hatte der erste DDR-Radschlepper, der RS 01/40 „Pionier". Gegen Kriegsende war ein großer Teil des Werkzeugmaschinenbestands der Breslauer FAMO-Werke in das Junkers-Werk Schönebeck/Elbe verlagert worden. Hier wurden die Konstruktionsunterlagen des schweren Radtraktors XL überarbeitet. Der Bau konnte an diesem Standort aber nicht aufgenommen werden, da Montagekapazitäten des weitgehend demontierten

Der RS 03/30 „Aktivist" aus der ersten Bauserie war ein besonders gedrungen wirkender Traktor.

Werkes – die Junkers-Flugzeugwerke gehörten gemäß dem Potsdamer Abkommen zu den zu liquidierenden Betrieben – nicht bestanden. Daher wurde die Produktion schließlich in den Zwickauer Horch-Werken aufgenommen. Einzelne Baugruppen entstanden allerdings in Schönebeck. Und im Jahr 1951 erfolgte dann der Weiterbau dieses Modells im Schlepperwerk Nordhausen.

Mit den Brandenburger Traktorenwerken, den früheren Brennabor-Automobilwerken, trat 1949 der dritte Traktorenhersteller in der DDR in Erscheinung. Hier wurde ab Mitte dieses Jahres der Radschlepper RS 03/30 „Aktivist" gefertigt.

Zumindest erwähnt werden soll die von dem Erfurter Ingenieur Egon Scheuch bereits vor dem Krieg entwickelte und im Herbst 1949 unter der Bezeichnung „Maulwurf" vorgestellte Ackerbaumaschine. Dieses von einem luftgekühlten DKW-Einzylinder-Zweitakt-Vergasermotor mit 8,75 PS angetriebene Fahrzeug erschien noch zwei Jahre vor dem Alldog der Lanz-Werke auf dem Markt und war damit die erste motorisierte Allzweckmaschine in Deutschland. Nur in kleinen Stückzahlen gebaut, wurde sie bald durch eine verbesserte, ebenfalls als Maulwurf bezeichnete Konstruktion ersetzt.

Ein 1956 gebauter RS 01/40 „Pionier" aus Thüringen mit Druckluftbremsanlage vor einem Anhänger mit schwerem Stammholz, fotografiert 2003. Die Verwendung von Radschleppern für Transportaufgaben hatte in der DDR-Wirtschaft einen ungleich höheren Stellenwert als in der BRD.

Radschlepper RS 01/40 „Pionier"

D er Radschlepper RS 01/40, die erste Radschlepperkonstruktion in der DDR, basierte auf dem bekannten, seit 1938 bei den Breslauer FAMO-Werken gefertigten 45-PS-Ackerradschlepper XL. Nach Schönebeck/Elbe übersiedelte Mitarbeiter des Werkes bereiteten den überarbeiteten Nachbau dieses Traktors vor. Der Traktor wurde auf der Leipziger Messe des Jahres 1949, im Übrigen noch mit dem FAMO-Emblem, vorgestellt. Das ehemalige Horch-Werk in Zwickau, das einen Teil der Werkzeugmaschinen aus Breslau erhalten hatte, wurde mit der Fertigung des zunächst als „IFA-Schlepper 40 PS" bezeichneten Traktors beauftragt. Nachdem bis Oktober 1950 dort rund 2250 Einheiten gebaut worden waren, wurde die gesamte Produktion ins Schlepperwerk Nordhausen verlagert. Hier wurde der RS 01/40 ab 1951 in deutlich höheren Stückzahlen – bis zum Ende des Jahres 1956 in weiteren 20 123 Exemplaren –; überwiegend in grüner Lackierung, produziert.

Es war lange Zeit der stärkste in der DDR gebaute Traktor, der zwar weitgehend seinem Vorbild, dem FAMO-Modell entsprach, dabei allerdings doch verschiedene Änderungen aufwies. Die Konstruktion war in selbsttragender Blockbauweise ausgeführt. Die Vorderachse war quer-

Alltagsbild eines mit Druckluftbremsanlage ausgerüsteten „Pionier", fotografiert 1979 in Karl-Marx-Stadt, dem heutigen Chemnitz

blattgefedert und pendelnd gelagert. Der Vierzylinder-Vorkammer-Diesel wurde fast unverändert übernommen, seine frühere Leistung von 45 PS allerdings nicht erreicht. Zu mehr als 40 PS (ab 1951 42 PS) reichte es – trotz gleicher Drehzahl – nicht. Der Leistungsverlust war auf die verwendete IFA-Kraftstoffpumpe EP 453 zurückzuführen. Sehr startfreudig war er nicht, der gewichtige, rund 3300 kg schwere „Pionier", dessen Motor zunächst mittels eines umständlichen Benzinanlassverfahrens per Handkurbel in Betrieb gesetzt werden musste, bevor auf Dieselantrieb umgestellt werden konnte. In vielen Fällen, besonders im Winter aufgrund fehlender Unterstellmöglich-

keiten, erwies sich das Anwerfen des Motors per Hand als unmöglich. Deshalb musste der „Pionier" häufig angeschleppt werden (eine Zugkette als sogenannter „Kettenanlasser" wurde stets mitgeführt), was wiederum zu Motorschäden führen konnte. Die Vorliebe der Traktoristen, einen einmal in Gang gesetzten „Pionier" auch in der einsatzlosen Zeit im Leerlauf weiterlaufen zu lassen, ist durchaus verständlich.

Diese in vieler Hinsicht unwirtschaftliche Vorgehensweise wurde durch die in Nordhausen erfolgte Umstellung des Motors auf ein wirbelkammerähnliches Verbrennungsverfahren ab 1953 beendet. Diese Bauvariante wurde als RS 01/40-1 bezeichnet. Das oft auch als Rogge-Motor bezeichnete Aggregat wurde nun mit Druckluft gestartet. Es erwies sich in der Praxis allerdings als recht störanfällig, sodass dieses problematische Verfahren nach der Verbesserung der Versorgungslage mit Akkumulatoren und Elektrostartern zugunsten einer elektrischen Starteinrichtung ziemlich schnell wieder verschwand.

Ein gut restaurierter „Pionier" von 1956 mit trapezförmigen Hinterradkotflügeln aus dem Kreis Apolda. Beidseitig vor dem Fahrerhaus befindet sich der Batteriekasten, der auf die vorhandene elektrische Startanlage hinweist.

■ Technische Daten

	RS 01/40 „Pionier"	RS 01/40-1 „Pionier"
Hersteller	Horch, Zwickau	Schlepperwerk Nordhausen
Bauzeit	1949–1950	1951–1956
Bauweise	rahmenlose Blockbauweise	rahmenlose Blockbauweise
Bauart des Motors	4-Zylinder-/ 4-Takt-Reihen-Diesel Vorkammerverfahren	4-Zylinder-/ 4-Takt-Reihen-Diesel Wirbelkammerverfahren
Kühlung	Umlaufkühlung mit Wasserpumpe	Umlaufkühlung mit Wasserpumpe
Leistung	40 PS/29,4 kW bei 1250 U/min	42 PS/30,9 kW bei 1250 U/min
Hubraum	5020 cm³	5020 cm³
Getriebe	5 Vorwärtsgänge, 1 Rückwärtsgang	5 Vorwärtsgänge 1 Rückwärtsgang
Höchstgeschwindigkeit	17,5 km/h	17,5 km/h
Antrieb	auf die Hinterräder	auf die Hinterräder
Abmessungen (L/B/H)	3475/1728/2180 mm	3475/1728/2180 mm
Radstand	2080 mm	2080 mm
Gewicht	3300 kg	3300 kg
Bereifung vorne/hinten	6.50-20/12.75-28	6.50-20/12.75-28

Offen ausgeführter „Pionier" von 1954 vor einer Ballenpresse

Der „Pionier" besaß im Vergleich zum FAMO-Schlepper eine abweichende Getriebeabstufung mit höherer Endgeschwindigkeit. Durch eine verbesserte Vorderachse erhöhte sich die Bodenfreiheit auf 300 mm. Lieferbar war der RS 01/40 neben der Luftbereifung wahlweise auch mit Eisenrädern (vorne mit Spurkränzen und hinten mit Spatengreifern). Von den ersten Ausführungen abgesehen, war ein geschlossenes Stahlfahrerhaus serienmäßig vorhanden. Zur Serienausstattung zählte die Getriebezapfwelle, auf die ein Riemenscheibenantrieb gesetzt werden konnte. Neben einer gefederten Zugvorrichtung und der Ackerschiene gab es auf Wunsch auch eine Heckanbauseilwinde sowie eine Druckluftbremsanlage für den Anhängerbetrieb. Der nach oben geleitete Auspuff war mit einem Filtereinsatz versehen, der für funkenfreie Abgase sorgte. Für den Einsatz bei Nacht war ein zur Beleuchtung der Ackergeräte vorgesehener Rückscheinwerfer vorhanden. Eine Hydraulik existierte nicht.

Gegen Ende seiner Produktionszeit stand für schwere Zugarbeiten eine anstelle der Hinterräder zu montierende Anbau-Halbraupe zur Verfügung. Diese mit knapp 3900 kg Gesamtgewicht sehr schwere Ausführung erhielt zusätzliche Lenkbremsen, bewährte sich in der Praxis aber nicht, da sie die Hinterachskonstruktion des „Pionier" deutlich überforderte.

„Pionier" mit einer im Traktorenwerk Brandenburg hergestellten Anbauhalbraupe. Dieses Bauteil wog 1290 kg und führte im Dauereinsatz zur Überbeanspruchung der Hinterachse.

Dem robusten „Pionier" mit seiner kantigen Motorhaube fiel in den Maschinen Ausleih- und Traktorstationen MAS und MTS nicht nur in den Anfangsjahren der DDR die Hauptlast der schweren landwirtschaftlichen Arbeiten zu. Um erfolgreich im Schichtbetrieb rund um die Uhr eingesetzt zu werden und zwischen den Schichten zusätzliche Tankintervalle zu vermeiden, wurden manche Fahrzeuge mit einem vor der Spritzwand angeordneten, vergrößerten Kraftstofftank aus-

gerüstet. Obwohl massiv und grundsolide konstruiert und der unempfindliche Vierzylindermotor durchaus gewisse Überlastung vertragen konnte, ließen die harten Einsatzbedingungen den „Pionier" an seine Belastungsgrenzen stoßen, denen der Schlepper auf Dauer nicht gewachsen war. Deshalb wurden besondere Pflege- und Instandhaltungsmaßnahmen eingeführt, um die Reparaturquote in Grenzen zu halten. In Ermangelung eines geeigneten Nachfolgers blieb nach Abschluss der Zwangskollektivierung zu Beginn der 1960er-Jahre kaum etwas anderes übrig, als weiter auf den „Pionier" zurückzugreifen. Deshalb war er auch in keiner LPG wegzudenken.

Auf einer gepflasterten Straße im Bezirk Dresden war 1979 dieser RS 01/40 „Pionier" mit Anhänger unterwegs.

Für die noch mit der Benzinanlassvorrichtung ausgeführten, oft nur schwer in Gang zu bringenden „Pioniere" gehörte die Kette zum Anschleppen zur unverzichtbaren Ausrüstung.

Auch dieser im Kreis Weimar zugelassene „Pionier" von 1952 präsentiert sich in einem sehr gut restaurierten Zustand.

Die noch weitgehend im Originalzustand erhaltene „Brockenhexe" wurde im Jahr 2000 genau ein halbes Jahrhundert alt.

Radschlepper RS 02/22 „Brockenhexe"

Eine 1950 gebaute „Brockenhexe" in ursprünglicher Patina

Für den geplanten 22-PS-Traktor geriet die aus Orenstein & Koppel und der späteren MBA hervorgegangenen Montania GmbH in das Blickfeld. Die Bezeichnung dieses in der Zwischenzeit in Volkseigentum umgewandelten und der Industrievereinigung Fahrzeugbau (IFA) angegliederten Betriebs lautete nun VEB IFA Schlepperwerk Nordhausen. Der Traktor selbst wurde unter der Modellbezeichnung RS 02/22 bzw. anfangs nur unter IFA Dieselschlepper 22 PS geführt. Entsprechend der damaligen Typenterminologie war dies also die zweite Radschlepperkonstruktion in der DDR mit 22 PS Motorleistung. Den Namen „Brockenhexe" erhielt dieser kleinste DDR-Radtraktor erst im Laufe seiner Produktionszeit. Bei diesem Fahrzeug handelte es sich im Grunde um den Nachbau eines Einheits-Blockbauschleppers aus der Zeit vor 1945. Infolge der großen Dringlichkeit blieb keine Zeit für die Neukonstruktion der erforderlichen Bauteile. Daher griff man fast ausschließlich auf bereits erprobte und bewährte Komponenten zurück, wie sie in den Normag-Schleppern NG 10 und NG 22 verwendet worden waren. Daraus entstand ein Schlepper in solider Bauart ohne herausragende technische Besonderheiten. Da war zunächst einmal der bereits zuvor in Nordhausen in Lizenz gefertigte, wassergekühlte Zweizylinder-Vorkammer-Dieselmotor F 2 M 414 von Deutz. Die anfangs verwendete Deutz-Einspritzpumpe musste schon bald durch ein entsprechendes IFA-Aggregat ersetzt werden. Auch das im IFA-Getriebewerk Gotha nachgebaute ZF-Viergangtriebwerk A 12 stammte vom Normag-Schlepper. Ein weiteres Normag-Bauteil war die ungefederte Pendelvorderachse, die im RS 02/22 weiter verwendet wurde. Dagegen entsprach die formschöne, halbrunde Motorverkleidung der des früheren 30-PS-MBA-Schleppers SA 751 in der Bauausführung des Jahres 1942. Da die entsprechenden Presswerkzeuge Krieg und Demontage unbeschadet überstanden hatten, gab es für das IFA Schlepperwerk Nordhausen eine Sorge weniger.

Serienmäßig war die „Brockenhexe" mit Differenzialsperre, Riemenscheibe, Ackerschiene und Zugmaul ausgerüstet. Getriebezapfwelle, Mähantrieb und Mähwerk zählten zur Sonderausstattung. Da eine elektrische Vorglüh- und Starteinrichtung nicht vorgesehen war, erfolgte das Anlassen von Hand durch Andrehkurbel mithilfe einer Dekompressionseinrichtung. Die blattgefederte Sitzmulde des Schlepperfahrers war recht spartanisch, entsprach aber dem damals üblichen Standard. Anfangs wurde der Traktor werksseitig nur in offener Ausführung geliefert. Später gab es auf Wunsch auch eine dem größeren „Pionier" nachempfundene Einheitskabine.

Nach dem ab 22. Juni 1949 erfolgten Produktionsbeginn schraubte die anfängliche Belegschaft von 167 Arbeitern bis zum Jahresende 157 Schlepper zusammen. Im folgenden Jahr waren es 1680 Einheiten. In den Jahren 1951 und 1952 wurden zusammen nur noch 98 Traktoren aus Restteilen zusammengebaut, denn im Schlepperwerk Nordhausen musste Platz für den Bau des „Pionier" und RS 04/30 geschaffen werden. Auch war mittlerweile klar geworden, dass die Leistungsparameter dieses Traktormodells nicht genügten. Dennoch entstanden insgesamt 1935 Maschinen.

Trotz der geringen Motorleistung war die „Brockenhexe" in den ersten Jahren ein beliebtes, äußerst wendiges und zuverlässiges Arbeitsmittel, da die Hauptbauteile Lizenzbauten bewährter Originalteile waren. Insbesondere den zahlreichen Neubauern, die durch die Bodenreform in den Genuss kleinerer landwirtschaftlicher Flächen gekommen waren, war die „Brockenhexe" eine große Hilfe. Sie trug ihren Teil dazu bei, die erste Mechanisierungslücke auszufüllen. Als aber bald darauf ein verordneter Kurswechsel in Richtung der Großfelderbewirtschaftung erfolgte, war der kleine Radschlepper für diese neuen Aufgaben kaum das richtige Fahrzeug. Die größte Zugkraft betrug im ersten Gang 975 kg, die Anhängelast maximal 14 t. Mit diesen Leistungen ließ sich auf den nach der Kollektivierung entstandenen großen Ackerflächen nur wenig ausrichten.

„Brockenhexe" mit Pendelwinkern aus dem Jahr 1950
Kleines Bild: Der unter der Bezeichnung 2 VD 14/10 SRW in Lizenz gebaute Zweizylinder-Vorkammer-Deutz-Diesel mit der IFA-Einspritzpumpe des Typs DEP 2 B

■ Technische Daten ■

RS 02/22 „Brockenhexe"

Hersteller	Schlepperwerk Nordhausen
Bauzeit	1949–1952
Bauweise	rahmenlose Blockbauweise
Bauart des Motors	2-Zylinder-/ 4-Takt-Reihen-Diesel Vorkammerverfahren
Leistung	22 PS/16,2 kW bei 1500 U/min
Hubraum	2198 cm³
Getriebe	4 Vorwärtsgänge, 1 Rückwärtsgang
Höchstgeschwindigkeit	16,85 km/h
Antrieb	auf die Hinterräder
Abmessungen (L/B/H)	2980/1560/2160 mm
Radstand	1750 mm
Gewicht	1775 kg
Bereifung vorne/hinten	5.50-16/9-24

Ein von einem arbeitsreichen Leben deutlich gezeichneter „Aktivist" in unrestauriertem Zustand aus dem Jahr 1951

Radschlepper RS 03/30 „Aktivist"

Dieser in seinem ursprünglichen grauen Werksanstrich restaurierte „Aktivist" aus dem Jahr 1950 gehört noch zur ersten Bauserie mit dem kurzen Vorderachsträger. Dieses Bild zeigt deutlich den extrem kurzen Radstand des Fahrzeugs.

Der seit 1949 von den Brandenburger Traktorenwerken gefertigte dritte DDR-Radschlepper RS 03/30 „Aktivist" konnte eine nicht alltägliche Entwicklungsgeschichte vorweisen. In Anbetracht der überaus schlechten Versorgungslage mit flüssigen Kraftstoffen nach Kriegsende wurde der Bau eines Gasgeneratorschleppers in Auftrag gegeben. Heraus kam der Prototyp eines auf den Namen „Solidarität" getauften Schleppers, mit dessen Erprobung im Sommer 1948 begonnen wurde. Diese verlief insgesamt unbefriedigend, sodass der schon für das zweite Halbjahr 1948 vorgesehene Serienbau von monatlich 100 Fahrzeugen verschoben werden musste. Letztendlich aber hatten die Verantwortlichen doch wohl erkannt, dass der Holzgasantrieb in der Landwirtschaft nicht mehr zeitgemäß war. Um einen Serienbau schnellstmöglich aufnehmen zu können, entsann man sich eines vor dem Krieg von der Firma Orenstein & Koppel konstruierten Zweizylinder-V-Motors. Die zu dessen Herstellung erforderlichen Maschinen existierten noch und konnten von dem nun unter VEB Karl-Marx firmierenden Orenstein-&-Koppel-Werk in Babelsberg übernommen werden. Dieser Motor war eine außergewöhnliche Konstruktion mit ebensolchen Eigenschaften. Er funktionierte mit einer Kombination aus Luftspeicherverfahren und direkter Kraftstoffeinspritzung und besaß eine querliegende Kurbelwelle. Der Anlassvorgang erfolgte von Hand mit Hilfe einer Kurbel unter Verwendung von Zündpatronen und einer Dekompressionseinrichtung. Dieses Aggregat wurde auf das Fahrgestell des Gasschleppers gesetzt und mit dem vorhandenen, viergängigen Schubradgetriebe des nachgebauten Prometheus-Baumusters ASS 14 zu einer selbsttragenden Einheit verblockt. Dieses ursprünglich für den Gasschlepper vorgesehene Getriebe war in Kurzbauweise ausgeführt und ergab somit den sehr kurzen Radstand des Schleppers, der damit auch dem Dieselschlepper mit seinem schmalen V-Motor erhalten blieb. Dadurch entstand ein Traktor mit hohem Aufbau und einer sehr eigenwilligen, außerordentlich gedrungenen, in jedem Fall aber höchst gewöhnungsbedürftigen Formgebung.

Ein 1951 gebauter „Aktivist" mit konstruktiv nachgebesserter Vorderachse und verlängerter Kühlerverkleidung

Nachdem mit den entsprechenden Änderungen und Anpassungen im November 1948 begonnen worden war, gelang es gerade noch rechtzeitig zur Leipziger Frühjahrsmesse 1949, ein Musterexemplar des neuen Radschleppers RS 03/30 „Aktivist" fertigzustellen. Damit war für die Landwirtschaft der DDR das Erscheinen eines dritten Radschleppers in Sichtweite gerückt. Er sollte die Leistungslücke zwischen „Brockenhexe" und „Pionier" ausfüllen. Nach Fertigstellung der Nullserie im Mai 1949 konnte ab Juni die Serienfertigung schließlich anlaufen.

Der RS 03/30 besaß eine Schneckenlenkung, die über Schubstange und Spurstange die Vorderräder bewegte. Der Vorderachsträger der ungefederten Pendelvorderachse war vorn am Motor angeflanscht. Getriebezapfwelle und Riemenscheibe waren ebenso vorhanden wie Ackerschiene und gefederte Zugvorrichtung. Mähantrieb und Mähwerk konnten auf Wunsch nachträglich angebaut werden. Eine Hydraulik hingegen war weder vorgesehen noch lieferbar. Eine geschlossene Einheitskabine konnte angebaut werden, was das hohe Erscheinungsbild des Schleppers noch deutlicher ausfallen ließ.

Leider gab der „Aktivist" den MAS/MTS in der DDR häufig Grund zu Beschwerden. So reklamierte man vor allem technische Unzulänglichkeiten wie Lenkungsausfälle, defekte Luftfilter, reparaturanfällige Einspritzpumpen und vor allem Schäden am Differenzial. Eine gewisse Rolle spielte dabei auch die Herkunft der Bauteile. So konnten in den ersten 830 Fahrzeugen noch auf „Sonderwegen" beschaffte Lenkungsteile aus den Westzonen zum Einbau kommen, mit denen es keine Probleme gab. Überhaupt war es schwierig genug, manche der benötigten Spezialbauteile für den Schlepper bereitzustellen. Sehr kompliziert gestaltete sich dies auch für die Einspritzanlage, sodass während der Produktions-

Technische Daten

RS 03/30 „Aktivist"

Hersteller	Brandenburger Traktorenwerke (BTW)
Bauzeit	1949–1952
Bauweise	rahmenlose Blockbauweise
Bauart des Motors	2-Zylinder-/ 4-Takt-Diesel in V-Form Luftspeicherverfahren
Kühlung	Umlaufkühlung mit Wasserpumpe
Leistung	30 PS/22 kW bei 1500 U/min
Hubraum	3325 cm³
Getriebe	4 Vorwärtsgänge, 1 Rückwärtsgang
Höchstgeschwindigkeit	17,8 km/h
Antrieb	auf die Hinterräder
Abmessungen (L/B/H)	2685/1630/2300 mm
Radstand	1650, später 1700 mm
Gewicht	2250 kg
Bereifung vorne/hinten	6.00-16/9-24

Dieser „Aktivist" von 1952 hatte ursprünglich eine Einheitskabine, die in Eigenleistung bis auf die Windschutzscheibe entfernt worden war.

dauer vier unterschiedliche Einspritzpumpen verwendet werden mussten. Neben diesen Mängeln gab vor allem die „Straßenlage" des „Aktivist" Grund zur Klage. Der kurze Radstand ergab zwar eine sehr gute Wendigkeit, andererseits war die Achslastverteilung völlig ungenügend. Da das Fahrgestell des geplanten Generatorschleppers unverändert übernommen worden war und das Gewicht des ursprünglich vor des Achse angeordneten Gasgenerators mitsamt des Zubehörs fehlte, reichte das jetzige, nun auf dem Vorderteil des Schleppers lastende Gewicht nicht aus, um ein Aufbäumen der Vorderräder bei schwererer Zugarbeit zu verhindern. Die unbefriedigenden Fahr- und Lenkeigenschaften versuchte man durch Überarbeitung des Vorderachsträgers insofern zu beseitigen, als man das Gussstück für die Vorderachslagerung besonders schwer ausführte und auch weiter nach vorn verlängerte. Ebenso wurde der Kühlervorbau bis über die Lenkachse vorgezogen. Alle diese 1951 durchgeführten Maßnahmen führten   auch nach Anbringung zusätzlicher Frontgewichte – dennoch nicht zu den erwarteten Erfolgen.

Da die Kritik an diesem Radschlepper immer massivere Formen annahm, forderte man daher folgerichtig noch im gleichen Jahr die kurzfristige Ablösung des

Der nach dem Luftspeicherverfahren arbeitende Zweizylinder-V-Diesel des „Aktivist" war von sehr kurzer Bauweise, was in Verbindung mit dem ähnlich ausgeführten Getriebe zu dem äußerst kurzen Radstand des Fahrzeugs führte.

RS 03/30 durch eine völlig neue Konstruktion. So kam nach der vorzeitigen Baueinstellung der „Brockenhexe" auch für den „Aktivist" das Ende nach nur zwei vollen Produktionsjahren, in denen insgesamt 3761 Einheiten die Werkstore verließen. Das bei den BTW unter großem Einsatz entwickelte Nachfolgemodell RS 04/30 durfte aber nicht dort gefertigt werden, sondern wurde dem Schlepperwerk Nordhausen zugewiesen. Das Brandenburger Traktorenwerk wurde anschließend mit dem Bau des Kettenschleppers KS 07 betraut.

Bei der Konstruktion des „Aktivist" befand man sich in einer ähnlichen Zwangslage wie bei den beiden anderen Modellen. Nach der höchst sinnlosen Demontage musste die Schlepperfertigung schnellstmöglich anlaufen, koste es, was es wolle.

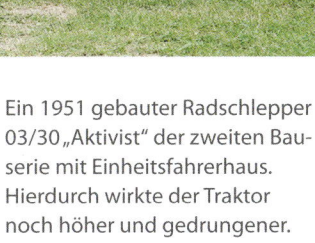

Ein 1951 gebauter Radschlepper 03/30 „Aktivist" der zweiten Bauserie mit Einheitsfahrerhaus. Hierdurch wirkte der Traktor noch höher und gedrungener.

Hinzu kam, dass einige Betriebe bisher noch nie mit dem Bau von Traktoren befasst waren und es daher doppelt schwer hatten. Wie eine zeitgenössische Schrift ausführte, „verbot es die Dringlichkeit der Aufgabe, Zeit mit der Erprobung von Neukonstruktionen zu verlieren". Daher musste, der Notlage folgend, auf bereits vorhandene Bauteile zurückgegriffen werden. Infolge der unter großem Zeitdruck stehenden Entwicklungsarbeiten kamen dann manchmal Teile zusammen, die – wie bereits geschildert – ein nicht immer homogenes Fahrzeug erwarten ließen. So ist die nicht ganz gelungene Konstruktion des „Aktivist" zu erklären. Trotzdem war es ein einigermaßen leistungsstarker Schlepper, der allerdings des Öfteren Schwierigkeiten hatte, seine in ihm wohnenden Kräfte auf den Boden zu bringen. Für die beabsichtigte Großflächenbewirtschaftung war aber auch er ein in keiner Weise geeignetes Fahrzeug.

Dieser „Aktivist" der ersten Serie wartete im Bezirk Karl-Marx-Stadt noch auf einen engagierten Restaurateur, der ihn zu neuem Leben erwecken würde.

Erste Neu- und Weiterentwicklungen

Im Jahr 1953 stand fest, dass das Schlepper-Neubauprogramm in der DDR zum großen Teil Schiffbruch erlitten hatte. Der Bau des Radschleppers RS 02/22 „Brockenhexe" war im Jahr zuvor nach Fertigung von knapp 2000 Einheiten eingestellt worden. Ähnlich erging es dem von den Brandenburger Traktorenwerken gefertigten RS 03/30 „Aktivist". Übrig blieb einzig der schwere Radschlepper RS 01/40 „Pionier", auf den sich die Landwirtschaft in der DDR weiter stützen konnte und auch musste.

Unabhängig davon hatte das Schlepperwerk Schönebeck bereits im Jahr 1949 von der damaligen zentralen Hauptverwaltung für Fahrzeugbau in Berlin den Auftrag erhalten, einen besser auf die Bedürfnisse der Landwirtschaft zugeschnittenen, modernen Vielzweckschlepper zu konstruieren. Er sollte eine Motorleistung von 30 PS entwickeln und neben einem besser

abgestuften Schaltgetriebe mit hydraulischer Krafheberanlage und Zapfwellenantrieben ausgerüstet sein. Für den Bau des unter der Bezeichnung RS 04/30 entwickelten Traktors konnte das Schönebecker Werk keine ausreichenden Fertigungskapazitäten bieten. Obwohl sich das Brandenburger Traktorenwerk um den Bau bewarb, wurde der Serienbau dem Schlepperwerk Nordhausen übertragen. Er lief 1953 an und endete im Jahr 1956.

Dem Schlepperwerk Schönebeck war 1951 die Rolle als zentrale Entwicklungsstelle für alle zukünftigen Traktoren in der DDR zugewiesen worden. Neben dem RS 04/30 war zu dieser Zeit die Weiterentwicklung des Scheuch-Geräteträgers „Maulwurf" das aktuelle Problem. An dieser Stelle sei auf die Entstehung dieses Geräteträgers als völlig neuartigen Traktortyp besonders hingewiesen, denn Gedanken

Dieser 1955 entstandene „Maulwurf" ist ohne Mähwerk ausgeführt. Gut zu erkennen ist die mittig durch den Kraftstofftank geführte Lenksäule.

und Impulse entstanden zweifelsfrei in der DDR. Der konstruktiv überarbeitete RS 08/15 ging als neuer „Maulwurf" im Jahr 1952 in Schönebeck selbst in Serie. Sein Bau wurde bereits 1956 eingestellt, nachdem der RS 09 als verbessertes Nachfolgemodell die Serienreife erreicht hatte.

In den frühen 1950er-Jahren hat es auch nicht an Bemühungen gefehlt, für den RS 01/40 „Pionier" einen geeigneten Nachfolger zu schaffen. Daran arbeitete eine in der Konstruktionsabteilung des Schlepperwerks Schönebeck tätige spezielle Entwicklungsgruppe. Leider konnte die besser auf die von der DDR angestrebten Großflächenbewirtschaftung ausgerichtete geplante neue Traktorreihe aus verschiedenen Gründen nicht realisiert werden. So blieb dem Schlepperwerk Nordhausen nichts anderes übrig, als dem alten Pionier in Gestalt des RS 01/40 II „Typ Harz" verschiedene Verbesserungen angedeihen zu lassen. Bedauerlicherweise musste sein Bau schon 1958 eingestellt werden, da die einsetzende

Heckansicht des Kettenschleppers KS 07/60. Man beachte den Arbeitsstellenschlepper und den offenbar nachgerüsteten Feuerlöscher.

Serienproduktion des RS 14/30 „Famulus" die Aktivitäten dieses Schlepperwerks zu sehr in Anspruch nahmen. Gerade in dieser schwereren Leistungsklasse hinterließen „Pionier" und „Harz" eine empfindliche, auf Jahre nicht zu schließende Lücke.

Auch den Bau eines Kettenschleppers ließ man 1952 wieder neu aufleben. Hierbei handelte es sich um das bereits seit 1935 von den FAMO-Werken gefertigte Modell „Rübezahl", das nun unter der Typenbezeichnung KS 07/60 bzw. 62 geführt wurde. Seine Serienfertigung wurde den Brandenburger Traktorenwerken zugewiesen, nachdem die Sowjets das Verbot für den den Bau solcher auch für militärische Zwecke infrage kommenden Fahrzeuge aufgehoben hatte. Als dann das verbesserte Nachfolgemodell KS 30 „Urtrak" bereitstand, lief die Fertigung des „Rübezahl" im Jahr 1956 aus. Die Fabrikation des mit einem Pendelrollenlaufwerk wesentlich verbesserten Urtraks lief bis 1964.

VEB BRANDENBURGER TRAKTORENWERKE
BRANDENBURG (HAVEL)

BTW

GLEISKETTENSCHLEPPER KS 30

Prospekttitelseite des KS 30 „Urtrak", hier in der auf Wunsch erhältlichen offenen Ausführung nur mit Fahrerwanne

Aus Thüringen stammt dieser restaurierte RS 04/30, dessen Lackierung nicht ganz dem Vorbild entspricht.

Radschlepper RS 04/30

O bwohl das in Schönebeck konstruierte Fahrzeug mit 30 PS nicht stärker als der recht misslungene „Aktivist" war, entsprach er schon rein äußerlich mehr den Vorstellungen von einem modernen Traktor. Vor allem in der Gewichtsverteilung war er dem „Aktivist" überlegen.

Die häufig verwendete Bezeichnung Vielzweckschlepper lässt darauf schließen, dass eine Art Universalmaschine für die Landwirtschaft geschaffen werden sollte. Tatsächlich wurde dieser auch später namenlose Schlepper unter der Modellbezeichnung RS 04/30 eingeordnet. Es handelte sich also hier – gemäß der damaligen Typenterminologie – um die vierte Traktorkonstruktion in der DDR mit 30 PS Motorleistung. Daneben war dies die erste wirklich eigenständige Entwicklung eines Radschleppers in der DDR.

Da die Produktionskapazitäten im Schlepperwerk Schönebeck nicht ausreichten, bewarb sich das Brandenburger Traktorenwerk um den Serienbau. Denn entsprechende Baukapazitäten waren nach dem bevorstehenden Auslaufen der „Aktivist"-Fertigung vorhanden. Um das Ganze zu beschleunigen stellte das BTW weitere Versuchsmuster und die aus zehn Fahrzeugen bestehende Nullserie her. Indes, die Vereinigung Volkseigener Fahrzeugwerke (VVB) hatte andere Pläne. Kaum war die Vorserie Anfang Dezember 1951 fertiggestellt, wurde die Einstellung der Entwicklungsarbeiten verfügt. Durch die verfügte Standortverlagerung konnte erst Anfang 1953 der Serienbau im Schlepperwerk Nordhausen anlaufen.

Der neue Radschlepper war eine Blockkonstruktion in relativ schmaler Bauart und mit großen, schmalen Hinterrädern. Diese besaßen den beachtlichen Durchmesser von 1530 mm. Vorne befand sich eine querblattgefederte Pendelvorderachse. Als Motor kam ein Zweizylinderaggregat aus der sogenannten EM-(Einheitsmotoren-) Baureihe zur Verwendung. Diese ging auf eine Konstruktion des Lkw-Herstellers Vomag zurück und war von den Zwickauer Horch-Werken zur Serienreife entwickelt worden. Seither dienten die Einheitsmotoren zum Antrieb der DDR-Lastwagen H 3 A und H 6. Für den neuen Radschlepper war die Vierzylindervariante

Ein offen ausgeführter RS 04/30 aus dem Jahr 1954

des H 3 A noch einmal halbiert worden, sodass ein Motor mit zwei Zylindern entstand. Der wassergekühlte Dieselmotor, der über IFA-Einspritzpumpe und -düsen verfügte, wurde mithilfe einer Dekompressionseinrichtung, mit der der Zylinderraum entlüftet wurde, und elektrischem Anlasser gestartet. Differenzialsperre sowie die Anlass- und Beleuchtungsanlage gehörten zur Serienausrüstung. Das Fünfganggetriebe besaß eine Zusatzstufe, mit der die gleiche Anzahl an Kriechgeschwindigkeiten eingelegt werden konnte. Damit standen insgesamt zehn Vorwärtsgeschwindigkeiten von 1,13 bis 18,97 km/h zur Verfügung. Die hintere fahrkupplungsabhängige Getriebezapfwelle lief mit der Normdrehzahl 540 U/min, während die vordere Zapfwelle über eine Stahllamellenkupplung mit dem vorderen Kurbelwellenende verwunden war, die mit Motordrehzahl betrieben wurde. Über einen links hinten anflanschbaren Riemenantrieb konnten stationäre Arbeiten ausgeführt werden. Die Fußbremse wirkte als Innenbackenbremse auf die Bremstrommeln der Hinterräder. Sie wurde mit zwei miteinander gekoppelten Pedalen betätigt, einzeln aktiviert dienten sie als Lenkbremsen. Am Heck des Schleppers war ein hydraulisch zu bewegender vierpunktgekuppelter Normschwingrahmen vorhanden. Der untere Teil war gleichzeitig die Ackerschiene. Darüber befand sich eine automatische Anhängekupplung. Hydraulikpumpe und ihre Steuerung waren in einem Block vereint und seitlich am Getriebegehäuse angeflanscht. Links vorne am Motor konnte eine Reifenfüllpumpe angebracht werden. Mähantrieb und Anbaumähbalken waren auf Wunsch, ebenso wie das Wetterdach, erhältlich.

Nach der 1953 aufgenommenen Serienfertigung entstanden im gleichen Jahr lediglich 260 Fahrzeuge. 1954 waren es bereits 3304 Einheiten und im folgenden Jahr 2034 Traktoren, die von den Bändern rollten. 1956, im Jahr seiner Fertigungseinstellung, waren es noch einmal 1979 Stück – zusammen also 7574 Traktoren.

Im Vergleich zum leistungsmäßig identischen „Aktivist" war der RS 04/30 durch seine günstigere Gewichtsverteilung – 36 % des Gewichts lagen auf der Vorder- sowie 64 % auf der Hinterachse – viel besser zu handhaben und vielseitiger einsetzbar. Es war ein recht solider, mittelschwerer Traktor in konventioneller Bauart, der durchaus auf der Höhe seiner Zeit stand. Die durch die großen Hinterräder und die als Portalachse ausgebildete Hinterachse beachtliche Bodenfreiheit von 470 mm war für Pflanz- und Pflegearbeiten ideal. Ebenso wie die durch das Untersetzungsgetriebe erreichten Kriechgeschwindigkeiten. Auf der Passivseite stand der störanfällige Motor, das verhältnismäßig hohe Leistungsgewicht sowie die umständliche Zugänglichkeit des Arbeitsplatzes.

■ Technische Daten ■

RS 04/30

Hersteller	Schlepperwerk Nordhausen
Bauzeit	1953–1956
Bauweise	rahmenlose Blockbauweise
Bauart des Motors	2-Zylinder-/ 4-Takt-Reihendiesel Wirbelkammerverfahren
Kühlung	Umlaufkühlung mit Wasserpumpe
Leistung	30 PS / 22 kW bei 1500 U/min
Hubraum	3012 cm³
Getriebe	10 Vorwärtsgänge, 2 Rückwärtsgänge
Höchstgeschwindigkeit	18,97 km/h
Antrieb	auf die Hinterräder
Abmessungen (L/B/H)	3500/1600/2400 mm
Radstand	2000 mm
Gewicht	2600 kg
Bereifung vorne/hinten	6.00-20/9-40

Der mit einem nachträglich angebauten geschlossenen Fahrerhaus ausgerüstete und im Kreis Stollberg/Sachsen angemeldete RS 04/30 befindet sich in einem optimalen Erhaltungszustand.

Gut restaurierter RS 08/15 mit Seitenmähwerk von 1956. Deutlich erkennbar ist der hochgezogene Luftfilter, die mittig durch den Kraftstofftank geführte Lenksäule sowie der durch Keilriemen vom Motor abgeleitete Mähantrieb.

Geräteträger RS 08/15 „Maulwurf"

Nachdem man dem Schlepperwerk Schönebeck im Jahr 1951 alle künftigen Traktorenentwicklungen in der DDR übertragen hatte, ging es auch um Weiterentwicklung und Serienbau des Scheuch-Geräteträgers „Maulwurf". Die inzwischen an die Konstruktion gestellten Forderungen machten eine komplette Überarbeitung des Fahrzeugs nötig. Bei der weiteren Entwicklung blieb das mit der Einholmbauweise bereits herausgearbeitete Grundprinzip erhalten. Dagegen wurde der Motor nicht mehr vor der Vorderachse positioniert, sondern in einem Triebsatz im Bereich der Hinterachse integriert. Nach wie vor bestand das Hauptproblem in der zweckmäßigen motorischen Bestückung. Zum einen kam nur ein Aggregat mit geringen Maßen infrage, andererseits waren die Entwicklungsarbeiten an einem nach Möglichkeit luftgekühlten Kleindieselmotor noch zu keinen greifbaren Ergebnissen gekommen. Da der für den Heckeinbau vorgesehene luftgekühlte Dieselmotor nicht zur Verfügung stand, musste auf ein für diese Zwecke weniger geeignetes Zweizylinder-Zweitakt-Vergaseraggregat mit Thermosyphonkühlung und relativ hoher Drehzahl zurückgegriffen werden. Dieser Motor war die modifizierte Ausführung einer seit Mitte der 1930er-Jahren in den DKW-Frontantriebs-Pkw verwendeten Antriebseinheit. Seit 1949 wurde dieser nahezu unveränderte Motor auch in den DDR-Pkw IFA F 8 eingebaut. Für die Verwendung im Geräteträger wurde die Drehzahl des 20 PS starken Motors auf 3000 U/min herabgesetzt. Dadurch reduzierte sich die Leistung auf 15 PS. Da nun ein Kühler erforderlich wurde, musste das Aggregat als eine Art Mittelmotor in Fahrtrichtung vorne am Getriebe angeordnet werden. Das in zwei Gruppen aufgeteilte, reversierbare Vier-gang-Schaltgetriebe ergab acht Geschwindigkeitsstufen vorwärts und auch rückwärts im Geschwindigkeitsbereich von 1,55 bis 15,86 km/h. In dem Bauelement der Antriebsachse waren Motor-, Schalt-, Ausgleichs- und Zapfwellengetriebe, die nötigen Bedieneinrichtungen und das Antriebsräderpaar zusammengefasst. Vorn am Holm war die Pendel-Vorderachse samt Lenkgetriebe längs verschiebbar angeordnet, wodurch sich zusätzliche Variationsmöglichkeiten ergaben und mehr Raum für den Ge-

Die Pendelvorderachse des mit einem einholmigen Längsträger ausgebildeten Geräteträgers RS 08/15 war auf den kastenförmigen Vorderachsträger aufgesteckt. Gut ist bei diesem nach 1955 gefertigten Fahrzeug die durch den Kraftstofftank geführte Teleskop-Lenksäule zu erkennen.

räteanbau zur Verfügung stand. Die vorhandene Getriebezapfwelle – ab 1955 befand sich eine zusätzliche Zapfwelle seitlich in der Mitte – hatte Anschlussmöglichkeiten nach vorne und hinten. Sie konnte motor- wie auch weggebunden betrieben werden, wobei eine Einrichtung die Verwendung des Zapfwellenantriebs auch bei Fahrzeugstillstand gestattete. Die Einzelradbremsen verhalfen dem Geräteträger zu einer ausgezeichneten Wendigkeit.

Als Fabrikationsstandort waren zunächst die Brandenburger Traktorenwerke vorgesehen. Dort kam es aber bis Ende 1952 nur zum Bau einer Vorserie von 30 Einheiten. Die Serienfertigung lief unmittelbar danach in Schönebeck an. Die vorab vergebene Typenbezeichnung RS 08/15 besagte, dass es sich hierbei um die achte Konstruktion eines Radschleppers mit 15 PS Motorleistung handelte.

Als Schwachpunkt blieb die motorische Ausrüstung des RS 08/15 bestehen. Obwohl bereits ab Fahrzeugnummer 200 ein neues, aus Grauguss gefertigtes, besser auf das Getriebe abgestimmtes Kurbelwellengehäuse verwendet wurde, erwies sich der Motor im rauen Alltagseinsatz als nicht widerstandsfähig genug. Der kleine Motor war vor allem den thermischen Belastungen im Standbetrieb oder bei kontinuierlich hohen Drehzahlen nicht gewachsen und neigte zu Ausfällen. Schwierig war es auch, die Zündung gut zu regulieren, da die Unterbrecher in der Dynastartanlage schlecht zugänglich waren. Erst nachdem fast 2000 Fahrzeuge ausgeliefert waren, konnte eine Reihe dieser Unzulänglichkeiten abgestellt werden. Äußerlich war diese verbesserte Ausführung an dem hochgezogenen Ölbadluftfilter zu erkennen. Darüber hinaus wurden Verbesserungen an Vorderachse, Armaturenanordnung und Lenkung vorgenommen, wobei diese jetzt durch den offen gespaltenen Kraftstofftank geleitet wurde.

Insgesamt war dieser brauchbare Geräteträger eine ausgesprochene Einmannmaschine, an der nach dem Stand des Jahres 1955 genau 41 unterschiedliche Anbaugeräte wie Grubber, Hackrahmen, Drillschare, Kartoffelroder und andere vorne, hinten und zwischen den Achsen angebracht und vom Fahrersitz betätigt werden konnten. Ein großer Nachteil war die nicht vorhandene Hydraulikanlage, weshalb die Anbaugeräte, zwar federunterstützt, durch Hebel und Muskelkraft gehoben und gesenkt werden mussten. Das Fahrzeug hatte einen variablen, in Stufen veränderbaren Radstand sowie verstellbare Spurweiten. Mit seiner großen Bodenfreiheit von 475 mm war der „Maulwurf" ein für Pflanz- und Pflegearbeiten in Reihenkulturen gut geeignetes Fahrzeug. Der Erfolg dieses Geräteträgers wurde durch seinen ungeeigneten Motor sowie durch Getriebeschäden sehr getrübt. Alle diese Gründe ließen den Wunsch nach einer besseren Maschine aufkommen. Das führte dazu, dass der Bau des „Maulwurfs" nach nur vier Produktionsjahren zugunsten des mit einer Hydraulik ausgerüsteten Geräteträgers RS 09/15 eingestellt wurde. Trotzdem wurden immerhin 5751 Einheiten gefertigt.

Gut sichtbar sind in der Heckansicht die Batteriebehälter, der hintere Zapfwellenstummel, der darüber befindliche hintere Getriebedeckel sowie die breite Ackerschiene.

■ Technische Daten	
Geräteträger RS 08/15 „Maulwurf"	
Hersteller	Traktorenwerk Schönebeck
Bauzeit	1952–1956
Bauweise	Geräteträger in Einholmbauweise
Bauart des Motors	2-Zylinder- / 4-Takt-Reihen-Vergasermotor
Kühlung	Wasser-Thermosyphonkühlung
Leistung	15 PS / 11 kW bei 3000 U / min
Hubraum	684 cm³
Getriebe	8 Vorwärtsgänge, 8 Rückwärtsgänge
Höchstgeschwindigkeit	15,86 km / h
Antrieb	auf die Hinterräder
Abmessungen (L/B/H)	3320 / 1740 / 2120 mm
Radstand	1390–1600 mm verstellbar
Gewicht	1330 kg
Bereifung vorne / hinten	6.00 - 16 / 7 - 36

Ein wenig plump und ungelenk wirkt er schon, der Radschlepper RS 01/40-II „Harz". Hier ein Fahrzeug mit Windschutzscheibe und Verdeck von 1958.

Radschlepper RS 01/40-II „Harz"

D er seit 1949 gebaute RS 01/40 „Pionier" hatte sich trotz mancher Unzulänglichkeiten bewährt und war in der Landwirtschaft der DDR nicht wegzudenken. Mitte der 1950er-Jahre sah man dem kantigen „Pionier" aber schon äußerlich an, dass er in die Jahre gekommen war, ging doch sein Erscheinungsbild auf den bereits 1938 entstandenen FAMO-Ackerradschlepper zurück. Dennoch war in den gesamten 1950er-Jahren kein vollwertiger Ersatz in Sicht. Weder der RS 04/30 noch die „Famulus"-Traktoren konnten es leistungsmäßig mit ihm aufnehmen.

Schon seit Längerem hatte man Überlegungen angestellt, den „Pionier" zu verbessern. In erster Linie stand das umständliche Benzin-Startverfahrens zur Debatte. Als Zwischenlösung wurde zunächst eine Druckluftstarteinrichtung eingebaut, die dann ab 1954 durch eine elektrische Startanlage abgelöst wurde. Mit diesem Elektrostarter eröffneten sich dem alten „Pionier" auch gewisse Exportchancen. Eine weitere Verbesserung, die ab 1956 zum modifizierten Modell „Harz" führte, war die im Vorderachsbock pendelnd gelagerte, einzelradgefederte Achse. Dadurch ergab sich gegenüber dem „Pionier" eine um 200 mm vergrößerte Bodenfreiheit und damit die Möglichkeit, den Schlepper besser als bisher in Kulturen einsetzen zu können. Bei dem großen „Tiefgang" des „Pionier" konnte es vor allem bei weicherem Untergrund vorkommen, dass der Vorderachskörper beim Tiefpflügen das Erdreich erreichte und dieses dann vor sich herschob. Eine weitere Optimierung war die Reifenfüllpumpe, mit welcher der Reifenluftdruck den je-

Anfangs gab es den „Harz" auf Wunsch mit der festen und kantig geformten Fahrerkabine des „Pionier". Später wurde er stattdessen mit Windschutzscheibe und Verdeck geliefert.

weils herrschenden Arbeitsbedingungen angepasst werden konnte.

Ein wesentlicher Bestandteil der Weiterentwicklung zum RS 01/40 II war eine modernere, abgerundete Motor-Kühler-Abdeckung, die der des neu entwickelten Schleppers RS 14/30 „Famulus" entsprach. Man passte die Blechteile an die gedrungene Bauform des „Pionier" an und stülpte die neue Haube über den Schleppervorderbau. Hinzu kamen neue, trapezförmige Hinterradkotflügel, eine hydraulische Kraftheberanlage mit einer genormten Dreipunktkupplung. Mit dieser Hydraulik konnte auch der „Pionier" nachgerüstet werden. Ferner gab es eine geänderte Getriebeabstufung des insgesamt nicht mehr zeitgemäßen Fünfgang-Schubradgetriebes, die im Wesentlichen der des „Pionier" entsprach. Probehalber sollen einige Fahrzeuge auch mit einem für Straßeneinsätze veränderten Getriebe für maximal 30 km/h ausgerüstet worden sein. Weitere Maßnahmen machten den „Harz" gegenüber seinem Vorgänger reparaturfreundlicher. So musste zum Kolben- und Buchsenwechsel jetzt nicht mehr der ganze Motor ausgebaut werden.

Die Serienausstattung des RS 01/40-II bestand aus elektrischer Anlass- und Beleuchtungsanlage mit Vorglüheinrichtung, Differenzialsperre, Getriebezapfwelle, gefederter Zugvorrichtung hinten, Zugmaul vorne und breiter Ackerschiene. Auf Wunsch erhältlich waren eine auf die Zapfwelle aufsteckbare Riemenscheibe, Wetterverdeck, Heckanbauseilwinde und Zusatzgewichte. Zur Beleuchtung der Ackergeräte bei Nachteinsätzen stand ein drehbarer Rückscheinwerfer zur Verfügung. Eine lange Lebenszeit war dem in Nordhausen fabrizierten „Harz" jedoch nicht mehr gegönnt. Zu sehr nahm die beginnende Serienproduktion des „Famulus" die Aktivitäten des Schlepperwerks Nordhausen in Anspruch. Schon 1958, nur zwei Jahre nach seiner Einführung, liefen die letzten 400 von insgesamt 2175 Maschinen vom Band.

Insgesamt kann der „Harz" kaum als Neuentwicklung, sondern nur als ein im Rahmen der Modellpflege aufgewertetes Fahrzeug gelten. Zumal sich Motor, Getriebe und Abmessungen nicht änderten. Auch die Getriebeauslegung entsprach schon damals nicht mehr den gestiegenen Anforderungen der Landwirtschaft, zumal eine Kriechgangstufe nicht vorhanden war. Ebenso konnte der Einbau eines zeitgemäßeren Motors nicht realisiert werden. Ein weiterer, wesentlicher Nachteil war die Getriebezapfwelle, deren Schaltung nur über die Fahrkupplung erfolgen konnte. Eine zeitgemäßere Motorzapfwelle wäre für diese Leistungsklasse, die zunehmend vor zapfwellengetriebenen Erntemaschinen eingesetzt wurde, nötig gewesen. Ebenso wie der „Pionier" war auch der „Harz" den von der DDR verstärkt unternommenen Anstrengungen zur Kollektivierung der Landwirtschaft nur mit Einschränkung gewachsen. Trotz allem waren sie weiter unverzichtbar, denn andere Maschinen standen nicht zur Verfügung. Mit dem 1967 erscheinenden ZT 300 wurde Abhilfe geschaffen.

Dem „Harz" mit unbekanntem Baujahr, aufgenommen im Jahr 2009, ist sein hartes Arbeitsleben deutlich anzusehen.

■ Technische Daten ■	
RS 01/40-II „Harz"	
Hersteller	Schlepperwerk Nordhausen
Bauzeit	1956–1958
Bauweise	rahmenlose Blockbauweise
Bauart des Motors	4-Zylinder-/ 4-Takt-Reihendiesel Wirbelkammerverfahren
Kühlung	Umlaufkühlung mit Wasserpumpe
Leistung	42 PS/30,8 kW bei 1250 U/min
Hubraum	5022 cm^3
Getriebe	5 Vorwärtsgänge, 1 Rückwärtsgang
Höchstgeschwindigkeit	17,25 km/h
Antrieb	auf die Hinterräder
Abmessungen (L/B/H)	3390/1725/2395 mm
Radstand	2080 mm
Gewicht	3296 kg
Bereifung vorne/hinten	6.00-20, 6.50-20/ 12.75-28

Der seit 1955 mit modernisierter Frontpartie versehene KS 07/62. Beachtenswert auch die aktualisierte Fahrerkabine mit durchgehender Frontscheibe. Hier kam bereits die Bezeichnung des Folgetyps „Urtak" zur Anwendung, der bis zum Jahr 1964 gebaut werden sollte.

Gleiskettenschlepper KS 07/60 „Rübezahl" mit Kastenlaufwerk und früher Fahrerhausausführung mit geteilter Frontscheibe. Dieses Fahrzeug musste noch mit der Benzinanlasseinrichtung gestartet werden.

Kettenschlepper KS 07/60 und 07/62 „Rübezahl"

In den ersten Jahren nach Kriegsende war an den Bau landwirtschaftlicher Kettenschlepper nicht zu denken, denn die sowjetische Besatzungsmacht überwachte streng das Verbot zur Produktion von Kettenfahrzeugen, gleich welcher Art. Schließlich mussten aber die Verantwortlichen einsehen, dass bei schweren und feuchten Böden die Landwirtschaft ohne solche Fahrzeuge nicht auskam. In den frühen 1950er-Jahren bekam die DDR schließlich grünes Licht, mit der Produktion eigener Raupenschlepper zu beginnen.

Der seit 1935 bei den Breslauer FAMO-Werken gefertigte, 60 PS starke Kettenschlepper „Rübezahl" diente als Vorbild für das anfänglich unter der Bezeichnung KS 60 geführte Modell, das den gleichen Namen trug. Die bereits in Schönebeck von den früheren FAMO-Konstrukteuren überarbeiteten Unterlagen mussten im Dezember 1951 dem Schlepperwerk Brandenburg übergeben werden. Die dort nach der Baueinstellung des „Aktivist" frei werdenden Fertigungskapazitäten sollten nun hauptsächlich für den Bau dieses Kettenschleppers genutzt werden. Schon für das Jahr 1952 forderte der Plan die Ablieferung von 675 Fahrzeugen. Damit stand trotz vorhandener Unterlagen nur wenig Zeit zur Verfügung, um die Fertigung des ab 1954 als KS 07/60 mit dem Namen „Rübezahl" bezeichneten Fahrzeugs anlaufen zu lassen. Immerhin schaffte das Werk in dem Zeitraum 390 Einheiten.

Der Grundaufbau war mit dem des Breslauer Vorgängers identisch: so der mit einer Benzinstarteinrichtung ausgerüstete Vierzylinder-Diesel, das nach dem Cletrac-Prinzip arbeitende, robuste und einfache Lenkgetriebe mit vier Vorwärtsgängen und einem Rückwärtsgang sowie das Kastenlaufwerk. Zum Einsatz kamen auch Doppeldifferenzial-Lenkbremsen, also Bandbremsen, die den Laufketten unterschiedliche Geschwindigkeiten verliehen. Die Laufrollenkästen mit jeweils fünf Rollen arbeiteten unabhängig voneinander und waren doppelt abgefedert. Trotz vorhandener Benzinanlassvorrichtung kam ein 4-PS-Anlasser als zusätzliche Starthilfe zum Einsatz. Die Leistung des Elektrostarters wurde bei der ab 1955 vorgenommenen Umstellung des Motors auf reinen Dieselbetrieb auf 6 PS erhöht. Die nun nicht mehr benötigte Benzinstarteinrichtung bedeutete für den Traktoristen eine echte Erleichterung. Zuvor war der Anlassvorgang stets eine

■ Technische Daten	KS 07/60 „Rübezahl"	KS 07/62 „Rübezahl"
Hersteller	Brandenburger Traktorenwerke	
Bauzeit	1952–1955	1955–1956
Bauweise	rahmenlose Blockbauweise	
Bauart des Motors	4-Zylinder-/4-Takt-Reihen-Diesel Wirbelkammerverfahren	
Kühlung	Umlaufkühlung mit Wasserpumpe	
Leistung	60 PS/44,1 kW bei 1150 U/min	63 PS/46,3 kW bei 1150 U/min
Hubraum	8596 cm³	
Getriebe	4 Vorwärtsgänge, 1 Rückwärtsgang	
Höchstgeschwindigkeit	8,1 km/h	
Antrieb	über hinten liegendem Triebrad/Ketten	
Abmessungen (L/B/H)	3400/1620/2400 mm	
Radstand	1245 mm	
Gewicht	5300 kg	
Bereifung vorne/hinten	Ketten mit 360 mm Breite	

umständliche und zeitraubende Angelegenheit. So musste der Motor zunächst mit einem großen Schlüssel und unter erheblichem Kraftaufwand mittels Umschaltventilen auf Vergaserbetrieb mit Zündkerzen umgestellt werden. Anschließend wurde der Motor per Handkurbel angedreht und erst wenn er rund lief, auf Dieselbetrieb umgestellt. Mit der Motorenumstellung kam der Kettenschlepper gleichzeitig zu einer neuen Frontpartie, die der Form des späteren KS 30 entsprach. Der Motor leistete nun maximal 63 PS; das Fahrzeug selbst wurde aufgrund seiner Dauerleistung von 62 PS, als KS 07/62 bezeichnet.

Bis 1956 wurden 5665 KS 07/60 bzw. 62 produziert. Hinzu kamen von Anfang 1954 bis 1965 weitere 3617 Maschinen des Typs KS 07/KT 50 als Planierraupen für die Bauwirtschaft. Der Planierschild hatte ein Fassungsvermögen von einer Tonne.

Der KS 07 war ein sehr robuster Gleiskettenschlepper, der in der Großflächenbewirtschaftung der DDR eine wichtige Rolle spielte. Den harten Anforderungen in der DDR-Landwirtschaft war diese noch aus der Vorkriegszeit stammende Konstruktion allerdings nur bedingt gewachsen. Deshalb wurden Verbesserungen einzelner Baugruppen dringend erforderlich. Der Kettenschlepper wurde überall dort gebraucht, wo schwere Arbeiten in der Land- und Forstwirtschaft zu verrichten waren, und kam überall zum Einsatz, wo die Leistung eines Radschleppers nicht mehr ausreichte. Durch den geringen Bodendruck des Kettenlaufwerks in Verbindung mit der hohen Zugkraft war der Kettenschlepper bei Umbrucharbeiten und für das Kultivieren moorigen Geländes besonders geeignet. Aber auch in der Bauwirtschaft kamen mit Planierschild bzw. Überkopflader ausgerüstete Fahrzeuge zum Einsatz. Für diese Zwecke erhielten die Schlepper Hydraulikanlagen. Der Zapfwellenantrieb war als besonderes Getriebe hinten am Getriebegehäuse angeflanscht. Ebenso konnte ein Winkelriemenantrieb aufgesteckt werden. Als weiteres Zusatzteil stand eine Heckseilwinde zur Verfügung.

Das an der Fahrzeugfront des Gleiskettenschleppers KS 07/62 befindliche Firmensignet mit dem Stier der Brandenburger Traktorenwerke BTW

Kettenschlepper KS 30 „Urtrak"

Wegen des recht starren und wenig an die Bodenverhältnisse anpassungsfähigen Kastenlaufwerks wurde schon früh darüber nachgedacht, den Gleiskettenschlepper „Rübezahl" technisch zu optimieren. Die Steifheit dieses Laufwerks wirkte sich nicht nur auf die Zugkraft negativ aus, sondern beeinflusste auch die Fahreigenschaften, indem Stöße und Unebenheiten des Geländes mehr oder weniger direkt auf den Fahrer übertragen wurden.

Unter Berücksichtigung der beim KS 07 gewonnenen Erfahrungen wurden 1955 die ersten neun Versuchsfahrzeuge eines mit einem Pendelrollenlaufwerk ausgerüsteten Kettenschleppers montiert. Bei diesem bei Weitem anpassungsfähigeren Laufwerk konnten die erwähnten Schwachstellen weitgehend beseitigt werden. Hierzu trug auch die Drehstabfederung, die jetzt anstelle der früheren Blattfedern verwendet wurde, bei. Neu geformte Kettenglieder führten zu einer besseren Selbstreinigung bei größerer Haltbarkeit und vermindertem Gewicht. Die Stahllaufkette war besser profiliert, wodurch sie griffiger wurde. Durch das um 100 kg verminderte Gewicht konnte der Bodendruck gesenkt und die effektive Zugleistung gesteigert werden. Insgesamt verlieh das neue Fahrwerk dem KS 30 einen ausgezeichneten Bodenkontakt, der auch bei schwersten Bodenverhältnissen zufriedenstellend war. Wie der KS 07 war der KS 30 mit einem Doppeldifferenzial-Lenkgetriebe nach dem System Cletrac ausgerüstet. Beim Lenken des Fahrzeugs wurde die Bremstrommel auf der Kurveninnenseite abgebremst und das Lenkgetriebe aktiviert.

Die Länge des neuen Kettenschleppers hatte im Vergleich zum KS 07 um knapp 600 mm zugenommen, während Breite und Höhe in etwa gleich blieben. Auch der auf das Elektrostartsystem umgestellte, verbesserte Dieselmotor des KS 07 wurde nun verwendet. Der jetzt nach dem Ricardo-Wirbelkammer-Verbrennungsverfahren funktionierende Diesel war wesentlich sparsamer als der anfänglich im KS 07 installierte Wirbelkammermotor. Darüber hinaus hatte dieser Motor Anfang 1956 eine neue Luftfilteranlage bekommen. Insgesamt war man mit seiner Zuverlässigkeit und Standfestigkeit sehr zufrieden. Das Getriebe erfuhr eine veränderte Übersetzung, wobei die Fahrgeschwindigkeit in der ersten Gangstufe vermindert wurde, was zu einer Steigerung der Zugkraft führte. Mit einer Zusatzhydraulik, die auch beim KS 07 nachgerüstet werden konnte, kam eine weitere Verbesserung zum Tragen. Dabei handelte es sich nicht um eine Dreipunkthydraulik, sondern um ein System von Hydraulikpumpe und Steuerelementen zur Bedienung freier Arbeitszylinder. Diese Einrichtung entsprach den Erfordernissen der Zeit, konnten doch nun angehängte Bodenbearbeitungsgeräte wie Pflüge oder Scheibeneggen mit hydraulischer Aushebung auch von Kettenschleppern eingesetzt werden. Eine Riemenscheibe zwecks Verwendung als stationäre Antriebsmaschine sowie eine Seilwinde konnten zusätzlich angebaut werden. Entsprechend den Bodenverhältnissen konnte der KS 30 entweder mit schmaler oder breiter Laufkette ausgerüstet werden. Die schmale Kette war hauptsächlich für die Hackfruchternte (Rüben oder Kartoffeln) mit Vollerntemaschinen vorgesehen. Somit lief eine Kette in der Furche, die andere auf dem abgeernteten Acker. Wie bereits der KS 07, wurde diese Gleiszugmaschine für schwerste Arbeiten in der Land- und Forstwirtschaft sowie im Bauwesen – hier war es die Ausführung KT 50 – eingesetzt. Im ersten Gang entwickelte dieser Schlepper eine Kraft von 4500 kg am Zughaken.

Serienmäßig wurde der KS 30 mit geschlossenem Fahrerhaus geliefert. Hauptsächlich für den Export wurde der „Urtrak" auch offen ausgeliefert. Bei Bedarf konnte ein Sonnendach angebracht werden.

Der KS 30 „Urtrak" wurde während seiner gesamten Produktionszeit in den Brandenburger Traktorenwerken montiert. Da die Betriebskosten der Kettenschlepper recht hoch waren, erlosch das Interesse an diesen Fahrzeugen allmählich. Insgesamt entstanden 4486 Maschinen. Mit dem KS 30 endete der Bau von Kettenschleppern in der DDR.

Trotz allem bemühte man sich noch um ein geeignetes Nachfolgemodell. Die Brandenburger Traktorenwerke entwickelten den modernen Raupenschlepper KS 29, der sich mittels Gummigleisbändern bewegte. 1958 war ein Versuchsmuster fertiggestellt. Es lief unter der Bezeichnung Gleisbandtraktor und war ein Vollrahmen-Fahrzeug mit Pendelschwingenlaufwerk. Das bemerkenswerteste technische Moment war aber der zum Antrieb verwendete 60 PS starke Zweitakt-Dieselmotor der Kölner Ford-Werke. Der damit verbundene Westimport dürfte wohl wesentlich zum Scheitern dieses Projekts beigetragen haben.

Bei der Konstruktion des modernen Gleisbandtraktors KS 29 wurden viele zukunftsweisende Bauelemente verwirklicht. Leider wurde dieses Projekt nicht weiterverfolgt.

■ Technische Daten ■	
KS 30 „Urtrak"	
Hersteller	Brandenburger Traktorenwerke
Bauzeit	1955–1964
Bauweise	rahmenlose Blockbauweise
Bauart des Motors	4-Zylinder-/ 4-Takt-Reihendiesel Ricardo-Wirbelkammerverfahren
Kühlung	Umlaufkühlung mit Wasserpumpe
Leistung	63 PS / 46,3 kW bei 1150 U / min
Hubraum	8596 cm³
Getriebe	4 Vorwärtsgänge, 1 Rückwärtsgang
Höchstgeschwindigkeit	7,48 km / h
Antrieb	über hinten liegendem Triebrad/Ketten
Abmessungen (L / B / H)	3985 / 1610 / 2280 mm
Radstand	1245 mm
Gewicht	5200 kg
Bereifung vorne / hinten	Ketten 360, 420 und 200 mm

Die Typenvielfalt der „Famulus"-Reihe

Mit der bis 1949 erfolgten Bodenreform waren in der DDR zahllose kleine Höfe entstanden, die zwar für die Eigenversorgung genug ernten konnten, aber wegen der geringen Bodengröße wirtschaftlich nicht rentabel arbeiteten. Mit an Sicherheit grenzender Wahrscheinlichkeit wurde die in den Augen vieler Kleinbauern seinerzeit zwar populäre, ökonomisch aber völlig unsinnige Aufteilung des Landes vor allem deshalb vorgenommen, um handfeste Argumente für die von langer Hand geplante Kollektivierung ins Feld führen zu können. Ab 1952 plante die SED die Bildung landwirtschaftlicher Produktionsgenossenschaften (LPG) nach dem sowjetischen Vorbild der Kolchosen. Bis 1960 sollten die Bauern in diesen Genossenschaften zusammengefasst sein. Die wenigsten Bauern taten dies freiwillig, meist nur durch Überredung oder politischen Druck. Zahllose Bauern verließen ihre Höfe und flohen in Richtung Westen. Bis in den Genossenschaften nicht nur alle land- und forstwirtschaftlichen Flächen, sondern auch das Vieh gemeinsam bewirtschaftet werden konnte, dauerte es bis Anfang der 1970er-Jahre. Die Landwirtschaftskollektivierung in der DDR hatte aus eigenverantwortlichen Landwirten unselbstständige

Beschäftigte gemacht, was sich langfristig in einer geringeren Produktivität niederschlug.

Eine Folge der Kollektivierung waren riesige Ackerflächen, die mit den bis dahin entwickelten und zudem in viel zu geringen Stückzahlen zur Verfügung gestellten Schleppern kaum bewältigt werden konnten. Im Rahmen einer großen Propagandaaktion hatte die Sowjetunion in den Jahren 1949/50 rund 1000 Traktoren an die zentralen Ausleihstationen geliefert. Diese Maßnahme war aber nur ein Tropfen auf den heißen Stein. Am ehesten noch für die großflächige Bewirtschaftung geeignet war der berühmte „Pionier", der für kurze Zeit als Typ „Harz" zwischen 1957 und 1958 als technisch aufgewerteter Nachfolger in einer recht kleinen Stückzahl weitergebaut wurde. Alle übrigen in der DDR entstandenen Traktorkonstruktionen waren für die Bearbeitung großer, zusammenhängender Flächen nur wenig geeignet.

Mit der Einstellung der Fertigung des Modells „Harz" entstand im Traktorenbau der DDR eine empfindliche Lücke. Diese konnte auch mit der seit 1956 in größeren Stückzahlen gebauten „Famulus"-Traktorreihe, welche die Nachfolge des RS 04/30 an-

Dieser restaurierte „Famulus 36" mit luftgekühltem Motor und Druckluftbremsanlage von 1963 war im Jahr 2005 in Markkleeberg bei Leipzig mit einem Zweiachsanhänger zu sehen. Der Traktor ist zusätzlich zu den serienmäßigen, hinter dem Kühlerschutzgitter angebrachten Scheinwerfern mit freistehender Bauweise ausgerüstet.

46 PS

Famulus 46

Eindrucksvoll in Szene gesetzt wurde in diesem Prospekt der auf 46 PS aufgemotzte „Famulus 46". Beachtenswert sind die immer noch hinter dem Kühlergitter befindlichen Scheinwerfer.

getreten hatte, in keiner Weise geschlossen werden. Ganz im Gegenteil, der anfangs nur für 30 PS ausgelegte, damals noch als Favorit bezeichnete Traktor war den leistungsstärkeren, mittlerweile hart an der Grenze der Überalterung stehenden Modellen „Pionier" und „Harz" zwangsläufig unterlegen. Daran änderte sich auch wenig, als die folgenden, nun als „Famulus" bezeichneten Modelle auf 33 und später 36 PS Motorleistung gesteigert wurden. Um die in steigender Zahl vorhandenen, technisch anspruchsvolleren Vollerntemaschinen besser nutzen zu können, reichte auch das nicht aus. Da kein anderes Antriebsaggregat zur Verfügung stand, musste man versuchen, den Zweizylindermotor bis an seine Grenze auszureizen. Diesem aber tat die in Nordhausen erfolgte Maßnahme, die hauptsächlich durch eine kräftige Drehzahlsteigerung auf wenig verträgliche 2000 U/min erreicht wurde, nicht gut. Dem stark überlasteten, thermisch überforderten Motor mangelte es nicht nur an Standfestigkeit, auch die Reparatur- und Ausfallquoten stiegen. Daher musste seine Leistung schon bald auf 1800 U/min und 40 PS zurückgeschraubt werden.

Der mit unzulänglichen Mitteln unternommene Versuch, als Übergangslösung aus dem „Famulus 40" einen Schlepper mit drei Zylindern und 60 PS zu konstruieren, schlug fehl. Das als RT 330 „Famulus 60" bezeichnete Fahrzeug zeigte so schwere Mängel, dass die Prüfung in der zentralen Prüfstelle für Landtechnik in Potsdam-Bornim vorzeitig abgebrochen werden und der Serienbau unterbleiben musste.

Ein seit 1958 begonnener Versuch, mit zwei zusammengekoppelten Basis-Fahrzeugen des Standard-Schleppers „Famulus" zu einem Tandemtraktor zu kommen, kam ebenfalls nicht über das Versuchsstadium hinaus. Dieses Fahrzeug bestand aus zwei unter Fortfall der Vorderachsen gekoppelten Einheiten des mit dem 46-PS-Motor ausgerüsteten Radtraktors RS 14/46. Bei diesem quasi als Allradtraktor mit zwei mechanisch voneinander unabhängig angetriebenen Achsen geltenden Schlepper ragte die Antriebseinheit der vorderen Schlepperhälfte weit über die Vorderachse hinaus nach vorne. Die beiden Einheiten waren durch ein Knickgelenk miteinander verbunden. Das ebenso skurril wie imposant wirkende Fahrzeug wurde unter der Bezeichnung Tandem-Traktor RTA 550/80 geführt. Zapfwellen vorn und hinten sowie eine hydraulische Kraftheberanlage gehörten zur technischen Ausstattung. Trotz guter Zugeigenschaften und einer Serienbauempfehlung des Instituts für Landtechnik hatte das Projekt keine Realisierungschancen.

Ein offener „Famulus 46" von 1963 mit Seitenmähwerk, seitlichen Scheinwerfern und Zweischar-Winkeldrehpflug. Den „Famulus 46" gab es nur mit wassergekühltem Motor.

Ein „Famulus 30" mit wassergekühltem 33-PS-Motor bei der
Werkserprobung im Gelände.
Besonders deutlich sieht man,
welch großen Verwindungs-
kräften das robuste Fahrzeug –
ohne Schaden zu nehmen –
ausgesetzt werden konnte.

Radschlepper RS 14/30 „Favorit" bzw. „Famulus"

M it dem RS 14/30 „Favorit" begann im Schlepperwerk Nordhausen eine neue Epoche. Er entstand als Weiterentwicklung des erst 1953 in Serie fabrizierten Diesel-Vielzweckschleppers RS 04/30, als zur Mitte der 1950er-Jahre eine allgemeine Erneuerung der in der DDR produzierten Rad- und Kettenschlepper fällig wurde. Der RS 04/30 war eher ein Traktor für herkömmliche Betriebsgrößen und den Einsatz in Reihenkulturen. Für die Bewirtschaftung großer Flächen war dieser Allzwecktraktor weniger geeignet. Daher waren die Nordhäuser Konstrukteure bereits 1954 mit der Weiterentwicklung dieses Fahrzeugs beauftragt worden. Etwa Mitte des Jahres 1956 gingen die ersten Vorserienfahrzeuge in die Erprobung. Bereits im Herbst lief die Serienproduktion an und erreichte noch bis Jahresende 474 Einheiten.

Schon äußerlich unterschied sich der neue Traktor von seinem Vorgänger durch die abgerundete Motorverkleidung und die neue Fahrerkabine. Diese hatte zwar seitliche Fenster erhalten, aber an ihren seitlich vorn befindlichen schlechten Einstiegsmöglichkeiten und der räumlichen Enge hatte sich gegenüber dem RS 04/30 kaum etwas geändert. Auch standen die Scheinwerfer nicht mehr frei, sondern verbargen sich hinter dem Kühlerschutzgitter. Alles in allem konnte man bei einem Vergleich mit dem RS 04/30 nicht von einer Weiterentwicklung reden, denn sowohl das Bauprinzip als auch der Motor blieben unverändert.

Die Verbesserungen begannen mit einem neuen Stirnradgetriebe, das ebenso wie das Triebwerk seines Vorgängers in zwei Schaltgruppen – jeweils eine für Acker und Straße – mit zehn Vorwärts- und zwei Rückwärtsgängen unterteilt war. Das neue Getriebe besaß Kugelschaltung sowie eine geänderte Abstufung, die eine mit 23,75 km/h deutlich höhere Endgeschwindigkeit zuließ. Die Differenzialsperre wurde durch einen Handhebel betätigt und verhinderte bei Arbeiten auf nassen, schlüpfrigen Böden das Durchrutschen der Antriebsräder. Die Verbindung zwischen

Der leistungsstarke 30 PS-Dieselradschlepper

Favorit

Fortschrittlicher Aufbau
modernste Formgebung

Zeitgenössischer Prospekt des
neuen 30 PS-Dieselradschlep-
pers, als er vom Schlepperwerk
Nordhausen noch unter der
Bezeichnung „Favorit" angeboten wurde.

	RS 14/30 »Favorit«	RS 14/30 W »Famulus«	RS 14/30 L »Famulus«
Hersteller		Schlepperwerk Nordhausen	
Bauzeit	1956–1956	1957–1960	1957–1960
Bauweise		rahmenlose Blockbauweise	
Bauart des Motors	2-Zylinder-/ 4-Takt-Reihen-Diesel Wirbelkammerverfahren	2-Zylinder-/ 4-Takt-Reihen-Diesel Wirbelkammerverfahren	2-Zylinder-/ 4-Takt-Reihen-Diesel Vorkammerverfahren
Kühlung	Umlaufkühlung mit Wasserpumpe	Umlaufkühlung mit Wasserpumpe	Luftkühlung mit Axialgebläse
Leistung	30 PS/22 kW bei 1500 U/min	33 PS/24,3 kW bei 1500 U/min	33 PS/24,3 kW bei 1500 U/min
Hubraum	3012 cm³	3280 cm³	3280 cm³
Getriebe		10 Vorwärtsgänge, 2 Rückwärtsgänge	
Höchst- geschwindigkeit		23,75 km/h	
Antrieb		auf die Hinterräder	
Abmessungen (L/B/H)		3410/1700/2380 mm	
Radstand		1936 mm	
Gewicht	2135 kg	2141 kg	2065 kg
Bereifung vorne/hinten		6.00-20/9-40	

Motor und Getriebe stellte eine Einscheiben-Trockenkupplung her. Eine Antischlupfeinrichtung mit mechanischer Verriegelung war ein weiterer Fortschritt. Das Fahrzeug besaß zwei Zapfwellen. Synchron zur Fahrgeschwindigkeit lief die vordere, weggebundene Zapfwelle, die nach entsprechendem Umbau auch die Vorderachse antreiben konnte. Geschaltet wurde die ab 1958 lieferbare Fronttriebachse über die Fahrkupplung.

Bis 1957 wurde noch der vom Vormodell her bekannte wassergekühlte Zweizylinder-Einheitsdiesel EM 2-15 mit 30 PS verwendet. Bei dem späteren, um 3 PS angehobenen Modell „Famulus" wurde die Zylinderbohrung erhöht und damit ein größeres Hubvolumen erzielt. Die Heckzapfwelle und die am Getriebe nach vorne weisende Zapfwelle, als Rumpfzapfwelle bezeichnet und für den Zwischenachsantrieb vorgesehen, konnte über ein Zwischenstück durch die Vorderachsmittellagerung zum Antrieb von vor dem Schlepper zu betreibenden Geräten verwendet werden. Beide Zapfwellen waren entweder motor- oder getriebegebunden schaltbar. Diese von der Fahrkupplung unabhängige Schaltmöglichkeit war in Verbindung mit der international genormten Dreipunktkupplung und der höheren Transportgeschwindigkeit für Straßenbetrieb die wichtigste Verbesserung gegenüber dem RS 04/30. Das Steuerorgan der Hydraulik war ein Dreiwegeschieber, der vom Fahrersitz aus betätigt werden konnte. Zum Anschluss weiterer

Ein RS 14/30 mit Halbkettenlaufwerk, das von den Brandenburger Traktorenwerken hergestellt wurde.

Optisch durchaus ansprechend gestaltet war die Prospekttitelseite des 33 PS starken Diesel-Mehrzwecktraktors RS 14 „Famulus".

Geräte standen zwei freie Arbeitszylinder zur Verfügung. Die Dreipunktkupplung (sie hatte eine Hubkraft von 680 kg an der Ackerschiene) wurde wohl deshalb eingeführt, um den neuen Schlepper für den Export interessant zu machen.

Serienmäßig bestand die Ausrüstung aus der breiten Anhängeschiene, einer Differenzialsperre, einer Einzelradlenkbremsung und einer Rohrachse, die eine teleskopartige Spurweitenverstellung ermöglichte. Diese war einzelradgefedert und besaß Schraubenfedern mit Hülsenführungen. Auch die Spurweite der Hinterräder konnte verändert werden. Das Sonderzubehör bestand aus Winkelriemenantrieb, Reifenfüllpumpe, Gitterrädern, automatischer Sicherheitskupplung und Allwetterverdeck. Anfangs wurde der RS 14/30 mit dem Beinamen „Favorit" angeboten.1958 änderte man den Beinamen aus rechtlichen Gründen jedoch in „Famulus".

Seit Ende des Jahres 1957 stand wahlweise auch ein luftgekühlter Motor gleicher Abmessungen und Leistung zur Verfügung. Das von den auf luftgekühlte Motoren spezialisierten Robur-Werken (vormals Phänomen) in Zittau umgebaute Aggregat hatte freistehende, verrippte Zylinder und arbeitete nach dem Vorkammer-Verbrennungsverfahren. Es war mit einem Axialgebläse ausgerüstet, das die Kühlluft mit hoher Geschwindigkeit an die Kühlrippen der Zylinder drückte. Dieser Motor war nicht nur knapp 80 kg leichter als sein wassergekühltes Pendant. Der einfachere Aufbau machten den als RS 14/33 L bezeichneten Traktor auch wartungsfreundlicher. Äußerlich war der mit einem luftgekühlten Motor ausgerüstete Schlepper an der an der linken Fahrzeugseite vorhandenen Ausbeulung der Motorhaube für das Axial-Kühlluftgebläse und am Luftfilter zu erkennen. Auch für den RS 14/30 wurden Anbau-Halbraupen hergestellt, die vor allem für Einsätze mit Spezialmaschinen vorgesehen waren. Für diese galt, ebenso wie bei vorhandener und aktivierter Fronttriebachse, eine Geschwindigkeitsbegrenzung auf 8 km/h.

Von der 30-PS-Ausführung des „Favorit" wurden 7574 Traktoren, vom RS 14/30 „Famulus" mit 33 PS 4596Einheiten mit Wasserkühlung und 8200 Fahrzeuge mit luftgekühltem Motor gefertigt.

Mit dem RS 14/30 wurde versucht, der DDR-Landwirtschaft einen gegenüber dem RS 04/30 besser geeigneten Schlepper zur Verfügung zu stellen. Das gelang allerdings nur zum Teil. Nach wie vor unzureichend, vor allem für Vollerntemaschinen, war die geringe Motorleistung, weshalb später auch Maßnahmen zur Leistungssteigerung durchgeführt wurden. Es war daher voraussehbar, dass die Motoren im Einsatz oftmals überlastet wurden. Das ließ nicht nur ihre Standfestigkeit sinken, sondern führte auch zu Schäden an anderen Bauteilen.

Radschlepper RS 14/36 und RS 14/46 „Famulus"

Ein hervorragend restaurierter „Famulus 36" mit luftgekühltem Antriebsaggregat aus dem Jahr 1964

D ie inzwischen gebildeten Landwirtschaftlichen Produktionsgenossenschaften (LPG) mit ihren großen zusammenhängenden Ackerflächen brauchten zu ihrer Bewirtschaftung dringend stärkere Traktoren. Diese aber waren zum Ende der 1950er-Jahre nirgendwo in Sicht, denn hierfür fehlten die Voraussetzungen und Fertigungskapazitäten. Leistungsstarke Traktoren gab es im Ausland zwar zur Genüge, aber ein Import kam bei dem permanenten Mangel an Devisen nicht infrage.

Also entschlossen sich die Nordhäuser Ingenieure, die Leistung des mit dem 33 PS starken Zweizylinder-Einheitsmotor bestückten „Famulus" weiter anzuheben. Da kein anderes für diese Zwecke verwendbares Antriebsaggregat zur Verfügung stand, blieb nur die Drehzahlsteigerung des bereits zuvor auf 3280 cm³ Hubvolumen aufgebohrten Motors übrig. Diese Versuche waren erfolgreich und brachten bei zunächst 1600 U/min, später zur Leistungsstabilisierung auf 1650 U/min festgeschriebener Drehzahl, eine Ausbeute von 36 PS. Diese sowohl mit Wasser- als auch mit Luftkühlung ausgeführten Antriebseinheiten wurden schon bald in die Serienproduktion überführt und die damit bestückten Traktoren erhielten den Schriftzug „Famulus 36".

Abgesehen von der von 1500 auf 1650 mm gewachsenen Spurweite der Vorderräder blieb bei diesen „neuen" Traktoren alles beim Alten. Wegen der höheren Motorleistung war der „Famulus" mit nun 26 km/h Maximalgeschwindigkeit etwas schneller, sodass er besser im Straßenverkehr mithalten konnte. Für das Mitführen von zwei druckluftgebremsten Anhängern stand eine Bremsanlage auf Wunsch zur Verfügung. Die optionale Fahrerkabine war mit umsturzsicherem Fangrahmen ausgerüstet.

Die linke Seite (Einspritzseite) eines luftgekühlten „Famulus 36". Unter der Auswölbung der Motorabdeckung verbirgt sich das Axialkühlluftgebläse. Darunter die Einspritzpumpe, rechts daneben Luftfilter und Batterie.

Der sehr solide und zuverlässige Mehrzwecktraktor RS 14/36 „Famulus" war die mit Abstand meistgebaute Ausführung der „Familie". Von der wassergekühlten Variante RS 14/36 W wurden 1927 Stück, von der wartungsfreundlichen und preiswerteren luftgekühlten Ausführung RS 14/36 L aber 13 176 Stück – allein 6006 Fahrzeuge im Jahr 1963 – und weitere 1569 des Modells RT 315 bis zum Jahr 1964 gebaut. Im Zuge eines 1963 eingeführten neuen Bezeichnungssystems für DDR-Traktoren war der luftgekühlte RS 14/36 L zum Radtraktor RT 315 geworden.

Ein „Famulus 36" mit zahlreichen, vorn und hinten angeordneten Sonderanbauten für den Straßendienst

Trotz mancher motorischer Unzulänglichkeiten und zu geringer Standfestigkeit – die luftgekühlten Motoren benötigten oft schon nach 1000 Stunden eine Generalüberholung, während die Aggregate mit Wasserkühlung oftmals an Defekten der Zylinderkopfdichtung krankten – konnte sich die „Famulus"-Reihe recht lange im Einsatz halten. Das lag zweifelsohne an der einfachen und robusten Technik sowie an der vergleichsweise günstigen Ersatzteillage. Es darf aber nicht unerwähnt bleiben, dass alle Modelle der „Famulus"-Schlepperreihe in Ermangelung leistungsstärkerer Traktoren oft zu Arbeiten herangezogen wurden, für die sie konstruktiv nicht ausgelegt waren. Daher waren nicht nur Motorschäden, sondern auch Brüche an anderen Bauteilen, vor allem an der Antrieben, zu verzeichnen.

Die Motorleistung war für die angestrebte industrielle Feldbearbeitung weiterhin unzureichend. Was also war zu tun? Die Nordhäuser Ingenieure folgerten, wenn sich die Leistung des Zweizylindermotors allein durch die Drehzahlerhöhung steigern ließ, warum sollte dann bei 36 PS und 1650 U/min schon Schluss sein? Also quälte man einen wassergekühlten

■ Technische Daten

	RS 14/36 W »Famulus«	RS 14/36 L »Famulus«	RS 14/46 »Famulus«
Hersteller		Schlepperwerk Nordhausen	
Bauzeit	1960–1964	1960–1964	1960–1963
Bauweise		rahmenlose Blockbauweise	
Bauart des Motors	2-Zylinder-/ 4-Takt-Reihen-Diesel Wirbelkammerverfahren	2-Zylinder-/ 4-Takt-Reihen-Diesel Vorkammerverfahren	2-Zylinder-/ 4-Takt-Reihen-Diesel Wirbelkammerverfahren
Kühlung	Umlaufkühlung mit Wasserpumpe	Luftkühlung mit Axialgebläse	Umlaufkühlung mit Wasserpumpe
Leistung	36 PS/26,5 kW bei 1650 U/min	36 PS/26,5 kW bei 1650 U/min	46 PS/33,8 kW bei 2000 U/min
Hubraum	3280 cm³	3280 cm³	3280 cm³
Getriebe		10 Vorwärtsgänge, 2 Rückwärtsgänge	
Höchstgeschwindigkeit	26 km/h	26 km/h	28,4 km/h
Antrieb		auf die Hinterräder	
Abmessungen (L/B/H)		3410/1700/2395 mm	
Radstand		1936 mm	
Gewicht	2135 kg	2100 kg	2369 kg
Bereifung vorne/hinten		6.00-20/11-38 oder 9-42	

Motor auf 2000 U/min hoch und erzielte so auf dem Prüfstand immerhin satte 46 PS. Das war für dieses ursprünglich nur für 30 PS bei 1500 U/min ausgelegte Antriebsaggregat ein ausgezeichnetes Ergebnis. Die Freude darüber war aber nicht ungetrübt. Die ihm nun abverlangten 46 PS verkraftete das damit stark überlastete Antriebsaggregat nur ungenügend. Der überforderte Motor zeigte sich nicht standhaft, neigte zu einem erhöhten Verschleiß und verursachte steigende Reparaturausfälle. Hier zeigte sich überdeutlich, dass die Leistung des Motors ausgereizt war.

Die ersten 100 Schlepper wurden noch 1960 ausgeliefert. Insgesamt entstanden bis zur 1963 erfolgten Baueinstellung von dieser Leistungsvariante immerhin 3820 Fahrzeuge. Sie waren sämtlich wassergekühlt, denn beim luftgekühlten Motor hatte man aus thermischen Gründen auf die Leistungsanhebung verzichtet. Durch die gestiegene Reparaturanfälligkeit des Motors sah man sich bald veranlasst, die Motordrehzahl bei Werkstattbesuchen auf verträglichere 1800 U/min zurückzunehmen und damit die Leistungsabgabe auf 40 PS zu begrenzen.

So wie dieser 1963 gebaute RS 14/36 „Famulus 36" aus dem Kreis Quedlinburg standen die Traktoren jahrzehntelang in der DDR allerorten im Einsatz.

Ein im Kreis Meiningen in Thüringen zugelassener „Famulus 36" mit Fahrerhaus und einer Druckluftbremsanlage

Dieser offen ausgeführte „Famulus 36" mit Luftkühlung verfügt noch über die hinter dem Kühlerschutzgitter befindlichen Scheinwerfer.

Seitenansicht eines offen ausgeführten „Famulus 40"

Radtraktor RT 325 „Famulus 40" und RT 330 „Famulus 60"

Ein 40 PS starker RT 325 alias
„Famulus 40" von 1965, beheimatet im thüringischen Kyff-
häuserkreis.

N ach dem Auslaufen der Produktion des luftgekühlten 36-PS-Rad-
schleppers RS 14/36 „Famulus 36" im Jahr 1964 wurde die wassergekühlte Variante des „Famulus 40" mit 40 PS weitergebaut. Dabei gelangte der auf eine Drehzahl von 1800 Touren reduzierte, immer noch
verwendete Zweizylinder-Einheitsmotor des RS 14/46 „Famulus 46" zum
Einbau. Da man in der DDR ab 1963 für Traktoren einen neuen, aus einer
dreistelligen Zahlenkombination bestehenden Typencode eingeführt hatte,
wurde dieses 40-PS-Modell als RT 325 eingeordnet. Doch die Werbe- und
Prospektbezeichnung lautete weiterhin „Famulus 40".

Die technische Ausstattung dieses wassergekühlten Schleppers war im
Wesentlichen mit der des luftgekühlten Modells RS 14/36 identisch. Während im Laufe der Zeit technische Verbesserungen an
Bremsen, Hydraulik, Lenkung und in Form eines be-
quemeren, parallel geführten, mit einstellbarer Federung ausgestatteten, allerdings immer noch als Blech-
mulde ausgebildeten Fahrersitzes in die Serie ein-
geflossen waren, hielt man an einigen Bauteilen weiter
fest. Neben dem bereits erwähnten Motor betraf dies
vor allem das mechanische Zweigruppenschaltge-
triebe mit zehn Vorwärts- und zwei Rückwärtsgängen. Ebenso blieb die einzelradgefederte Pendelvorderachse unverändert, die mit einem zuschaltbaren
Antrieb bestellt werden konnte.

Serienmäßig war eine wahlweise als Getriebe- oder
Motorzapfwelle schaltbare, vorn und hinten angeordnete Zapfwelle vorhanden. Der hydraulische Kraftheber besaß die genormte Dreipunktaufhängung an
der Ackerschiene. Darüber hinaus waren Lenkbrem-

sen, Antischlupfeinrichtung mit mechanischer Verriegelung, Mähantrieb und Mähwerk serienmäßig vorhanden. Eine mit umsturzsicherem Fangrahmen (Überrollbügel) ausgerüstete Fahrerkabine war eingeführt worden. Zahlreiche tragische Unfälle, vor allem bei Arbeiten am Hang, hatten zu der Forderung geführt, mit dieser Sicherheitseinrichtung ein Einquetschen des Fahrers zu verhindern. Ebenso konnte eine Druckluftbremsanlage für Anhängerbetrieb sowie ein Luftkompressor zum Füllen der Reifen zusätzlich angebracht werden.

Gebaut wurden bis 1965 immerhin noch 4569 Fahrzeuge, die überwiegend in grüner Lackierung die Werkstore verließen. Das war dann allerdings das Ende der seriengefertigten „Famulus"-Reihe.

Doch die Konstrukteure des Schlepperwerks Nordhausen hatten die Bemühungen um einen für die Landwirtschaft dringend notwendigen, leistungsstärkeren Traktor noch nicht aufgegeben. Als auf dem Bauernkongress im Jahr 1962 die Forderung nach der baldigen Einführung eines modernen Radtraktors mit mindestens 55 PS Motorleistung gestellt wurde, sah man in Nordhausen eine Chance. Da das Schlepperwerk Schönebeck mit der Entwicklung des ZT 300 noch in den Anfängen steckte, beauftragte die Regierung das Schlepperwerk Nordhausen, aus möglichst vielen Baukomponenten des „Famulus" einen Traktor als Übergangslösung zu bauen. So war man dort gezwungen, auf das mittlerweile überholte Antriebsaggregat des „Famulus" als Basis zurückzugreifen. Da es unmöglich war, die im projektierten RT 330 „Famulus 60" angestrebte Leistung von 60 PS aus dem Zweizylindermotor herauszuholen, erweiterte man das Aggregat mithilfe eines neu gestalteten, steiferen Kurbelgehäuses um eine weitere Einheit auf drei Zylinder. Zu den größten Mängeln der Konstruktion zählte das infolge der erhöhten Motorleistung total überforderte Standardgetriebe. Vor allem das Antriebsritzel hielt dem gestiegenen Drehmoment nicht stand, was eigentlich Umbau und Verstärkung des gesamten Getriebes erfordert hätte. Dies meinte man sich sparen zu können und startete bereits 1963 eine Nullserie. Auch eine Allradvariante mit der für den Frontlenker-Lkw W 50 LA vorgesehenen und bereits entwickelten Vorderachse wurde gebaut. Im Oktober des gleichen Jahres entsandte man ein Funktionsmuster zur technischen Prüfung nach Potsdam-Bornim. Bei der nachfolgenden Prüfung waren die Mangel aber derart schwerwiegend, dass eine Serienfertigung nicht zu verantworten gewesen wäre. Die Prüfung wurde im April 1964 vorzeitig abgebrochen und das ganze Projekt bereits im Folgemonat wegen gravierender technischer Mängel nach Fertigstellung von nur 20 Fahrzeugen ganz eingestellt.

So sah das endgültige Versuchsmuster der Nullserie des mit Allradantrieb ausgerüsteten „Famulus 60" aus.

■ Technische Daten		
	RT 325 „Famulus 40"	RT 330 „Famulus 60"
Hersteller	Schlepperwerk Nordhausen	
Bauzeit	1964–1965	1963–5/1964 (kein Serienbau)
Bauweise	rahmenlose Blockbauweise	
Bauart des Motors	2-Zylinder-/ 4-Takt-Reihen-Diesel Wirbelkammerverfahren	3-Zylinder-/ 4-Takt-Reihen-Diesel Wirbelkammerverfahren
Kühlung	Umlaufkühlung mit Wasserpumpe	
Leistung	40 PS/29,4 kW bei 1800 U/min	60 PS/44,1 kW bei 1800 U/min
Hubraum	3280 cm³	4917 cm³
Getriebe	10 Vorwärtsgänge, 2 Rückwärtsgänge	
Höchstgeschwindigkeit	28,2 km/h	29 km/h
Antrieb	auf die Hinterräder	auf die Hinterräder (auch mit Allrad)
Abmessungen (L/B/H)	3410/1700/2395 mm	3600/1900/1775 mm (ohne Kabine)
Radstand	1936 mm	2300 mm
Gewicht	2100 kg	2300 kg
Bereifung vorne/hinten	6.00-20/11.38 od. 9-42	6.50-20/11-38 od. 14-34

Erfolge mit Geräteträgern

Die Mechanisierung und damit die Produktivität der Landwirtschaft besaß in der DDR von allen Bereichen mit die höchste Priorität. Galt es doch, die Bevölkerung, wenn schon nicht ausreichend mit Konsumgütern, so doch wenigstens ausreichend mit agrarischen Nahrungsmitteln zu versorgen. Seit dem Einsatz von Traktoren war bei der Entwicklung landwirtschaftlicher Geräte ein sprunghafter Fortschritt mit großen Leistungssteigerungen in einer ebenso großen Vielfältigkeit zu beobachten. Die Technik hatte sich durchgesetzt und bestimmte den Rhythmus der Landarbeit. Sie beschleunigte das Arbeitstempo und sorgte für höhere Ernteerträge. Die Mechanisierung veränderte die Landwirtschaft weltweit nachhaltig, was vor allem in der DDR mit ihrer großflächigen, genossenschaftlichen Felderbewirtschaftung große Auswirkungen hatte. Da sich große Felder einfach besser für die maschinelle Bearbeitung

eigneten, verschwanden die kleinen Anbauflächen mehr und mehr. Das Entstehen von Monokulturen, die gegenüber den Mischkulturen für die maschinelle Ernte weitaus weniger Probleme bereiteten, war die zwangsläufige Folge. Hinzu kam, dass seit den späten 1960er-Jahren in der DDR vermehrt – und oft gegen den Willen der Mehrheit der Genossenschaftsbauern – LPG-Betriebe zu noch größeren Einheiten und Spezialbetrieben zusammengeschlossen wurden.

Bei dieser Entwicklung fiel dem Geräteträger, also einem Kombinationsfahrzeug aus Traktor und Arbeitsmaschine, eine sehr große Bedeutung zu. Durch die universellen Einsatz- und Anbaumöglichkeiten in Form der drei Anbauräume am Heck, zwischen den Achsen und im Frontbereich ergaben sich in Verbindung mit den von der Geräteindustrie neu entwickelten und auf die Geräteträger abgestimmten

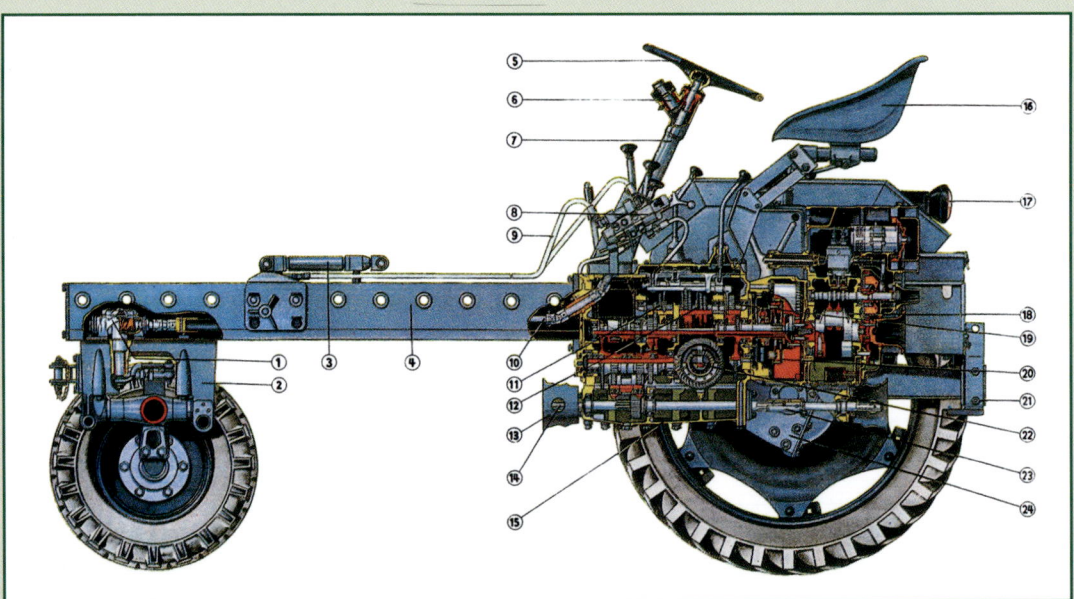

Das Schnittbild dokumentiert die einfache und kompakte Bauweise des Geräteträgers RS 09.

1	Lenkgetriebe	7	Lenksäule	14	vordere Zapfwelle	20	Fahrkupplung
2	Vorderachskonsole	8	Hydraulik-Verteiler	15	Zapfwellengehäuse	21	Zugschiene
3	Hydraulik-Arbeitszylinder	9	Hydraulik-Leitung	16	Fahrersitz	22	Ausgleichgetriebe
4	Längsträger	10	Teleskoplenksäule	17	Fahrscheinwerfer mit	23	hintere Zapfwelle mit
5	Lenkrad	11	Gruppenschaltung		eingebauter Schlussleuchte		Vorsatzzapfwelle
6	Lenkradanschluss	12	Stufengetriebe	18	Motor	24	Endvorgelege
	für Rückwärtsfahrt	13	Zapfwellenschutz	19	Wendegetriebe		

Arbeitsgeräten unzählige Kombinationsmöglichkeiten. Die Geräteträger waren auf wirtschaftliche Einmannbedienung konzipiert und trugen damit – ob geplant oder zufällig – dem zukünftigen Arbeitskräftemangel in der Landwirtschaft Rechnung. Sie ermöglichten den gleichzeitigen Anbau und Einsatz mehrerer Arbeitsgeräte in einem Gang. Diese Vorgehensweise führte zu einer erheblichen Zeitersparnis. Kein Wunder, dass in der DDR dieser Fahrzeuggruppe eine überaus große Bedeutung beigemessen wurde.

Mitte der 1950er-Jahre galt es zunächst, für den vor allem bezüglich des Motors nicht völlig befriedigenden RS 08/15 „Maulwurf" einen besser geeigneten Nachfolger bereitzustellen. Dies geschah durch den in Schönebeck neu entwickelten und dort ab 1957 gefertigten Geräteträger 09/15. Doch leider er-

Dieser 1965 gebaute GT 124 mit Mähwerk und nachgerüstetem Hublader T 150 wurde im Jahr 2009 in Thalwenden im Eichsfeld noch aktiv eingesetzt.

gaben sich durch mangelnde Erfahrung im Lizenzbau des österreichischen Warchalowski-Motors unerwartete Probleme, die aber letztendlich der großen Beliebtheit des RS 09/15 keinen entscheidenden Abbruch tun konnten.

Ab 1964 wurde schließlich das nachgebesserte und vor allem stärkere und mit einem zuverlässigeren Motor aus eigener Konstruktion ausgestattete Modell RS 09/124 bzw. GT 124 ausgeliefert. Dieses weiterhin in Einholmbauweise mit kastenförmigem Längsträger ausgebildete Fahrzeug war ein mehr als ausreichender und technisch gut ausgereifter Ersatz für den doch etwas zu schwachen RS 09/15. Bis zum Auslaufen der Geräteträgerproduktion im Jahr 1972 entstanden von allen Baureihen zusammen genau 120 273 Fahrzeuge „Made in GDR". Neben den Traktoren der späteren Reihe ZT 300 waren die Geräteträger die erfolgreichsten Produkte der DDR-Schlepperindustrie. Ein nicht unerheblicher Teil wurde exportiert und erwirtschaftete der DDR damit einen Teil der so dringend notwendigen harten Devisen. Dabei wurden die Geräteträger zu einem echten Exportschlager.

Zu dem umfangreichen Sonderzubehör des RS 09 zählte der Hublader T 150. Dieser konnte mit verschiedenen Ladeköpfen bestückt werden und bewältigte eine Hublast von 500 kg.

Ein gut wieder hergerichteter RS 09 von 1963, der mit einem im Zwischenachsbereich angebrachten Hackrahmen ausgerüstet ist.

Zeitgenössisches Bild einer mit GT 124 ausgerüsteten Frauenbrigade bei der Rübenpflege. Die Fahrzeuge waren zuvor mit umsturzsicheren Fangrahmen, aber noch ohne Kabine ausgestattet.

Geräteträger RS 09/15

D er Nachfolger des Geräteträgers RS 08/15 „Maulwurf" war das verbesserte Modell RS 09/15. Sein Beiname „Maulwurf" blieb ihm als Synonym für die DDR-Geräteträger zwar erhalten, offiziell blieb der RS 09/15 wie auch die folgenden Geräteträgerkonstruktionen namenlos. Die Produktion lief im Herbst 1957 in Schönebeck an.

Mit dem RS 09/15 entstand ein völlig neues Fahrzeug. Die bewährte Grundkonzeption in der Einholmbauweise wurde beibehalten. Dazu gehörte die Übernahme der Triebachse, des Längsträgers und der längs verschiebbaren Vorderachse. Die Triebachse wurde als selbstständiges Bauteil ausgebildet, sodass es möglich war, verschiedene Einsatzvarianten, wie z. B. einen Maisschlepper, Gabelstapler, Hopfentraktor oder auch einen hydraulischen Schwenkkran, abzuleiten. Durch Umdrehen des Fahrersitzes um 180° vor die Lenksäule und Umstecken einiger Bedienhebel war es sogar möglich, den Geräteträger auch entgegen der normalen Fahrtrichtung zu betreiben. Der Motor wanderte nun unter den Fahrersitz und bildete mit Getriebe und Hinterachse eine Einheit. Dadurch wurden die Sichtverhältnisse für den Fahrer noch weiter verbessert. Auch das 8/8-Gang-Wendegetriebe war Attribut des RS 08/15.

Eine der vordringlichsten Aufgaben war es, Ersatz für den im RS 08/15 arbeiteten alten DKW-Zweitaktmotor zu finden. Gewünscht wurde ein moderner Viertakt-Dieselmotor als Antriebseinheit. Ein schnell laufender Dieselmotor mit Luftkühlung befand sich zwar schon seit 1952 in Schönebeck in der Entwicklung, er war aber noch lange nicht fertig. Da die Zeit drängte, genehmigte man den Import eines Aggregats aus dem Westen.

Die Schönebecker Ingenieure entschieden sich für einen Zweizylinder-V-Diesel der Wiener Firma Warcha-

	RS 09/15	RS 09/15	RS 09/15
Hersteller	Traktorenwerk Schönebeck		
Bauzeit	1957–1958	1958–1960	1961–1962
Bauweise	Geräteträger in Einholmbauweise		
Bauart des Motors	2-Zylinder-/4-Takt-Reihen-Diesel in V-Form, Wirbelkammerverfahren (Warchalowski-Motor)	2-Zylinder-/4-Takt-Reihen-Diesel in V-Form, Wirbelkammerverfahren (Schönebeck, Lizenzbau)	2-Zylinder-/4-Takt-Reihen-Diesel in V-Form, Wirbelkammerverfahren (Schönebeck, Lizenzbau)
Kühlung	Luftkühlung mit Axialgebläse		
Leistung	18 PS/13,2 kW bei 3000 U/min	15 PS/11 kW bei 3000 U/min	16,5 PS/12,1 kW später 18 PS/13,2 kW bei 3000 U/min
Hubraum	1020 cm³	1020 cm³	1145 cm³
Getriebe	8 Vorwärtsgänge, 8 Rückwärtsgänge		
Höchstgeschwindigkeit	14,86 km/h		
Antrieb	auf die Hinterräder		
Abmessungen (L/B/H)	3260/1520/1820 mm		
Radstand	1760–2210 mm	2060–2510 mm	2060–2510 mm
Gewicht	1070 kg	1105 kg	1105 kg
Bereifung vorne/hinten	6.00-16/7-36 oder 8-36		

lowski, dem ältesten Motorenhersteller Österreichs. Warchalowski bot damals unter der Marke „Austro-Diesel" hochwertige Motoren an. Die ersten Tests des Motors FD 21 im neuen Geräteträger verliefen positiv. Daraufhin importierte man 1000 Einheiten und vereinbarte wegen der großen geplanten Serie eine Lizenzproduktion. Leider glückte die Aufnahme der Serienfertigung nicht auf Anhieb. Während die aus Österreich bezogenen Motoren problemlos liefen, hatte das Dieselmotorenwerk Schönebeck noch jahrelang mit den verschiedensten Qualitätsmängeln der Eigenproduktion und den unzureichenden Schmierstoffen aus DDR-Produktion zu kämpfen. Die umfangreiche Mängelliste reichte von defekten Schraubverbindungen von Kurbelwelle, Schwungrad oder Pleuel bis hin zu Rissen im Kurbelwellengehäuse und Ölaustritten an verschiedenen Stellen, was häufig zu Totalschäden des Motors führte.

Die große Störanfälligkeit der Motoren, verbunden mit dem Geräteausfall, führte zu einer erheblichen Verärgerung in der Landwirtschaft. Zweifellos waren die Probleme des Lizenzbaus unterschätzt worden, und erst 1961 erlaubte man den Schönebecker Motorenbauern, sich bei den österreichischen Motorenentwicklern Rat zu holen. Im Grunde zu spät, denn inzwischen hatten die Motorenwerke in Cunewalde eine neue luftgekühlte Kleindieselmotorenreihe mit zwei und vier Zylindern entwickelt. Als schließlich der RS 09 1964 durch den GT 124 abgelöst wurde, bekam er sogleich das neue und stärkere Vierzylinder-Antriebsaggregat.

Der Einbau einer in allen drei Anbauräumen nutzbaren Hydraulikanlage mit Dreipunktkupplung war eine wichtige Verbesserung am RS 09/15. Sie erschloss weitere Einsatzgebiete und erleichterte die Arbeit spürbar. Die Zahnradpumpe für

Optimal restaurierter Geräteträger RS 09. Gut zu erkennen sind die Holmlöcher im Längsträger.

die Hydraulik war seitlich am reversierbaren Schaltgetriebe installiert. Vorn hingegen gab es als Zusatzeinrichtung das Vierpunktsystem mit Normschwingrahmen. Vorn und hinten war jeweils eine als Getriebe- oder Wegzapfwelle schaltbare Zapfwelle angeordnet. Geschaltet wurden diese vom Traktoristen während der Fahrt. Arbeitsschutztechnische Auflagen veränderten im Laufe der Bauzeit das äußere Bild durch zusätzlichen Einsatz eines sogenannten Fangrahmens als Umsturzsicherung für den Fahrer, den Einbau einer Windschutzscheibe und einer Wetterverkleidung am Fangrahmen.

Schnittig und formschön wirkt der Plantagenschlepper RS 28, der von einem Warchalowski-Lizenzbaumotor mit 18 PS angetrieben wurde. Dieses Versuchsfahrzeug entstand 1960.

Als Anbaugeräte kamen beim RS 09 die der Hydraulikbedienung angepassten, schon teilweise beim RS 08/15 vorhandenen Gerätschaften zum Einsatz. Insgesamt standen bereits zu Anfang weit über 40 Anbaugeräte zur Verfügung, wobei die Palette im Laufe der Zeit erweitert wurde. Hinsichtlich der Gerätekombinationen konnte der Geräteträger ohne größeren Rüstaufwand mit den vorgesehenen Geräten – auch in Kombination – bestückt werden. Darüber hinaus ließen sich mit entsprechend höheren Rüstzeiten auch Geräte anbauen, die aufgrund ihrer Größe zu einem wesentlichen Bestandteil des Gesamtfahrzeugs wurden. Außerdem ließ sich der RS 09 mithilfe der konstruktionsbedingt eigenständigen Triebachse zu einer im Grunde neuen Maschine verwandeln. Daneben blieben die Fahrzeuge ständige Experimentier- und Entwicklungsobjekte, an denen im Rahmen der Produktpflege Zeit ihres Lebens viele Detailverbesserungen durchgeführt wurden. Eine wichtige Verbesserung war die neue, schaumgepolsterte Sitzschale mit ebenfalls neuer Sitzfederung. 24 016 Fahrzeuge wurden zwischen 1957 und 1962 gefertigt. Um den RS 09 einsatzbereit zu erhalten, war nur ein minimaler Wartungsaufwand nötig. Daher kann man ihn selbst heute noch hin und wieder, etwa beim Grasmähen, beobachten.

Vom Geräteträger RS 09 gab es verschiedene Abwandlungen, wobei der als Hopfentraktor bezeichnete RS 56 als die wohl bekannteste Variante in die DDR-Traktorengeschichte einging. Er entstammte einer Entwicklungsreihe, die die folgenden drei Abwandlungen des RS 09 hervorbrachte: den Standardschlepper RS 27, den Plantagentraktor RS 28 und schließlich den speziell für den Hopfenanbau vorgesehenen RS 56. Besonders für den Letzteren entstand eine Reihe spezieller Anbaugeräte. Der RS 27 und RS 28 besaßen einen nach vorn verlegten Motor. Eine besonders tiefe Motorlage hatte der Plantagenschlepper RS 28 aufzuweisen. Bei diesem Fahrzeug verband ein Gussträger Motor und Getriebe. Der Motor befand sich vor einem verkürzten Holm hinter der Vorderachse mit einer ähnlichen Verkleidung wie beim RS 56. Durch einen zusätzlichen Schnellgang erhöhte sich die Maximalgeschwindigkeit auf 20,6 km/h. Der Radstand betrug 2000 mm und die Spur konnte mehrfach verstellt werden. Hydraulik und Zapfwellenausstattung entsprachen der des RS 09.

Geräteträger GT 124

GT 124 mit Ladepritsche und Seitenmähwerk. Für den behelfsmäßigen Schutz des Traktoristen vor Witterungsunbilden ist ein auf die Rohrkonstruktion improvisiertes Dach montiert.

D a es dem RS 09/15 etwas an Leistung mangelte, andererseits aber höhere Arbeitsleistungen gefordert wurden, war 1964 ein stärker motorisierter Geräteträger lieferbar. In dem als RS 09/124 bezeichneten Geräteträger kam ein axialluftgekühltes Vierzylinder-V-Diesel-Antriebsaggregat zum Einbau. Dieser Motor, der im Motorenwerk Cunewalde zu einer Baukastenreihe im Kleindieselbereich entwickelt worden war, leistete 25 PS und verfügte über die nötigen Kraftreserven, um kurzzeitig bis zu 30 PS, ohne dabei Schaden zu nehmen, hervorzubringen. Ab 1967 wurde das Aggregat dann offiziell auf 30 PS leistungsgesteigert.

Bereits 1963 erschien der nur in geringen Stückzahlen bis zum folgenden Jahr gebaute Geräteträger RS 09/122. Er hatte zwar das gleiche Fahrgestell, musste aber mit dem nur 18 PS starken, im Motorenwerk Schönebeck in Lizenz gefertigten und auf dem Warchalowski-Motor basierenden Zweizylinder-V-Diesel vorlieb nehmen. Damit gab es gleich zwei Geräteträgertypen, wobei sich der 09/122 nur geringfügig von der letzten Ausführung des RS 09/15 unterschied. Versuchsweise und auf Wunsch konnte der RS 09/122 mit einer speziellen Hangsteuerung ausgerüstet werden, die für zusätzliche Kippsicherung sorgte.

Ohne dass einschneidende Änderungen erforderlich waren, blieb das Grundkonzept beider Fahrzeuge erhalten. Wiederum war das gesamte Triebwerk auf bzw. über der Hinterachse mit Motor, Getriebe, Differenzial und die Endabtriebe zu einer Einheit zusammengefasst. Die Aufnahme der größeren Motoren erforderte allerdings Änderungen am Hinterachsschemel sowie einige Verstärkungen im Getriebe. Dieses war weiterhin als mechanisches Vierstufen-Zweigruppengetriebe mit jeweils acht Vor- und Rückwärtsgängen ausgestattet. Unverändert blieben auch der geringfügig um 30 cm verlängerte kastenförmige Tragholm und die Pendelvorderachse. Um Unfällen bei Hangarbeiten vorzubeugen, erhielten beide Modelle einen als Rohr-

Für den Export wurde der Versuch unternommen, einen als RS 09/123 bezeichneten Geräteträger mit wassergekühltem, 24 PS leistenden Zweizylinder-Diesel des tschechischen Herstellers Zetor anzubieten. Diese nicht in Serie gegangene Bauvariante war an dem großen, nach hinten gerichteten Kühler zu erkennen.

Ein 1967 gebauter und restaurierter GT 124 mit Ladepritsche. Das Fahrzeug besitzt den einem Sicherheitskäfig ähnelnden Fangrahmen, der seine Aufgaben als Witterungsschutz nur bedingt erfüllen konnte.

konstruktion ausgeführten Fangrahmen. Später wurde dieser noch durch ein Blechdach verstärkt, sodass eine komplette Wetterschutzverkleidung einschließlich Scheiben angebracht werden konnte. Ferner waren Motor- und Wegzapfwelle sowie ein hydraulischer Kraftheber mit Dreipunktanbau und drei freien Arbeitszylindern, an die noch weitere Geräte angeschlossen werden konnten, vorhanden.

Nach dem neuen Codesystem lauteten die Bezeichnungen GT 122 und GT 124, welche sich auch später für diese Geräteträger durchsetzen. Da der Bau des mit Zweizylindermotor bestückten GT 122 schon 1964 eingestellt wurde, rückte der vierzylindrige GT 124 in den Vordergrund. Dieses Modell ging ab Juni 1964 in Serie. Der GT 124 blieb bis 1972 in der Fertigung und wurde – einschließlich des GT 122 – in genau 90 506 Einheiten hergestellt. Zwischen 1965 und 1967 war er, nach dem Ende des Schlepperbaus in Nordhausen und vor Serienbeginn des ZT 300, sogar das einzige in der DDR gebaute Schleppermodell. Allein 1966 wurden 12 210 Fahrzeuge ausgeliefert.

Die Anhebung der Motorleistung konnte das Aus für dieses bewährte Modell aber nicht mehr verhindern, da das Gesamtkonzept mit einer Normarbeitsbreite von 2,50 m nicht mehr den veränderten Forderungen genügte. Für die im Agrarbereich der DDR angestrebten und immer öfter auch in die Tat umgesetzten industriemäßigen Produktionsmethoden war der GT 124 einfach zu klein. Die mittlerweile zu riesenhaften Größen angewachsenen Bebauungsflächen konnten nur noch mit gestaffelt eingesetzten Formationen von Großschleppern bewältigt werden.

Das Hauptarbeitsgebiet des Geräteträgers verlagerte sich jetzt mehr und mehr von Acker- zu Hof- und Stallarbeiten, und hier vor allem in den Bereich der selbstversorgenden kleinen Privatbetriebe, den sogenannten Feierabendbauern. Wurde der Geräteträger ursprünglich meist auf dem Feld, vor allem für Pflegearbeiten zur Bestellung, Düngung, Ernte, Heuwerbung, zur Schädlingsbekämpfung und in der Weidewirtschaft eingesetzt, entwickelte sich dieser mit seiner kippbaren Ladepritsche und dem unverzichtbaren Frontlader zum idealen Hoftraktor und einer Universalmaschine für alle anfallenden Tätigkeiten. Daneben leistete er aber auch bei der Bearbeitung kleinerer Anbauflächen gute Dienste.

■ Technische Daten

	RS 09/122	RS 09/124 (GT 124)
Hersteller	Traktorenwerk Schönebeck	
Bauzeit	1963–1964	1964–1972
Bauweise	Geräteträger in Einholmbauweise	
Bauart des Motors	2-Zylinder-/4-Takt-Reihen-Diesel in V-Form Wirbelkammerverfahren	4-Zylinder-/4-Takt-Reihen-Diesel in V-Form Wirbelkammerverfahren
Kühlung	Luftkühlung mit Axialgebläse	
Leistung	18 PS/13,2 kW bei 3000 U/min	25 PS/18,4 kW bei 3000 U/min ab 1967: 30 PS/22 kW bei 3000 U/min
Hubraum	1145 cm³	1607 cm³
Getriebe	8 Vorwärtsgänge, 8 Rückwärtsgänge	
Höchstgeschwindigkeit	15,4 km/h	18 km/h
Antrieb	auf die Hinterräder	
Abmessungen (L/B/H)	3560/1520/1845 mm	3878/1520/1940 mm
Radstand	2060–2510 mm	
Gewicht	1370 kg	1600 kg
Bereifung vorne/hinten	6.00-16/18-36	

Der GTP 100 basierte auf dem Geräteträger GT 124 und konnte wie dieser für zahlreiche Arbeiten eingesetzt werden.

Geräteträger für Parzellen GTP 100

Nachdem zu Beginn der 1980er-Jahre eine Versorgungslücke bei Geräteträgern entstanden war, erlebte der 1972 eingestellte GT 124 eine Neuauflage. Ab 1985 wurde unter der Typenbezeichnung GTP 100 eine abgewandelte Ausführung in kleiner Serie hergestellt. Der für die Parzellenpflege konzipierte Geräteträger basierte auf dem in Einholmbauweise ausgeführten GT 124. Während der vordere Teil im Wesentlichen dem GT 124 entsprach, gab es beim Hinterachsaufbau nur wenig Gemeinsamkeiten. Auf einem geschweißten Träger hinter dem Tragholm befand sich in Fahrtrichtung links eine Fahrerkabine für eine Person. Auf der gegenüberliegenden Seite befand sich ein 16 PS starker, luftgekühlter Zweizylinder-Diesel aus der Produktion des IFA-Motorenwerks Nordhausen. Das Vierganggetriebe besaß eine Differenzialsperre und war als Wendegetriebe in zwei Gruppen schaltbar. Der GTP 100 verfügte über eine vollhydraulische Lenkung. Durch die vorhandene Hydraulikanlage mit Dreipunktkraftheber und die Zapfwelle konnten die zahlreich zur Verfügung stehenden Zwischenachsanbaugeräte wie Drillmaschine, Düngerstreuer, Vielfachgerät, Mähbalken und Hublader am Mittelholm oder an dem am Heck befindlichen Kraftheber montiert werden. Die Spur ließ sich bei Bedarf wahlweise auf 1500 oder 1800 mm verändern. Der GTP 100 war allerdings kein Zugtraktor, sodass Anhängen und Aufsatteln nicht möglich war. Eine nach vorn kippbare Ladepritsche für 800 kg Zuladung konnte dagegen problemlos installiert werden. Die Angaben zur Stückzahl schwanken zwischen 80 und maximal 200 Einheiten.

■ Technische Daten ■

GTP 100	
Hersteller	Zucht und Versuchsfeld-Mechanisierung Nordhausen
Bauzeit	ab 1964
Bauweise	Geräteträger in Einholmbauweise
Bauart des Motors	2-Zylinder-/4-Takt-Diesel Wirbelkammerverfahren
Kühlung	Luftkühlung mit Axialgebläse
Leistung	16 PS / 11,8 kW bei 3000 U / min
Hubraum	800 cm³
Getriebe	4 Vorwärtsgänge, 4 Rückwärtsgänge
Höchstgeschwindigkeit	19,5 km / h
Antrieb	auf die Hinterräder
Abmessungen (L / B / H)	3160 / 1730 / 2310 mm
Radstand	2150 mm
Gewicht	1200 kg
Bereifung vorne / hinten	23 x 5,6 PR / 6.00-16 AS

Weltniveau mit der ZT-300-Baureihe

In der DDR herrschte bis weit in die 1960er-Jahre ein großer Mangel an geeigneten Ackerschleppern der gehobenen Leistungsklasse, die den Bedingungen der kollektivierten Großflächenbewirtschaftung des Landes entsprochen hätten. Noch immer musste man sich – trotz einiger Importe aus dem Ostblock – mit „Famulus", „Harz" und sogar dem alten „Pionier" behelfen, also mit Traktoren, deren Leistung kaum über die derzeitige Mittelklasse hinausreichte. Sie waren unter den harten Einsatzbedingungen fast immer hoffnungslos überfordert. Hinzu kam, dass diese zwar durchweg sehr robusten Fahrzeuge im Schnitt technisch überaltert waren. Das betraf auch ihre Ausrüstung. So verfügte der noch in großen Stückzahlen vorhandene Pionier über keine Hydraulik und die Zapfwelle war nur fahrkupplungsabhängig zu betreiben. Was fehlte, war ein Fahrzeug um die 100 PS, ausgestattet mit einem leistungsfähigen Hydrauliksystem, Motorzapfwelle und möglichst Vierradantrieb.

Es war nun keineswegs so, dass die Konstrukteure des DDR-Landtechnikbaus diese Problematik nicht erkannt hätten oder gar – wie böse Zungen wissentlich oder unwissentlich teilweise heute noch behaupten – unfähig gewesen wären, einen modernen, diesen Anforderungen gerecht werdenden Großtraktor auf die Räder zu stellen. Wer so etwas behauptet, sollte wissen, dass die Industrie in der Sowjetzone und späteren DDR allein schon durch die viel umfangreicheren Demontagen weit schwierigere Startbedingungen hatte, als dies in den westlichen Besatzungszonen der Fall war. Hinzu kam, dass die meisten Zulieferer ihren Sitz im Westen Deutschlands hatten. Infolge der willkürlichen Grenzziehung waren die traditionellen Bindungen plötzlich abgeschnitten, was sich ebenso auf die Rohstoffquellen bezog. Für ganze Industriebereiche mussten die technologisch Grundlagen und Voraussetzungen erst mühsam geschaffen und die neuen Betriebe aus dem Boden gestampft werden.

Die Flucht zahlloser Fachkräfte in den Westen riss empfindliche Lücken. Trotz allem: Ähnlich wie etwa in der Lokomotiv- oder Automobilindustrie verfügte man über ein beachtliches Potenzial an innovativen Ideen, und die in Mitteldeutschland verbliebenen Techniker und Ingenieure brachten durchaus hochwertige Neuentwicklungen zustande, die sich an westlichen Maßstäben messen ließen. Dies kann durch die erstaunlich große Vielzahl der Prototypen und Versuchsfahrzeugen einwandfrei belegt werden. Natürlich war nicht jede Entwicklung von Erfolg gekrönt, aber das war im kapitalistischen Westen auch nicht anders. Unter den mehr als hinderlichen Bedingungen der allgegenwärtigen Mangelwirtschaft dieses nach zentralen Richtlinien verwalteten Wirtschaftssystems blieb ihnen allerdings oft, wie etwa durch das Fehlen geeigneter Motoren oder zu geringer Fertigungskapazitäten und veralteter Produktionseinrichtungen, trotz großen Engagements der volle Erfolg versagt. Was damals in diesem Land, das 1989 sogar noch die Kraft besaß, sich weitgehend selbst zu befreien – ohne dabei das politische System zu werten –, allenthalben geleistet wurde, verdient uneingeschränkte Anerkennung und Bewunderung!

Der auslösende Startschuss für den ZT 300 fiel im März 1962. Damals gab der Ministerrat der DDR unter Vorsitz von Walter Ulbricht ein umfangreiches Maßnahmenpaket heraus, das die Landwirtschaft in Schwung bringen sollte. Obwohl nach der nunmehr

Ein Röntgenblick in den ZT 300 – damals ein Spitzenerzeugnis auf Weltniveau. Dieser Schlepper eröffnete der DDR- Landwirtschaft völlig neue Dimensionen.

Ein schöner ZT 300 aus dem Kreis Nordhausen mit Frontballast, noch aus der roten Epoche

abgeschlossenen Kollektivierung der Landwirtschaft jetzt rund 85 % der Anbaufläche des Landes in staatlicher Hand lagen, war die Selbstversorgung mit Agrarprodukten weiterhin mit Mängeln behaftet. Die entsprechende moderne Technik fehlte weitgehend. Daher war diese Forderung mit dem Bau eines 100-PS-Traktors verknüpft und nur mit dessen Vorhandensein zu verwirklichen. Neue Modelle wurden von der volkseigenen Fahrzeugindustrie, auch im Hinblick auf verbesserte Exportchancen, dringend gefordert. Umfangreiche organisatorische Änderungen des Fertigungsbereichs Automobilbau, dem jetzt der Landmaschinenbau unterstand, waren vorausgegangen. Während für den in der Priorität noch vor dem Traktor rangierenden Lkw W 50 in Ludwigsfelde ein modernes Montagewerk entstand, wurden Motoren und Getriebe in Nordhausen und Brandenburg zentral gefertigt. Der Bau von Traktoren sollte ausschließlich in Schönebeck erfolgen.

Sofort wurden die Arbeiten an dem Großschlepper ZT 300 in Angriff genommen. Bereits Anfang 1964, und damit viel früher als erwartet, war das erste noch ohne Fahrerhaus gebaute Funktionsmuster fertig. Dieser für DDR-Verhältnisse gewaltige Traktor löste eine Sensation aus.

Vor Beginn des Serienbaus mussten für dieses Großprojekt umfangreiche bauli-

che, logistische und organisatorische Vorarbeiten durchgeführt werden. Diese erforderten erhebliche Investitionen. Noch im Jahr 1964 erfolgte die Grundsteinlegung für die großzügig geplante, 50 000 m² große Halle Nord des Werks II, in der der Großschlepper ab 1967 vom Band rollen sollte. Für die Energieversorgung musste ein leistungsfähiges Industriekraftwerk errichtet werden. Damit war es aber noch lange nicht getan, denn rund 1800 neue Arbeitskräfte waren anzuwerben und auch auszubilden. Verhältnismäßig kurz und für DDR-Verhältnisse überaus bemerkenswert war die Zeitspanne, die zwischen dem ersten Reißbrettstrich und dem Startschuss des Serienbaus dieses Traktors zur Verfügung stand. Dies funktionierte nur deshalb, weil von staatlicher Seite ein großes Interesse an einer schnellen Realisierung des Projekts vorhanden war. Dass diese Vorgaben auch eingehalten werden konnten, spricht einmal mehr für das große, in der DDR-Industrie vorhandene Potenzial. Das Ergebnis war ein stark beachtetes Spitzenprodukt der DDR-Schlepperindustrie, das zu seiner Zeit auch im internationalen Vergleich absolut dem aktuellsten Stand der technischen Entwicklung entsprach.

Nach umfangreichen Tests lief die Fertigung planmäßig am 1. September 1967 an. Bis zum Jahresende waren durch Sonderschichten bereits 1000 Traktoren des neuen ZT 300 fertig. Im darauffolgenden Jahr waren es schon 6000 Stück. Das große Wagnis war gelungen und die Ausstattung der LPGs mit dem neuen Standardmodell konnte zügig anlaufen. Mit diesem neuen Großtraktor gelang der Anschluss an die geänderten Einsatzverhältnisse, die sich im Zuge der Landwirtschaftskollektivierung in der DDR herausgebildet hatten.

Mit dem ZT 300 stand endlich ein geeigneter Großtraktor für die riesigen Anbauflächen zur Verfügung. Hier im Einsatz vor einem Drillmaschinenkopplungswagen und den Anbaudrillmaschinen mit 9 m Arbeitsbreite.

Ein ZT 300 im Einsatz vor einem landwirtschaftlichen Spezialanhänger T 088

Der ZT 300 wurde von den Traktorenwerken Schönebeck entwickelt und gebaut. Hier das anfangs rote Firmenlogo, das ab 1973 in Blau ausgeführt wurde.

Zugtraktor ZT 300

Die volle staatliche Unterstützung war nur die eine Seite, welche die schnelle Entwicklung des ZT 300 begünstigte. Die termingerechte Abwicklung konnte auch nur deshalb gelingen, weil ein hoher Anteil bereits bestehender Baugruppen aus anderen Maschinenbaubereichen verwendet werden konnte. So stammten Motor, Lenkgetriebe und Luftfilter vom Fortschritt-Mähdrescher E 512 und wurden auch beim Lkw W 50 verwendet. Ebenso wurden Hydraulikteile, Bereifung, Bremsanlage und Elektrik dem übrigen Nutzfahrzeugbau entnommen. Der durch die Motorkonstruktion vorgegebene, vordere unterstützende Hilfsrahmen begünstigte die problemlose Anbringung dieser Bauteile. Der Vierzylinder-Dieselmotor war ein nach dem patentierten M-Verbrennungsverfahren arbeitendes, leistungsreduziertes Antriebsaggregat, das auch für den Lkw W 50 verwendet wurde. Es handelte sich um einen wassergekühlten Motor, der zwar im Grundaufbau den bisher gefertigten Einheitsmotoren entsprach, aber unter MAN-Lizenznahme auf direkte Kraftstoffeinspritzung und die besonders laufruhige Mittenkugelverbrennung umgestellt worden war. Bezogen wurde der neue Motor aus dem IFA-Motorenwerk Nordhausen. Gegenüber dem Lkw W 50 mit 125 PS und 2300 U/min war die Dauerleistung für den Traktor auf 90 PS bei 1850 U/min reduziert worden. Mit dem 130 l fassenden Kraftstofftank und einem Durchschnittsverbrauch von 9,5 l/h ließ sich mühelos eine Arbeitsschicht ohne Nachtanken bewältigen. Während der Motor mittels Silentblöcken (Gummimetall-Schwingelemente) elastisch im Halbrahmen hing, war die starr gelagerte Getriebeeinheit fest mit dem Antriebsaggregat verschraubt. Beide Hauptteile waren mit einer Gummifederkupplung verbunden. Der Triebwerksblock enthielt neben der Fahrkupplung, die als Doppelkupplung für die unabhängige Zapfwelle ausgelegt war, Schalt- und Ausgleichsgetriebe, Achstrichter mit Endantrieben für die Hinterräder, Bremsanlage, Hydraulikpumpen und Krafthebersteuerung.

Eine Neukonstruktion war das im ehemaligen Brandenburger Traktorenwerk BTW gefertigte Dreigang-Schaltgetriebe, das mit Stiftschaltung arbeitete. Die vorhandenen drei Vorwärts- und zwei Rückwärts-Schaltgruppen boten dem Schlepperfahrer die Wahl zwischen neun Vorwärts- und sechs Rückwärtsgängen. Sie deckten den Geschwindigkeitsbereich von 3 bis 28,84 km/h ab und ermöglichten damit den problemlosen Einsatz für Straßentransporte. Zusätzlich stand eine vorwählbare Unterlastschaltstufe zur Verfügung, mit der sich 18/12 Gänge ergaben. Im Hauptarbeitsbereich zwischen 3 und 12 km/h waren es sechs eng gestufte Vorwärtsgänge (mit Unterlaststufe sogar zwölf), die dem Traktoristen zur Verfügung standen. Mithilfe der erwähnten, für alle Gänge wirksamen Unterlastschaltstufe war durch verringerte Geschwindigkeit und ohne Unterbrechung des Kraftschlusses ein Drehmomentanstieg von bis zu 27 % an der Triebachse möglich. Mit dieser Stufe ließ sich die Minimalgeschwindigkeit bei einer deutlich gesteigerten Zugkraft auf 2,45 km/h verringern. Die reichlich dimensionierte Hydraulikanlage arbeitete mit 150 bar und versorgte die Servolenkung, den Dreipunkt-Kraftheber, die Antischlupfeinrichtung und das Regelsystem, das eine gleichbleibende Arbeitstiefe garantierte. Für weitere hydraulisch zu betätigende Arbeitsgeräte standen mehrere Anschlussmöglichkeiten für freie Arbeitszylinder zur Verfügung. Wahlweise standen motor- oder getriebegebundene Zapfwellen mit zwei Geschwindigkeiten für Anbau-, Anhänge- und Aufsattelgeräte zur Verfügung. Einzelradlenkbremsung, Druckluftbremsanlage und Anhängerkupplung waren weitere serienmäßig vorhandene Ausrüstungsteile. Auch die Spurverstellmöglichkeiten gehörten dazu.

Besonderen Wert hatten die Konstrukteure auf Bequemlichkeit und Ergonomie der Fahrerkabine gelegt. Im Gegensatz zu allen bisherigen DDR-Traktoren gehörte ein gut belüftbares, umsturzsicheres Fahrerhaus mit guten Sichtverhältnissen nach allen Seiten zur Standardausrüstung. Eine Heizung kam später hinzu. Der Traktorist saß auf einem modernen, verstellbaren Fahrersitz mit Schwingungsdämpfung und Drehstabfederung. Um ihn gruppierten sich, griffgünstig und gut im Blickfeld angeordnet, alle Bedienungs- und Kontrollinstrumente.

Mit dem Zugtraktor ZT 300 erhielt die Landwirtschaft in der DDR endlich ihren ersten im eigenen Land hergestellten Radschlepper mit ausreichender Motorleistung und wesentlich höherer Zugkraft. Er war nicht nur für die Bodenbearbeitung, also Pflügen und Schälen auf mittelschweren bis schweren Böden, die Saatbettvorbereitung mit Grubbern und Feingrubbern, die Bestellung mit Drillen und Kartoffellegen auch unter schwierigen Bedingungen und die Erntearbeit mit Zug und Antrieb von Vollerntemaschinen für Rüben und Kartoffeln sowie Häckseln von Futter, sondern ebenso für landwirtschaftliche Transportarbeiten, auch im Nahbereichsverkehr, vorgesehen. Er eignete sich auch für Arbeiten in der Forst- und Bauwirtschaft sowie in der Industrie.

Natürlich war auch der ZT 300 nicht völlig ohne Mängel. Undichte Kraft-

Der Motor des ZT 300-D leistete 100 PS. Nachdem im Jahr 1978 das Traktorenwerk Schönebeck dem VEB-Kombinat „Fortschritt" Landmaschinen Neustadt/Sachsen angegliedert worden war, tauchte dieses Wort neben der Typenbezeichnung auf den Schleppern auf.

Ab 1983 wurden die ZT-Traktoren in den Farbtönen „Sienagrün" (Motorhaube sowie Kotflügel), „Fehgrau" (Rahmen) und „Grauweiß" (Fahrerhaus und Felgen) ausgeliefert. Deren Zuordnung zu den heutigen RAL-Nummern ist sehr schwierig, da es in der DDR üblicherweise nur Farbnamen gab, die nicht umgeschlüsselt wurden.

	ZT 300	ZT 300-C	ZT 300-D
Hersteller		Traktorenwerk Schönebeck	
Bauzeit	1967–1978	1978–1980	1980–1988
Bauweise		Blockbauweise mit vorderem Hilfsrahmen	
Bauart des Motors		4 Zylinder / 4 Takt Reihen-Diesel	
		M-Direkteinspritz-Verbrennungsverfahren	
Kühlung		Umlaufkühlung mit Wasserpumpe	
Leistung	90 PS / 66,2 kW bei 1850 U / min		100 PS / 73,5 kW bei 1800 U / min
Hubraum		6560 cm³	
Getriebe		9 Vorwärtsgänge, 6 Rückwärtsgänge	
		(mit vorwählbarer Unterlastschaltstufe 18 / 12 Gänge)	
Höchstgeschwindigkeit		28,84 km / h	
Antrieb		auf die Hinterräder	
Abmessungen (L / B / H)		4650–4890 / 2020–2470 / 2590–2620 mm	
Radstand		2800 mm	
Gewicht		4820–4950 kg	
Bereifung vorne / hinten		7.50-20 / 18.4 / 15-30 oder 2 x 12.4 / 11-38	

Dieser von einem rund 30-jährigen harten Arbeitsleben gezeichnete ZT 300 war im Jahr 2007 noch mit einem mit Grünfutter beladenen Anhänger unterwegs.

stofftanks, gewisse motorische Anfangsprobleme und solche bei der Hydraulik konnten relativ schnell abgestellt werden. Daneben waren Motorleistung, besonders aber die Bereifung für die Größe des Traktors etwas unterdimensioniert, was zu einem späteren Zeitpunkt korrigiert wurde.

Zwischen den bis dahin in der DDR gefertigten Traktoren, die über eine Maximalleistung von 46 PS nicht hinauskamen, und dem neuen, 90 PS starken ZT 300 lagen Welten. Infolge seiner für einen DDR-Traktor geradezu ungewohnten Baugröße war die Landwirtschaft bei der Beschaffung des ZT300 – trotz aller gebotenen Vorzüge – anfangs noch sehr zurückhaltend. Ein wichtiger Grund war der hohe Preis dieser großen Maschine. Er betrug anfangs 40 000, am Ende seiner Produktionszeit 71 075 DDR-Mark. Dafür bekam man zwei Belarus-Traktoren. So mussten – man höre und staune – nach kapitalistischer Manier speziell gebildete „Verkaufsbrigaden" über Land fahren und die Traktoren mit den neuen Geräten in den LPG vorführen. Die Verkäufer erhielten Prämien bei Abschluss eines Kaufvertrags. Es wurden Rabatte gewährt und Verschrottungsprämien gezahlt, wenn bei Erwerb eines neuen Schleppers – je nach Zugkraftklasse – ein oder zwei alte Modelle aus dem Verkehr gezogen wurden. Nachdem sich aber die LPGs von den vielen Vorteilen überzeugt hatten und der neue Traktor sich auch in der Praxis bewährt hatte, lief die Nachfrage auch ohne diese Hilfsmittel mehr als zufriedenstellend. Es war ein sehr robuster und solider Großschlepper, dem auch außergewöhnliche hohe Belastungen zugemutet werden konnten. Die musste er auch aushalten können, denn gemessen an westlichen Maßstäben waren von den DDR-Schleppern seit jeher gigantische Laufstunden zu erbringen. Während die im Westen Deutschlands eingesetzten Schlepper durchschnittlich auf 300 bis 400 Betriebsstunden jährlich kamen, waren es beim ZT 300 zwischen 1600 und 2000 Stunden.

Mit einem gewaltigen Kraftakt und entsprechend großen Investitionen war in der DDR ein Traktor geschaffen worden, der zur Zeit seines Erscheinens keine Vergleiche mit der westlichen Konkurrenz zu scheuen brauchte. Die Zeit aber blieb nicht stehen. Im Rahmen der Modellpflege gab es zwar zahlreiche Detailverbesserungen, die aber über den Status der erweiterten Modellpflege kaum hinausgingen. Im Prinzip blieb der ZT 300 – zumindest was seine wichtigen Baukomponenten betraf – auf dem erreichten Entwicklungsstand stehen. Mitte der 1980er-Jahre hatten die Traktoren den Anschluss an den Stand westlicher Technik bereits weitgehend eingebüßt. Auch die seit dem Jahr 1984 gefertigten ZT 320/323-Traktoren waren im Wesentlichen alte ZT 300 in neuem Design.

Ein im Jahr 2001 auf einem Bauernhof im Kreis Greiz fotografierter, noch im Einsatz befindlicher ZT 303. Man beachte die Frontballastierung und hintere Zwillingsbereifung, wobei der Durchmesser der äußeren Reifen – wie hier gut zu erkennen – immer kleiner sein muss als der der Treibräder.

Abgesehen von einigen, meist zügig abgestellten Kinderkrankheiten hatte sich der seit 1967 gebaute Großschlepper ZT 300 bewährt. Neben der gewöhnungsbedürftigen Unhandlichkeit infolge seiner etwas klobigen Baugröße wurden die zu kleine Bereifung sowie die für große Flächen etwas zu schwache Motorleistung moniert. Bei ungünstigen Geländeverhältnissen wie auf nassen und schweren, wenig tragfähigen Böden sowie im hügeligen Gelände war das Zugvermögen des hinterradgetriebenen ZT 300 nicht selten an seiner Grenze angelangt. Immer lauter ertönte der Ruf nach einem Fahrzeug, das diese Bedingungen besser bewältigen könnte. Dies war für das Traktorenwerk Schönebeck der Grund, eine Bauvariante mit Zusatzfrontantrieb zu entwickeln. Unter der Typenbezeichnung ZT 303 wurde ab 1972 eine solche Bauausführung angeboten.

Für diesen Traktor wurden die meisten Serienbaugruppen vom Standardschlepper übernommen. Im Interesse einer möglichst kostengünstigen Umsetzung dieser Modifizierung griff man auf die angetriebene Lenkachse des Allrad-Lkw W 50 LA zurück. Diese Entscheidung begünstigte natürlich auch die Lagerhaltung von Ersatzteilen. Die Vorderachse des Traktors wurde mit entsprechend großzügig dimensionierten Vorderreifen in der Größe 12.5-20 AS bestückt und – im Gegensatz zum Lkw – pendelnd im Vorderachsträger des Schleppers gelagert. Abgegriffen wurde der Vorderachsantrieb an der Stelle, an der beim ZT 300 eine Zwischenachszapfwelle angebracht werden konnte.

Im Kreis Eilenburg zugelassener ZT 303-D vor einem aufgesattelten, zweiachsigen Vakuum-Tankanhänger HST 100.27, der einachsig mit einer Tandemachse ausgeführt war.

Mit Rücksicht auf den erhöhten Reifenverschleiß und Verspannungen im Getriebe schaltete sich der Vorderachsantrieb bei Vorwärtsfahrt erst oberhalb 6 % Schlupf der hinteren Triebräder mithilfe eines Klemmrollen-Freilaufs zu und wirkte über den gesamten Geschwindigkeitsbereich. Sank der Schlupf unter diesen Bereich, löste der Freilauf den Zusatzantrieb und die Vorderräder des Traktors rollten nun ohne Antrieb, nur noch von der Hinterachse getrieben, weiter. Der im Vorderachsantrieb eingebaute Freilauf ließ sich bei Bedarf vom Fahrersitz aus sperren, sodass auf Wunsch der Allradantrieb aller vier Räder zur Verfügung stand. Ebenso konnte auch das Vorderachsdifferenzial sowie der

Als Devisenbringer wurden sowohl ZT 300 als auch ZT 303 mit einigem Erfolg im westlichen Ausland angeboten. Geliefert wurde der ZT 300 aber auch an „befreundete" Länder in Afrika, denen die Maschinen im Rahmen der Entwicklungshilfe zur Verfügung gestellt wurden. So gingen größere Stückzahlen vor allem nach Ägypten, Äthiopien, Moçambique, in den Sudan und nach Angola. Hier sieht man einen ZT 303 – aus klimatischen Gründen natürlich ohne Fahrerhaus – in Angola im Einsatz.

Freilauf beim Rückwärtsfahren unter Last vom Fahrersitz aus gesperrt werden. Bei extrem ungünstigen Geländebedingungen war es also möglich, mit allen vier mit dem Motor starr verbundenen Rädern zu fahren. Die angetriebenen Vorderräder überwanden die Hindernisse selbstständig – eine nicht angetriebene Vorderachse musste darüber geschoben werden – und formten gleichzeitig für die Hinterräder eine vorgegebene Spur.

Ausführung und Ausrüstung, so das Gruppenschaltgetriebe und die Dreipunkt-Regelhydraulik mit 1800 kg Hubvermögen, orientierten sich weitgehend am Standardtraktor. Bereits 1973 ließ man den ZT-Traktoren neben einer Servolenkung eine kleine Leistungssteigerung von 3 PS zukommen. Ab April 1978 wurde auch für den ZT 303 die Motorleistung auf 100 PS erhöht. Damit konnte der ansonsten in die Jahre gekommene ZT noch einmal aufgewertet werden. Daneben gelang es, die motorische Drehzahl auf 1800 U/min zu senken, indem die Fördermenge der Einspritzpumpe und der effektive Mitteldruck des Motors erhöht wurden.

Mit dem allradgetriebenen ZT 303 konnte man der DDR-Landwirtschaft einen ausreichend motorisierten Schlepper zur Verfügung stellen, der auch unter ungünstigen Bodenverhältnissen arbeiten konnte. Während zuvor auf schweren Böden Zwillingsräder angebracht werden mussten, konnte der Frontantrieb wesentlich größere Zugkräfte auf den Boden übertragen. Beim Einsatz auf wenig tragfähigen oder sandigen Böden sowie auch bei nassen und schweren Bodenverhältnissen war der ZT 303 dem Hinterradschlepper eindeutig überlegen. Dadurch, dass seine Zugleistung höher ausfiel, war der Allradtraktor bei hohen Bodenwiderständen gegenüber jenem wirtschaftlicher. Je extremer die Verhältnisse lagen, umso deutlicher konnte der Allradtraktor seine Überlegenheit zur Geltung bringen. Auch beim Hangeinsatz bei einer Neigung von bis zu 25 % konnte der Schlepper mittels seiner angetriebenen Vorderräder viel besser die Fahrtrichtung halten. Das deutlich höhere Zugvermögen machte sich auch bei Bergfahrten unter Last positiv bemerkbar.

■ Technische Daten

	ZT 303	ZT 303-C	ZT 303-D
Hersteller		Traktorenwerk Schönebeck	
Bauzeit	1972–1978	1978–1984	1980–1987
Bauweise		Blockbauweise mit vorderem Hilfsrahmen	
Bauart des Motors		4-Zylinder-/4-Takt-Reihen-Diesel	
		M-Direkteinspritz-Verbrennungsverfahren	
Kühlung		Umlaufkühlung mit Wasserpumpe	
Leistung	90 PS/66,2 kW bei 1850 U/min	100 PS/73,5 kW bei 1800 U/min	
Hubraum		6560 cm³	
Getriebe		9 Vorwärtsgänge, 6 Rückwärtsgänge	
		(mit vorwählbarer Unterlastschaltstufe 18/12 Gänge)	
Höchstgeschwindigkeit		28,84 km/h	
Antrieb		auf die Hinterräder mit zusätzlich angetriebener Vorderachse	
Abmessungen (L/B/H)		4690–4890/2170–2470/2590–2620 mm	
Radstand		2800 mm	
Gewicht		5200–5266 kg	
Bereifung vorne/hinten		12.5-20/15-30	16-20/18.4-34 (optional ab 1980)

Hangtraktor ZT 305-A und andere Varianten

Ein ZT 305-A aus dem Jahr 1984 mit einfacher Hinterradbereifung, Frontballastgewichten und Radnabenballast hinten

Vom ZT, wie er umgangssprachlich genannt wurde, gab es eine Reihe von Sonderausführungen. Eine davon war der 1981 entstandene Hangtraktor ZT 305-A. Bedarf für ein solches Modell war in der DDR vorhanden, denn ein nicht unbedeutender Teil an Grünlandflächen befand sich an den Hängen der Mittelgebirge. Schon äußerlich fielen bei ihm die markanten Zwillingsräder an der Hinterachse und die kräftige Bereifung ins Auge. Diese Fahrzeuge wurden insbesondere für Flächen mit Hangneigungen von mehr als 25 % benötigt, denn bei Überschreitung dieses Wertes hatte auch der allradgetriebene ZT 303-D seine Möglichkeiten ausgeschöpft. Technisch gesehen handelte es sich um eine Bauvariante des ZT 303. Zu den Veränderungen gehörten eine druckluftgebremste, mehrzweckbereifte Vorderachse mit Treibprofil und eine Modifizierung am Schmiersystem des Motors. Er besaß zudem eine hydraulische Allrad-Zweikreis-Bremsanlage mit pneumatischer Bremskraftverstärkung. Serienmäßig erhielt der ZT 305-A verschiedene Zusatzbaugruppen wie eine Hubkupplung für Aufsattelanhänger und -geräte sowie eine zusätzliche Steuereinheit der Hydraulikanlage. Nach Demontage der Zwillingsbereifung konnte der Hangtraktor als normaler vierradgetriebener Zugtraktor eingesetzt werden. Der ZT 305-A bewährte sich in seiner vorgesehenen Funktion bei Hangneigungen von bis zu 45 % ausgezeichnet und erzielte obendrein beachtliche Flächenleistungen.

Hier ein hinten einfach bereifter ZT 305-A von 1984 mit Vierschar-Beetpflug B 200

Aus dem Grundkonzept des ZT 300 entstanden noch weitere Bauvarianten, die auf ganz spezielle Einsatzzwecke zugeschnitten waren. Da wäre zunächst der Transporttraktor ZT 304 zu nennen, der überwiegend zur Bewältigung von Transportaufgaben verwendet werden sollte. Er hatte eine recht hohe Spitzengeschwindigkeit von knapp 30 km/h und eine vorhandene Lenkhilfe sorgte für hohen Fahrkomfort. Ausgerüstet mit einer Druckluftbremsanlage, konnten bis zu zwei ebenso gebremste Anhänger mitgeführt werden. In Betrieben, bei denen überwiegend Straßentransporte anfielen, war eine landwirtschaftliche Ausrüstung, wie Dreipunktkupplung und Zapfwellen nicht erforderlich. Auch die Hydraulikanlage wurde einfacher ausgeführt. Schöne-

Ein speziell für Straßentransporte vorgesehener ZT 304 mit einem Zweiseiten-Kippanhänger HW 80.11. Für diese Bauvariante war eine Koppelmöglichkeit für zwei Anhänger mit jeweils 8 t Nutzlast bei 30 km/h Fahrgeschwindigkeit vorgesehen.

beck lieferte den ZT 304 als abgespeckte Variante des ZT 300, die für kurze und mittlere Entfernungen eingesetzt werden konnte.

Darüber hinaus entwickelte das Traktorenwerk Schönebeck auf Basis des ZT 300 ein Zwei-Wege-Mehrzweck-Fahrzeug, kurz „ZMF" genannt. Es handelte sich um einen Schienentraktor, der ohne Umbau sowohl auf der Straße als auch auf Gleisen eingesetzt werden konnte. Für den letzteren Bereich verfügte er außerdem über verschiedene eisenbahntechnische Zusatzausrüstungen, zu denen in erster Linie die Rangierkupplung zum Verfahren von Waggons gehörte.

Eine weitere Abwandlung des ZT 300 war der Gummigleisbandtraktor ZT 300-GB. Bereits in den 1950er-Jahren hatte es Versuche mit Gleisbandkettenwerken gegeben. Sie wurden vom Bereich Landtechnik aufgegriffen, als es galt, der zunehmenden Verdichtung des Ackerbodens bei Einsatz schwerer Technik entgegenzuwirken. In Zusammenarbeit mit dem Traktorenwerk Schönebeck entstand 1970 in Potsdam-Bornim das erste Funktionsmuster. Fahrwerk mit Hinterachse, Lenkung, Dreipunktanbau, Zapfwelle sowie Fahrerhaus und Bremsanlage waren für diesen Zweck völlig

Dieser im Jahr 2007 abgestellt vorgefundene ZT 305 A hatte seine besten Zeiten schon lange hinter sich.

Zu den wenigen noch existierenden Gummigleisbandtraktoren ZT 300-GB gehört dieses gut restaurierte Exemplar der Rottelsdorfer Schlepperfreunde.

umgearbeitet worden. Infolge fehlender Baukapazitäten rüstete der Kreisbetrieb für Landtechnik in Zerbst weitere Fahrzeuge auf dieser Basis um. Bis 1988 waren es schließlich über 70 Stück, die vor allem in ausgesuchten Betrieben der mittleren und nördlichen Bezirke der DDR zum Einsatz kamen. Der Einsatz des ZT 300-GB hatte deutliche Vorteile gegenüber dem Radtraktor. Vor allem die bodenschonende Wirkung der Gleisbänder und der geringere Schlupf waren bemerkenswert. Ein Manko war die geringe Haltbarkeit der Gleisbänder, die deutlich unter der international erreichten Lebensdauer lag. Der DDR-Gummiindustrie gelang es nämlich nicht, diesen Standard zu erreichen. Billig waren sie nicht, die Gleisbandtraktoren, die mit 130 000 Ost-Mark angesetzt wurden. Zu einer industriellen Serienfertigung ist es, obwohl diese ausdrücklich empfohlen wurde, infolge fehlender Fertigungskapazitäten jedoch nicht gekommen.

■ Technische Daten

	ZT 305-A	ZT 300-GB
Hersteller	Traktorenwerk Schönebeck	Traktorenwerk Schönebeck (Umbau im Kreisbetrieb für Landtechnik, Zerbst
Bauzeit	1981–1985	1983–1988
Bauweise	Blockbauweise mit vorderem Hilfsrahmen	
Bauart des Motors	4-Zylinder-/4-Takt-Reihen-Diesel M-Direkteinspritz-Verbrennungsverfahren	
Kühlung	Umlaufkühlung mit Wasserpumpe	
Leistung	100 PS / 73,5 kW bei 1800 U / min	
Hubraum	6560 cm³	
Getriebe	9 Vorwärtsgänge, 6 Rückwärtsgänge (mit vorwählbarer Unterlastschaltstufe 18/12 Gänge)	
Höchstgeschwindigkeit	28,84 km / h	20,7 km / h
Antrieb	auf die Hinterräder mit zusätzlich angetriebener Vorderachse	Gummigleisband mit Antrieb von den hinteren Triebrädern
Abmessungen	4890 / 3263 (m. Zwillingsreifen) / 2700 mm	
(L / B / H)		5400 / 2470 / 2650 mm
Radstand	2800 mm	
Gewicht	6520 kg (m. Zwillingsreifen u. Frontgewichten)	6400 kg
Bereifung vorne / hinten	16-20/18,4-34 (Zwillingsreifen hinten)	Gleisband Breite 650 mm

Zugtraktor ZT 320-A und ZT 323-A

Die seit 1983 ausgelieferten modernen Traktoren ZT 320-A und die hier abgebildete Allradvariante ZT 323-A verkörperten den letzten Stand der Traktorentechnik in der DDR.

N ach einer ersten Nullserie ZT 323 begann 1983 die Serienfertigung der neuen Schleppermodelle ZT 320-A / ZT 323-A, die nun die seit 1967 bzw. 1971 gebauten ZT-Modelle 300 und 303 ablösen konnten. Bereits ab Mitte des Jahres 1978 hatten sich sämtliche Hersteller der DDR-Landmaschinenproduktion neu formiert und waren im Kombinat Fortschritt-Landmaschinen mit Sitz in Neustadt/Sachsen zusammengeschlossen worden. Von dieser jetzt unter der Marke „Fortschritt" vereinigten Maßnahme erwartete man zusätzliche Synergieeffekte. In der Tat entstanden zahlreiche Maschinensysteme, die teilweise auch noch heute eingesetzt werden.

Obwohl das zukünftige Schwergewicht beim Landtechnikbau auf Erntemaschinen gelegt worden war, wurde eine Modifizierung der ZT-300-

Seitenansicht eines ZT 323-A. Die neu gestaltete, moderne Fahrerkabine bot für DDR-Verhältnisse sehr viel Raum, Komfort und ausgezeichnete Sichtverhältnisse.

Familie dennoch in Angriff genommen, da man von ihr weiterhin gute Exportchancen erwartete. Die Entwicklung zum ZT 320 wurde dem Traktorenwerk Schönebeck übertragen, das bereits seit Mitte der 1970er-Jahre mit den ersten Versuchen für entsprechende Nachfolgemodelle für beide Bauvarianten befasst war. Als dann ab 1978 ein verbesserter und leistungsstärkerer Motor für diese Fahrzeuge bereitstand, mit dem auch Kraftstoffverbrauch und Schadstoffemissionen gesenkt werden konnten, gab dies den Weiterentwicklungen der ZT-Modelle Auftrieb. Nach dem Muster der bewährten Vorgänger ZT 300 und ZT 303 sollten wiederum ein hinterrad- sowie ein allradgetriebenes Fahrzeug entstehen. Neben einer Erhöhung der Wirtschaftlichkeit durch Verbesserungen an Motor, Getriebe und Fahrwerk sollte die Leistung der

Kraftheberanlage gesteigert sowie die Bremsanlage den verschärften Vorschriften angepasst werden. Eine neue, aktuellere Formgebung, eine verbesserte Gestaltung des Arbeitsplatzes des Traktoristen und insgesamt eine Verbesserung der Zuverlässigkeit des Traktors waren weitere Ziele. Aus Kostengründen sollte dies alles unter der Beibehaltung einer möglichst großen Zahl bewährter Baugruppen, die keiner weiteren Überarbeitung, geschweige denn Neukonstruktion bedurften, geschehen. Unter diesen Umständen kam es zu keinem wirklich neuen Traktor, sondern nur zu einer insgesamt gut gelungenen Weiterentwicklung der bisherigen ZT-Traktoren.

Die Konstruktion selbst erfolgte unter Beibehaltung der grundsätzlichen Bauprinzipien und vieler wesentlicher Baukomponenten wie der Halbrahmenbauweise, der Kraftübertragung über die elastische Gummifederkupplung und des Getriebeblocks mit Doppelkupplung, Unterlastschaltstufe und Gang- und Gruppenschaltgetriebe auf die Hinterachse. Beim Allradtraktor erfolgte der Vorderachsantrieb vom Gruppenschaltgetriebe über das Vorsatzgetriebe, die Gelenkwelle und ein sperrbares Ausgleichsgetriebe. Allerdings hatte das Getriebe eine zusätzliche Schaltstufe erhalten, sodass mit den jeweils drei Vorwärts- und Rückwärtsgängen jetzt insgesamt zwölf Fahrstufen vorwärts und acht rückwärts vorhanden waren. Daneben war das mit Doppelkupplung ausgerüstete Lastschaltgetriebe günstiger abgestuft worden und erlaubte einen breiteren Geschwindigkeitsbereich, der jetzt von 1,4 bis knapp 31 km/h reichte. Dabei umfasste die Transportschaltgruppe den Bereich von 5,4 km/h bis zur Endgeschwindigkeit, sodass in diesem Bereich kein Schaltgruppenwechsel während der Fahrt vorgenommen werden musste. Die Doppelkupplung erhielt eine hydraulische Kraftunterstützung, während die Regelhydraulik durch Zugkraftregelung über die Unterlenker, Lageregelung über die Hubwelle und stufenlose Mischregelung wesentlich erweitert worden war. Dennoch war die maximale Hubkraft von 3000 kg in Anbetracht der Leistung der Hydraulikpumpe und für einen Traktor dieser Größenordnung nicht gerade überwältigend. An der Art des Geräteanbaus änderte sich insgesamt nur wenig. Es standen die Dreipunktaufhängung, das Zugpendel, die Anhängerkupplung und die Hubkupplung zur

Auf den ZT 323-A mit Vakuumtankanhänger HTS 100.27 konnte auch um das Jahr 2000 noch nicht verzichtet werden.

Der Allradtraktor ZT 323-A war nach wie vor mit der bereits im ZT 303 verbauten Fronttriebachse des Lkw W 50 LA bestückt. Die angetriebene Vorderachse war zuschaltbar und sorgte in Verbindung mit der gegenüber dem Vorgänger ZT 303 größeren Bereifung auch unter erschwerten Bedingungen für eine optimale Traktion und Zugkraftausnutzung.

	ZT 320-A	ZT 323-A
Hersteller	Traktorenwerk Schönebeck	
Bauzeit	1983–1992	
Bauweise	Blockbauweise mit vorderem Hilfsrahmen	
Bauart	4-Zylinder-/4-Takt-Reihen-Diesel	
	M-Direkteinspritz-Verbrennungsverfahren	
Kühlung	Umlaufkühlung mit Wasserpumpe	
Leistung	100 PS/73,5 kW bei 1800 U/min	
Hubraum	6560 cm³	
Getriebe	12 Vorwärtsgänge, 8 Rückwärtsgänge	
	(mit vorwählbarer Unterlaststufe 24/16 Gänge)	
Höchst-geschwindigkeit	30,69 km/h	
Antrieb	auf die Hinterräder	auf die Hinterräder mit zusätzlich angetriebener Vorderachse
Abmessungen (L/B/H)	4650/2115/2955 mm	4650/2150/2955 mm
Radstand	2800 mm	2790 mm
Gewicht	5020 kg	5690 kg
Bereifung vorne/hinten	10-16/18.4-34	16-20/18.4-34

Verfügung. Für Arbeitsgeräte waren freie hydraulische Anschlüsse vorhanden. Auch die 24-Volt-Anlass- und Beleuchtungsanlage wurde neu entwickelt.

Die neuen Traktoren erhielten endlich die bei den Vorgängern vermissten größeren Räder sowie eine sehr viel leistungsfähigere hydraulische Bremsanlage mit Servounterstützung. Die größeren Räder brachten beim Hinterradmodell 6 %, beim Allradtraktor sogar 14 % höhere Zugleistung. Eine völlige Neukonstruktion waren die Fahrerkabine, der Fahrstand mit den Bedienelementen sowie der Fahrersitz. Die durchaus westlichem Niveau entsprechende helle und komfortable Sicherheitskabine hatte einen ebenen Boden, war mit etwa 4,6 m² großzügig rundum verglast, sturzsicher konstruiert und schwingungs-, stoß- und geräuschisoliert auf Silentblöcken gelagert und gegenüber Schmutz und Staub gut abgedichtet. Mit den schalldämmenden Maßnahmen betrug der Geräuschpegel im Innenraum jetzt nur noch 85 gegenüber 94 Dezibel beim Vorgänger. Eine wirkungsvolle Heizungsanlage sorgte auch an kalten Tagen für angenehme Innentemperatur. Der luftgefederte, individuell verstellbare Fahrersitz war außerdem noch mit hydraulischen Stoßdämpfern ausgestattet. Neu war auch das neigungsverstellbare Lenkrad, dessen Position problemlos der Größe des Fahrers angepasst werden konnte. Ebenso waren die Bedienungshebel ergonomisch vorteilhafter angeordnet. Sämtliche Kontrollinstrumente lagen gut im Blickfeld des Fahrers. Eine große Bedienungserleichterung für den Traktoristen war die Tatsache, dass die neuen Traktoren jetzt vollhydraulisch gelenkt werden konnten.

Auch den Dieselmotor hatte man überarbeitet und ihm einige Detailänderungen wie die Verbesserung der Einlasskanäle der Zylinderköpfe, Änderungen der Nockenwelle und neue Einspritzdüsen zukommen lassen. So konnten bei gleicher Leistung Kraftstoffverbrauch und Schadstoffemission reduziert werden. Daneben verfügte der Motor über ein bis zu 16 % höheres Drehmoment. Eine Zentralschmierung wurde 1985 eingeführt und seither wurden die Fahrzeuge als ZT 320-A und ZT 323-A bezeichnet. Erneut war nun mit dem Modell ZT 325-A eine Bauvariante für den Hangeinsatz erhältlich.

Die beiden neuen ZT-Varianten entsprachen anfänglich, obwohl sie keine grundsätzlich neuen Schlepper

Die ZT 320-/323-A-Traktoren waren für die großflächigen LPG-Betriebe wie geschaffen. Hier im Einsatz mit einem vierscharigen Scheibenpflug.

waren, in Technik und äußerem Erscheinungsbild durchaus dem aktuellen Stand der 1980er-Jahre auch westlicher Länder. Gegenüber den ZT 300-Typen waren die neuen Schlepper um einiges vielseitiger geworden. Niedrigere Geschwindigkeitsstufen erlaubten Arbeiten unter Extrembedingungen, wie beim Bodenfräsen oder beim Strohpressen mit großen Schwadmassen und vor Kartoffelrodern auf sehr steinigen Böden, für die es bis dahin aus DDR-Produktion keine geeigneten Traktoren gab. Zugelassen waren die neuen Fahrzeuge für eine Anhängelast von 30 t. Erstmals konnten sie jetzt auch für Tieflader-Schwertransporte verwendet werden. Der hauptsächliche Einsatzbereich bestand aber in der Bodenbearbeitung mit Stoppelumbruch, der Grunddüngung, der Aussaat und im Antrieb schwerer zapfwellengetriebener Erntemaschinen aller Art.

Dieser ZT 323-A stand noch im Mai 2004 in Dittersdorf im täglichen Einsatz.

Natürlich hat es an Bemühungen, diese Schlepperreihe weiterzuentwickeln, nicht gefehlt. Um den auch in der DDR immer stärker vorgetragenen Forderungen nach leistungsstärkeren Traktoren zu entsprechen, wurde vom Kreisbetrieb für Landtechnik Zerbst ab 1985 der ZT 423 gebaut. Mit diesem Modell sollte ein stärker motorisiertes Fahrzeug mit einem geringst möglichen Aufwand innerhalb der Traktorreihe realisiert werden. Abgesehen von der durch den Motor bedingten größeren baulichen Länge war das Herzstück das stärkere Antriebsaggregat. Es war ein Sechszylinder-Diesel mit 180 PS und 9840 cm^3 Hubvolumen, der ursprünglich im Feldhäcksler E 280/1 Verwendung fand. Um das unverändert übernommene Getriebe nicht zu sehr zu strapazieren, wurde der Motor auf 140 PS bei 2000 U/min gedrosselt. Ansonsten gab es nur geringen Änderungsbedarf, denn nahezu alle übrigen Baukomponenten entsprachen denen der ZT-320-Traktoren. Zu einem Serienbau kam es jedoch nicht mehr. Etwa 85 Einheiten entstanden im Rahmen einer Nullserie, wobei die letzten Exemplare wohl 1990 fertiggestellt wurden.

Nach der Fertigungseinstellung der letzten „Famulus"-Traktormodelle und dem Erscheinen des ZT 300 fehlte in der DDR ein kleineres Modell, dessen Bedarf nur durch Importe aus sozialistischen Ländern einigermaßen gedeckt werden konnte. Mit dem 1984 vorgestellten Schleppermodell FT 4520 sollte diese Lücke geschlossen werden. Fast alle Baugruppen dieses mit einem 60 PS starken Dreizylinder-Diesel mit 4920 cm^3 Rauminhalt ausgerüsteten Fahrzeugs stammten vom ZT 320. Die sehr enge Verwandtschaft zu diesem, sozusagen eine verkleinerte Ausführung, war dem Traktor auch äußerlich anzusehen. Dem Vernehmen nach sollen allerdings nur vier Prototypen entstanden sein.

Als nun die technisch nicht mehr wirklich zeitgemäßen Traktoren sich aber der Marktwirtschaft nach der Wende stellen mussten, erlebten sie eine Katastrophe. Fast niemand wollte mehr DDR-Produkte kaufen. 1992 musste die Fabrikation daher eingestellt werden und nach 10 815 gefertigten Einheiten beendeten ZT 320-A und 323-A das Kapitel „Traktoren Made in GDR" für immer.

Ein 1986 gebauter und mit Druckluftspeicher-Bremsanlage ausgerüsteter ZT 320-A bei einem Schleppertreffen im Jahr 2009. Man beachte die klappbare Heckscheibe.

Traktor-Eigenbauten und Kleinserien

Unter der schwungvoll geformten Haube eines Skoda-Pkw arbeitet bei diesem 1973 entstandenen Behelfstraktor ein wassergekühlter Kleindieselmotor 1 H 65 mit 6,5 PS der Motorenfabrik Cunewalde.

Wer nun vielleicht denkt, mit den bereits vorgestellten Modellen sei das in der DDR vorhandene Traktortypenpotenzial erschöpft, der sollte sich getäuscht haben. Über diese in meist großen Stückzahlen gebauten „richtigen" Traktoren hinaus gab es zahlreiche Einzelstücke, Eigenbauten oder in Kleinserie von Betrieben ebensolcher Größenordnung gefertigte Maschinen. Das waren Vierradtraktoren, aber auch Einachsschlepper und Gartenfräsen. Für breite Bevölkerungsschichten waren nicht nur Trabbi und Wartburg – sowohl vom Preis als auch von der Lieferzeit – unerreichbar. Auch das Vorhandensein von Traktoren beschränkte sich überwiegend auf das Inventar in den großen Landwirtschaftlichen Produktionsgenossenschaften. Daneben aber gab es eine weit verbreitete Schattenwirtschaft – die Feierabendbauern. Ein großer Teil der Genossenschaftsbauern betrieb auch nach dem Eintritt in die LPG einen ganz privaten, meist kleinen landwirtschaftlichen Betrieb. Ein paar

Schweine, eine Kuh, Hühner und Kaninchen gehörten dazu. Das Futter wuchs auf Reststücken, welche die LPG nicht bewirtschaftete. Milch und Brot gab es, dank der subventionierten Preise für Grundnahrungsmittel, billig in den HO-Läden. Mit Einführung fester Arbeitszeiten in den Genossenschaften erhielten die Mitarbeiter mehr Freizeit und die Möglichkeit, diese in ihre hauseigene Landwirtschaft zu investieren. Obwohl in diesem Bereich nicht selten mehr getan wurde als auf der hauptamtlichen Arbeitsstelle, deckte der Staat diese Aktivitäten, denn die von den Nebenerwerbsbauern abgelieferten Schlachttiere, Milch, Eier und anderen landwirtschaftlichen Erzeugnisse bildeten eine ganz wesentliche Stütze bei der Versorgung der Bevölkerung.

Nun wollten sich auch diese Kleinbauern so gut wie möglich mechanisieren und dazu nicht immer

Dieser 1952 in Rahmenbauweise ausgeführte Eigenbautraktor besitzt einen 9 PS starken Diesel mit Verdampfungskühlung.

Dieser 1972 entstandene Eigenbautraktor besitzt einen 13 PS starken Zweizylinder-Wirbelkammer-Diesel mit 800 cm³ Hubraum, der serienmäßig im Arbeitskraftfahrzeug Multicar 22 verwendet wurde.

den LPG-Traktor ausleihen. Das Pferd als das traditionell eingesetzte Zugtier wurde nach und nach (wenn auch nicht völlig) aus den privat gebliebenen Ställen verdrängt. Diese Feierabendbetriebe blieben hinsichtlich der Traktoren fast immer unterversorgt. Wer nicht das Glück hatte, einen ausgesonderten oder überflüssig gewordenen älteren Schlepperveteran wie „Aktivist", „Pionier", „Famulus" & Co. aus einem LPG-Betrieb erwerben zu können, musste zur Selbsthilfe greifen. So haben nicht wenige Kleinlandwirte aus zusammengesuchten Einzelteilen, viel Geduld und erstaunlicher Erfindungsgabe sich ihren eigenen Schlepper zusammengebastelt. Da wurde genommen, was man zum Bau eines landwirtschaftlichen Zugfahrzeugs halbwegs für geeignet fand, ohne Rücksicht darauf, wozu es früher gedient hatte. Es war ein Stück Alltagsgeschichte in der DDR. Improvisation wurde auch hier groß geschrieben und was nicht passte, wurde umgebaut und passend gemacht. Begehrt waren natürlich Schlepper-Überreste oder andere Fahrzeugteile aus der DDR oder dem sozialistischen Ausland. Wenn diese nicht zur Verfügung

standen, musste es eben anders gehen. Achsen und Getriebe lieferten ehemalige Militärfahrzeuge (Allradantriebe bevorzugt) oder Pkw und Lkw aus der Zeit bis 1945, aber auch zahlreiche Nachkriegsmodelle. Die Motoren kamen von Trabant, Barkas, Moskwitsch, Skoda-Pkw, Wolga, IFA F 9, Robur-Lkw und Wartburg, häufig auch vom Multicar, sowjetischen oder DDR-Geländewagen und anderen gängigen Fabrikaten. Nicht wenige der sehr soliden Ver-

Von 1959 stammt dieser offen ausgeführte Schleppereigenbau, der von einem verdampfungsgekühlten Cunewalder-Einzylinder-Diesel mit 6,5 PS bewegt wird.

Das Vierzylinder-Antriebsaggregat und die Motorhaube eines Phänomen-Lieferwagens aus der Vorkriegsära fanden Verwendung für diesen in Eigenarbeit entstandenen Behelfstraktor.

weder überhaupt nicht, oder sie wurde von irgendwelchen anderen Fahrzeugen zusammengeklaubt. Heraus kamen praktisch immer Einzelstücke, also Unikate, die es in dieser Zusammensetzung nur einmal gab. Diese einfachen Eigenbautraktoren waren robust und widerstandsfähig, denn sie standen teilweise jahrzehntelang im Einsatz. Nach der Wende verschwanden die meisten dieser Eigenbauten recht schnell, denn gebrauchte Westschlepper oder Schlepper aus den in Auflösung befindlichen LPG-Betrieben gab es für wenig Geld. Zahlreiche dieser erstaunlich langlebigen Fahrzeuge sind aber bis heute erhalten geblieben. Die nachstehenden Bildbeispiele mögen dies verdeutlichen.

dampfer-Motoren, oft noch aus den 1920er-Jahren, gelangten zum Einbau. Die Vielfalt an Motoren war nahezu unbegrenzt. Sogar Motorrad-Bauteile wurden nicht verschmäht. Der Rahmen entstand zumeist in Eigenkonstruktion. Man verwendete oft U- oder T-Träger, einige Verbindungsrohre, dazu ein Schweißgerät, und fertig war die tragende Plattform. Eine Karosserie im herkömmlichen Sinne gab es ent-

Neben diesen zum Teil recht abenteuerlich wirkenden Eigenbautraktoren gab es eine Reihe meist kleinerer Betriebe, die Traktoren in Kleinserien fertigten. Zum Teil handelte es sich um private Hand-

Dieser recht solide wirkende Eigenbautraktor ist mit einem Zweizylinder-Robur-Motor mit 18 PS ausgestattet.

Mit sichtlichem Stolz präsentiert der Besitzer diesen sogar mit Hydraulik ausgerüsteten Eigenbau-Kleintraktor aus dem Jahr 1970.

werksbetriebe die, wie etwa die Firma Münch in Grumbach bei Freital/Sachsen, sich schon vor dem Krieg mit der Instandsetzung von Traktoren, Landmaschinen und Motoren befasst hatten. Nach der abrupten Baueinstellung des RS 03/30 „Aktivist" übernahm die Firma Münch eine Art Folgefertigung dieses Traktors in verbesserter Form. Bei allen diesen Firmen handelte es sich im Regelfall um Handwerksbetriebe, die über ein profundes Fachwissen nebst Erfahrung verfügten.

Andere Fahrzeuge entstanden in den sogenannten halbstaatlichen Produktionsgenossenschaft des Handwerks (PGH), wie der bei der PGH Pomßen bei Grimma montierte kleine Radschlepper. Diese nicht ackertauglichen Kleintraktoren wurden hauptsächlich für leichtere Zugarbeiten im innerbe-

trieblichen Verkehr größerer Betriebe oder für den Dienst auf Flughäfen beschafft. Hinzu kam eine unbekannte Zahl weiterer abgewandelter Serien- oder Spezialfahrzeuge, die meist in Kleinserien von ganz unterschiedlichen Betrieben in der DDR hergestellt wurden.

Zu diesem interessanten Schlepperunikat konnten leider keine näheren Angaben in Erfahrung gebracht werden.

Ein 1965 entstandenes Exemplar des recht
seltenen Radtraktors Münch

Radtraktor Münch

D ie seit 1928 bestehende Firma Münch begann zunächst
mit Reparaturarbeiten an Maschinen und Motoren
aller Art. Zehn Jahre später stellte sie ihren ersten
selbstgebauten Traktor auf die Räder. In den folgenden Jahren
und auch in der ersten Nachkriegszeit waren es hauptsächlich
Fahrzeuge mit einfachen verdampfungsgekühlten Motoren
verschiedener Fabrikate. Diese noch als Eigenbauten anzuse-
hende Fabrikation bekam in den frühen 1950er-Jahren einen
Kleinserien-Charakter, als nach dem überraschenden Ende
der Produktion in den Brandenburger Traktorenwerken der
Weiterbau des RS 03/30 „Aktivist" übernommen wurde. Dieser einfach als „Radtraktor Münch" bezeichnete Schlepper
erhielt zwar ein wesentlich moderneres Aussehen, konnte
aber seine enge Verwandtschaft zum früheren „Aktivist" nicht
leugnen. Zumal an seinen Abmessungen nichts verändert
worden war. Anfangs konnten Motoren und Triebwerke noch
von den Brandenburger Traktorenwerken bezogen werden.
Später beschränkte sich dies nur noch auf die Getriebe, während der Motor von einem Berliner Privatbetrieb in Kleinserie hergestellt wurde. Im Gegensatz zum früheren „Aktivist"
hatte der Münch-Traktor jetzt eine bedienungsfreundlichere
elektrische Startanlage erhalten. Zwischen 1957 und 1968
entstanden von ihm rund 150 Fahrzeuge, die für innerbetriebliche Transporte an Industriebetriebe verkauft wurden.
Auch der RS 01/40 „Pionier" wurde nach dem Produktions-
ende in Nordhausen bei Münch in Kleinserie weitergebaut.

Manche der kleinen Pomßen-Schlepper haben bis heute über-lebt und sind auf Veteranen-treffen zu sehen, so wie dieser mit Druckluftbremsanlage ausgerüstete Kleintraktor im Jahr 2009 in Markkleeberg.

Kleinschlepper DFZ 322 / DFZ 623

Die äußerlich unscheinbaren Transportschlepper wurden ursprüng-lich für Ziegeleien entwickelt. Die von der PGH Metall Pomßen bei Grimma gebauten, nach dem Hersteller als „Pomßen" bezeich-neten kleinen Radschlepper wurden häufig in Industriebetrieben einge-setzt. Seine geringen Abmessungen verhalfen dem Fahrzeug zu einer aus-gezeichneten Wendigkeit. Feste Fahrstraßen und Wege waren für diesen kleinen Schlepper aber Vorausset-zung. Den zwischen 1965 und 1983 gefertigten Pomßen-Schlepper gab es in zwei Leistungsgrößen. Das schwä-chere Modell DFZ 322 verfügte über einen Zweizylinder-Diesel mit 15 PS, der stärkere DFZ 632 war mit einem 30-PS-Vierzylinder-Dieselaggregat bestückt. Beide Antriebseinheiten lie-ferte das Motorenwerk Cunewalde. Trotz ihrer geringen Größe waren die Fahrzeuge bärenstark. So konnte die 30-PS-Variante maximal 11 t Anhän-gelast bewegen, bei einem Eigenge-wicht von rund 1,6 t ein beachtlicher Wert. Es gab auch Fahrzeuge mit pneumatischer Anhängerbremsan-lage, frontseitiger, hydraulischer Hubgabel und Sonderzubehör wie Schneeräumschild und Schiebeschild zum Bewegen von Bahnwaggons. Das Vierganggetriebe erlaubte Geschwin-digkeiten von bis zu 28 km/h. Dem Vernehmen nach wurden jährlich rund 300 Einheiten gebaut.

■ Technische Daten		
	DFZ 322	**DFZ 632**
Hersteller	PGH Metall Pomßen, Kreis Grimma	
Bauzeit	1965–1983	
Bauweise	Rahmenbauweise	
Bauart	2-Zylinder-/4-Takt-Reihen-Diesel Wirbelkammerverfahren	4-Zylinder-/4-Takt-Reihen-Diesel Wirbelkammerverfahren
Kühlung	Luftkühlung mit Axialgebläse	
Leistung	15 PS/11 kW bei 1800 U/min	30 PS/22,1 kW bei 3000 U/min
Hubraum	800 cm³	1600 cm³
Getriebe	12 Vorwärtsgänge, 1 Rückwärtsgang	
Höchst geschwindigkeit	28 km/h	
Antrieb	auf die Hinterräder	
Abmessungen (L/B/H)	2722/1100/1970 mm	
Radstand	850 mm	
Gewicht	1200 kg	1620 kg
Bereifung vorne/hinten	21 x 4/6.50-16	

Import-Traktoren

Lange Zeit nach Kriegsende herrschte in der sowjetischen Besatzungszone ein erheblicher Mangel an Traktoren und Landmaschinen. Bis 1949 konnte ausschließlich auf die in viel zu geringer Zahl vorhandenen Vorkriegsmaschinen zurückgegriffen werden, denn eine eigene Traktorenproduktion gab es noch nicht. So waren die im Frühjahr 1949 von der sowjetischen Besatzungsmacht der Landwirtschaft zur Verfügung gestellten 1000 Traktoren eine wertvolle Hilfe, wenn auch nur der sprichwörtliche Tropfen auf den heißen Stein. Diese Lieferung bestand jeweils zur Hälfte aus Rad- und Kettentraktoren. Die Bereitstellung ist der damaligen Sowjetunion sicher alles andere als leicht gefallen, denn Industrie und Infrastruktur des Landes waren durch den Krieg noch weitgehend zerstört und erst im allmählichen Aufbau begriffen. Die sowjetischen Maschinen waren zwar fabrikneu und sehr robust, entsprachen jedoch nicht immer dem Stand der Technik. Sie erforderten daher ein hohes Maß an Pflege sowie Bedienungs- und Reparaturaufwand.

Auch nach Aufnahme der DDR-Traktorproduktion wurden Schlepper aus dem Ausland eingeführt. Diese kamen nicht allein aus der Sowjetunion, sondern auch aus anderen sozialistischen Ländern wie der CSSR, Polen, Ungarn und Rumänien. Einerseits erhöhten sie den Maschinenbestand in der Landwirtschaft, zum anderen vergrößerten sie die Typenvielfalt. Die eigene Traktorenindustrie war trotz aller Anstrengungen nicht in der Lage, den steigenden Bedarf an der Landwirtschaft zu decken.

Traktoren zur Ergänzung der heimischen Produktion wurden in der DDR dauernd benötigt. Dies auch deshalb, weil die eigene Industrie nie ein in allen Leistungsbereichen einigermaßen komplettes Typenprogramm bereitstellen konnte. Bis Mitte der 1960er-Jahre waren es meist starke Schleppermodelle, mit deren Herstellung die DDR vorerst nicht dienen konnte. Bevorzugt wurden dabei die unverwüstlichen Belarus-Traktoren, aber auch Kettenschlepper, die zu der Zeit in der Landwirtschaft stark vertreten waren. Zum Ausgleich dafür wurden Geräteträger, zeitweise aber auch mittelschwere Traktoren der „Famulus"-Reihe, in größeren Stückzahlen exportiert. Nach dem Erscheinen des ZT 300 änderte sich die Situation grundlegend. Nun besaß die Landwirtschaft zwar einen starken, auch als Exportgut wichtigen Traktor, in den mittleren bis leichteren Klassen war hingegen nach Auslaufen der letzten Typen der „Famulus"-Reihe eine echte Versorgungslücke entstanden. Ihre Abdeckung war im Übrigen aus Kapazitätsgründen auch gar nicht möglich. Vor allem das Fehlen eines zwar projektierten, aber nicht realisierten Fahrzeugs um die 60 PS wurde als sehr schmerzlich empfunden. Als kleine Ausführung des ZT 300 war zwar der TT 220 in der Planung, er scheiterte nicht zuletzt an Fertigungsengpässen. Das führte dazu, zahlreiche Maschinen aus dem sozialistischen Ausland importieren zu müssen. Die Fabrikate Zetor aus der CSSR, UTB aus Rumänien und die rot lackierten Belarus-Traktoren vom „Großen Bruder" waren die Favoriten. Andererseits war in der DDR die Klasse oberhalb von 100 PS ebenfalls unbesetzt. So war die Stunde der großen sowjetischen Knicklenker-Schlepper Kirowetz und Charkow gekommen, Giganten mit Motorleistungen zwischen 165 und 275 PS. Es waren überschwere Radtraktoren, die für die sowjetische Kolchoswirtschaft, aber auch für die Bauwirtschaft sowie für Schwertransporte vorgesehen waren. Sie sollten in der DDR für eine gesteigerte Produktivität, sprich höhere Arbeitsgeschwindigkeit sorgen. Die Beschaffung zahlreicher Maschinen ist ein Indiz dafür, dass diese Großschlepper diesen Erwartungen entsprachen, jedoch waren ihre Motoren mehr als durstig. Für einen Staat wie die DDR, die jeden Liter Kraftstoff, damals zwar noch zu Vorzugskonditionen, von der Sowjetunion importieren und bezahlen musste, war das recht unwirtschaftlich. Im Folgenden sollen einige importierte Traktormodelle vorgestellt werden.

Dieser Kirowez K 701 war bis vor einigen Jahren noch aktiv im Einsatz.

Zetor 25 A

Der Universalschlepper mittlerer Baugröße
Zetor 25 aus dem Jahr 1958

Die Geschichte der in Brünn/CSSR gebauten Zetor-Traktoren begann erst nach Kriegsende. Der Bau von Ackerschleppern ging auf eine Initiative der neuen Führung des Landes zurück, die dringend Traktoren für die entwicklungsbedürftige Landwirtschaft in der damaligen CSSR forderte. Unter großen Schwierigkeiten entstand bis März 1946 in dem früheren Rüstungsbetrieb ein mittelschwerer Schlepper, das Modell Zetor 25 A. Die Ausführung A war der Universal-Ackerschlepper, während sich unter der Typbezeichnung K der Allzweckschlepper verbarg. Die eigentliche Serienfertigung startete 1948, und bis zum Jahr 1962 baute das Werk von diesem sehr erfolgreichen Modell genau 158 570 Fahrzeuge. Davon wurden 97 000 Stück exportiert.

Der Zetor 25 war ein sehr solider Universalschlepper der damals gängigen mittleren Baugröße. Sein Vortrieb erfolgte durch einen Zweizylinder-Diesel mit 2080 cm³ Hubraum, der 25 PS bei 1700 Touren leistete und mit einem Schubradschaltgetriebe mit sechs Vorwärts- und zwei Rückwärtsgängen tragend verblockt war. Dieses ermöglichte Geschwindigkeiten von 3,4 bis 25,6 km/h.

Am Import dieses 25-PS-Fahrzeugs zeigte sich die DDR zwar nicht vordringlich interessiert, da in dieser Leistungsklasse ausreichend eigene Modelle zur Verfügung standen. Trotzdem gelangten einige Exemplare in das Land, zumal diese Fahrzeuge auch auf den Leipziger Messen ausgestellt wurden und danach in der DDR verblieben.

■ Technische Daten

Zetor 25 A	
Hersteller	Zetor-Traktorenwerke, Brünn/ČSSR
Bauzeit	1946–1962
Bauweise	rahmenlose Blockbauweise
Bauart des Motors	2-Zylinder-/4-Takt-Diesel Direkteinspritzverfahren
Kühlung	Umlaufkühlung mit Wasserpumpe
Leistung	25 PS/18,4 kW bei 1700 U/min
Hubraum	2080 cm³
Getriebe	6 Vorwärtsgänge, 2 Rückwärtsgänge
Höchstgeschwindigkeit	25,6 km/h
Antrieb	auf die Hinterräder
Abmessungen	nicht bekannt
Radstand	nicht bekannt
Gewicht	1650 kg
Bereifung vorne/hinten	nicht bekannt

Ein sehr seltener Zetor 50 Super in offener Ausführung. Hier ein schönes Fahrzeug aus dem Jahr 1967.

Zetor Super / 50 Super

Seit dem Jahr 1954 ergänzte der von einem 42 PS starken modernen Vierzylinder-Direkteinspritz-Diesel angetriebene Zetor Super das Schlepperangebot im oberen Leistungsbereich. Von diesem mit einem 5/1-Gang Wechselgetriebe ausgerüsteten Traktor bestellte das DDR-Außenhandelsministerium 1000 Stück, um den eigenen Bestand an schwereren Schleppern aufzustocken. Seit 1959 folgte dann das in der Leistung auf 50 PS bei 1650 U/min angehobene, weiterentwickelte Zetor-Modell Super 50. Neben der jetzt serienmäßig vorhandenen Motorzapfwelle mit Doppelkupplung war dieser in den Abmessungen etwas größere Traktor mit einem neuen Zweigruppengetriebe mit jeweils 4/1 Gangstufen, die auf Wunsch auch mit einer Untersetzung erweitert werden konnte, ausgerüstet. Die Geschwindigkeiten reichten nun von 1,18 bis 27,45 km/h. Dadurch war der 50 Super auch zunehmend für Straßentransportaufgaben interessant geworden. Für diesen Zweck stand eine Druckluftbremsanlage zur Verfügung. Drei-

Ein ziemlich heruntergekommener Zetor 50 Super ist im Winter 1978/79 mit einem Anhänger voller Braunkohlebriketts in Berlin unterwegs. Da die meisten Wohnungen in der DDR noch Ofenheizung besaßen, wurde für den Hausbrand Kohle benötigt.

punkthydraulik, Lenkbremsen und Differenzialsperre sowie ein geschlossenes Fahrerhaus waren weitere Ausrüstungsmerkmale; die Riemenscheibe hingegen war optional erhältlich. Vom 50 Super gelangten geringere Stückzahlen in die DDR, wobei noch erwähnt werden muss, dass bei zahlreichen Super-Modellen anlässlich ihrer Grundüberholung die ursprünglichen Motoren durch das stärkere 50-PS-Aggregat ausgetauscht wurden. Einige Zetor 50 Super fanden auch als Flugzeugschlepper Verwendung.

Ein Zetor 50 Super in restauriertem Bestzustand mit Fahrerhaus, Druckluftbremsanlage sowie Hinterradballastierung

◾ Technische Daten

	Zetor Super	Zetor 50 Super
Hersteller	Zetor-Traktorenwerke, Brünn / ČSSR	
Bauzeit	1954–1958	1959–1968
Bauweise	rahmenlose Blockbauweise	
Bauart des Motors	4-Zylinder- / 4-Takt-Reihen-Diesel Direkteinspritzverfahren	
Kühlung	Umlaufkühlung mit Wasserpumpe	
Leistung	42 PS / 30,9 kW bei 1500 U / min	50 PS / 36,8 kW bei 1650 U / min
Hubraum	4160 cm^3	
Getriebe	5 Vorwärtsgänge 1 Rückwärtsgang	8 Vorwärtsgänge 2 Rückwärtsgänge
Höchstgeschwindigkeit	25 km / h	27,45 km / h
Antrieb	auf die Hinterräder	
Abmessungen (L / B / H)	3430 / 1840 / 2210 mm	3590 / 1950 / 2430 mm
Radstand	2190 mm	2230 mm
Gewicht	2550 kg	3120 kg
Bereifung vorne / hinten	6.00-20 / 13-28	6.50-20 / 14-28

Ein im Jahr 2004 im Einsatz befindlicher Zetor 5211, ausgerüstet mit Front- und Heckanbaugeräten für den Straßendienst

Zetor 5211

Von den neueren Zetor-Traktoren waren vor allem die Modelle 5011 und 5211 für die DDR von Bedeutung. Bekanntlich klaffte nach der Baueinstellung der „Famulus"-Modelle eine Leistungslücke zwischen 40 und 60 PS. Der ab 1982 eingeführte Typ 5011 gehörte zu den kleinen Traktoren dieses Herstellers, und mit 45 PS Motorleistung war es ein leichter Schlepper für Transport- und Pflegearbeiten, der dringend benötigt wurde. Durch den vorhandenen Frontlader war der mit einer großzügig verglasten Kabine ausgerüstete Blockbautraktor für sämtliche Arbeiten in Hof und Stall bestens geeignet. Bereits zwei Jahre später erschien das Modell 5211 als Nachfolger mit vielen Detailverbesserungen. Äußerlich wurde nur die Motorverkleidung geändert und eine neue schwingungsgedämpfte, beheizbare Sicherheitskabine mit regulierbarem, gut gefedertem Fahrersitz installiert. Die Kraftübertragung erfolgte vom Motor über eine Doppelkupplung für Fahr- und Zapfwellenantrieb auf das unter Last schaltbare Zweistufen-Getriebe mit jeweils fünf Vorwärts- und zwei Rückwärtsgängen. Damit standen zehn Vorwärts- und vier Rückwärtsgeschwindigkeiten zur Verfügung. Diese reichten von 1,34 bis 22,92 km/h. Dadurch, dass der Drehmomentswandler voll belastet werden konnte, verdoppelte sich die Zahl der nutzbaren Fahrgeschwindigkeiten nochmal. Als Antrieb diente weiterhin der 45-PS-Motor mit direkter Kraftstoffeinspritzung, der mit einer neuen Einspritzpumpe ohne zusätzliche Kaltstarteinrichtung und einer verbesserten Kraftstoffförderpumpe bestückt wurde. Am Fahrzeugheck befand sich eine Motorzapfwelle für zwei Geschwindigkeiten, die Wegzapfwelle sowie die Dreipunkt-Regelhydraulik mit Lage-, Kraft- und Mischregelung. Die Sicherheitskabine war nun erschütterungsärmer, heizbar und konnte belüftet werden. Ein bequemer und individuell einstellbarer Fahrersitz war ebenfalls vorhanden. Der Traktor konnte auf Wunsch mit einer hydraulischen Lenkhilfe sowie einer Druckluftbremsanlage zur Anhängerbremsung ausgerüstet werden. Die Riemenscheibe zählte zum Sonderzubehör.

Der in der DDR recht häufig anzutreffende Traktor wurde in erster Linie im Grünlandbereich, bei der Bearbeitung von Kleinflächen, im Obst- und Feldgemüseanbau sowie mit Frontlader in Anlagen der Tierproduktion eingesetzt.

■ Technische Daten ■■■■■■■

Zetor 5211	
Hersteller	Zetor-Traktorenwerke, Brünn / ČSSR
Bauzeit	1984–1989
Bauweise	Halbrahmenbauweise
Bauart des Motors	3-Zylinder- / 4-Takt-Reihen-Diesel Direkteinspritzverfahren
Kühlung	Umlaufkühlung mit Wasserpumpe
Leistung	45 PS / 33 kW bei 2200 U / min
Hubraum	2696 cm³
Getriebe	10 Vorwärtsgänge, 4 Rückwärtsgänge
Höchstgeschwindigkeit	22,92 km / h
Antrieb	auf die Hinterräder
Abmessungen (L / B / H)	3666 / 1850 / 2510 mm
Radstand	2025 mm
Gewicht	2769 kg
Bereifung vorne / hinten	6.50-16 / 12,4-32

Dieser Belarus MTS-5 M mit elektrischem Anlasser verfügt über ein geschlossenes Fahrerhaus. Beachtenswert für diese Traktormodelle sind die charakteristischen großen Hinterräder sowie eine Bodenfreiheit, die auch Pflegearbeiten in Reihenkulturen sehr erleichterte.

Belarus MTS-5 L / 5 M

D ie unter der Bezeichnung MTS (Minski Traktorny Sawod = Minsker Traktorenwerk) angebotenen Ackerschlepper kamen aus einer kurz nach Kriegsende in der weißrussischen Hauptstadt Minsk entstandenen Traktorenfabrik. Die in riesigen Stückzahlen hergestellten Maschinen standen in dem Ruf, technisch einfach, dafür aber besonders robust und anspruchslos zu sein. Reparaturen konnten daher mit einfachen Mitteln auf dem Lande durchgeführt werden. Mit dieser Konzeption kamen sie den in ihrem Ursprungsland erheblichen klimatischen Schwankungen und den ungünstigen Geländeverhältnissen sehr entgegen.

Die Herstellung eigener Radschlepper begann im Herbst 1953 mit dem Typ MTS-2, eines Fahrzeugs mit einem 37-PS-Vierzylinder-Dieselmotor, der mit einem 5/1-Gang-Getriebe verbunden war. Dieses und auch alle folgenden Traktormodelle waren in Halbrahmenbauweise ausgeführt. Das hatte den Vorteil, dass der Motor problemlos ein- und ausgebaut werden konnte, ohne den Traktor trennen und dann beide Teile aufbocken zu müssen. Ebenso erweiterte diese Bauweise den Spielraum, fremde Aggregate einbauen zu können, erheblich. Als erste Weiterentwicklung wurde der MTS-5 im Jahr 1959 in der DDR vorgestellt. Der Vierzylinder-Diesel des äußerlich nur sehr wenig veränderten Traktors leistete nun 45 PS. Während die Ausführung MTS-5 L, von der auch Fahrzeuge in die DDR gelangten, über einen separaten 10-PS-Zweitakt-Anlassmotor verfügte, hatte die später erhältliche Variante MTS-5 M einen elektrischen Anlasser. Für das in der Sowjetunion herrschende raue Klima war der mittels Reißleine zu startende Anlassmotor sicherlich die zuverlässigere Lösung. Die Traktoren verfügten bereits über eine Motorzapfwelle und einen hydraulischen Dreipunktkraftheber. Das schubradgeschaltete Gruppengetriebe gliederte sich in eine Acker- und Straßengruppe und konnte mit zehn Vorwärts- und zwei Rückwärtsgängen aufwarten. Insgesamt waren diese Maschinen noch sehr spartanisch ausgeführt, denn Fahrerkabinen und gefederte Sitze waren in der Anfangszeit Fehlanzeige. Erwähnenswert ist die Tatsache, dass die ersten von der DDR importierten Traktoren nur mit russischer Bedienungsanleitung ausgeliefert wurden, was die Einarbeitung in diese fremden Maschinen nicht gerade erleichtert haben dürfte.

■ Technische Daten ■	
Belarus MTS-5 L / 5 M	
Hersteller	Traktorenwerk Minsk
Bauzeit	1959–1963
Bauweise	Halbrahmenbauweise
Bauart	4-Zylinder- / 4-Takt-
des Motors	Reihen-Diesel
	Wirbelkammerverfahren
Kühlung	Umlaufkühlung mit
	Wasserpumpe
Leistung	48 PS / 35,3 kW
	bei 1600 U / min
Hubraum	4500 cm³
Getriebe	10 Vorwärtsgänge,
	2 Rückwärtsgänge
Höchst-	
geschwindigkeit	22,35 km / h
Antrieb	auf die Hinterräder
Abmessungen	
(L / B / H)	4080 / 1880 / 2370 mm
Radstand	2480 mm
Gewicht	2800 kg
Bereifung	
vorne / hinten	6.50-20 / 12-38

Ein hinterradgetriebener Belarus MTS-50 mit Frontgewichten aus dem Jahr 1965. Gut erkennbar sind die beengten räumlichen Verhältnisse der Kabine.

Belarus MTS-50 / 52

Die Konstrukteure der Minsker Belarus-Werke hatten sich zwar schon 1956 das Ziel gesetzt, ein neues Schleppermodell mit einer Motorleistung zwischen 50 und 60 PS herauszubringen. Schließlich dauerte es aber dann doch bis Mitte der 1960er-Jahre, bis das überarbeitete Modell Typ MTS-50 auf den Markt kam. Die wichtigsten Veränderungen betrafen den Motor, dessen Leistung jetzt auf 55 PS angehoben worden war. Ebenfalls sehr bedeutsam war die Ausrüstung einer Regelhydraulikanlage mit einem Antischlupfsystem, die hydraulisch zu betätigende Lenkbremse und eine Druckluftbremsanlage. Trotz dieser Anlage machten sich beim Anhängerbetrieb die unzureichenden Bremsen des MTS-50, die außerdem dem Traktoristen hohe Pedalkräfte abverlangten, sehr unangenehm bemerkbar. Für Einachsanhänger gab es eine Hubkupplung und für in die DDR ausgeführte Maschinen eine Anhängerkupplung nach den DDR-Vorschriften. Die am Heck befindliche Zapfwelle konnte entweder als weggebunden oder fahrkupplungsunabhängig (als Motorzapfwelle mit Doppelkupplung) geschaltet werden. Der MTS-50 hatte eine geschlossene Fahrerkabine, die zwar keine Heizung hatte, aber immerhin durch einen Ventilator im Kabinendach etwas zu belüften war. Das Gruppengetriebe war nicht sonderlich gut abgestuft, was sich vor allem bei der Arbeit mit Vollerntemaschinen als störend bemerkbar machte. Das Getriebe verfügte über einen Schnellgang, der aber nicht über die Gruppen, sondern direkt geschaltet wurde. Dieser neunte Gang ließ eine Maximalgeschwindigkeit von 25,8 km/h zu. Die Vorderachse verfügte über Einzelradfederung, während die Lenkung hydraulisch betätigt wurde. Den russischen Technikern war es auch gelungen, nicht nur den Kraftstoffverbrauch zu senken, sondern auch die Pflege- und Wartungsintervalle zu minimieren. Mit dem Modell MTS-52 stellten die Minsker Traktorenwerke der Landwirtschaft ein mit zuschaltbarem Frontantrieb ausgerüstetes Fahrzeug zur Verfügung. Der Vorderradantrieb schaltete sich automatisch zu, wenn der Schlupf an der hinteren Triebachse mehr als 8 % betrug. Insgesamt war der MTS-50 ein sehr robuster und haltbarer, einfacher, preisgünstiger und aufgrund dessen auch sehr beliebter Traktor, dessen Bedienungskomfort allerdings besser hätte sein können. Er wurde nicht nur in die DDR, sondern in viele andere Länder exportiert. Zahlreiche Fahrzeuge fanden etwa in den Benelux-Ländern zufriedene Käufer.

■ Technische Daten

	Belarus MTS-50	Belarus MTS-52
Hersteller	Traktorenwerk Minsk	
Bauzeit	1964–1968	
Bauweise	Halbrahmenbauweise	
Bauart des Motors	4-Zylinder-/4-Takt-Reihen-Diesel Wirbelkammerverfahren	
Kühlung	Umlaufkühlung mit Wasserpumpe	
Leistung	55 PS/40,5 kW bei 1700 U/min	55 PS/40,5 kW bei 1700 U/min
Hubraum	4749 cm^3	
Getriebe	9 Vorwärtsgänge, 2 Rückwärtsgänge	
Höchstgeschwindigkeit	25,8 km/h	
Antrieb	auf die Hinterräder	mit zuschaltbarer Fronttriebachse
Abmessungen (L/B/H)	3980/1970/2500 mm	
Radstand	2390 mm	
Gewicht	3060 kg	3360 kg
Bereifung vorne/hinten	6.50-20/12-38 oder 9-42	8.00-20/13.6-38

Dieser optimal restaurierte, offen ausgeführte Traktor stammt aus dem Jahr 1966. Man beachte die Radnabengewichte an Vorder- und Hinterrädern.

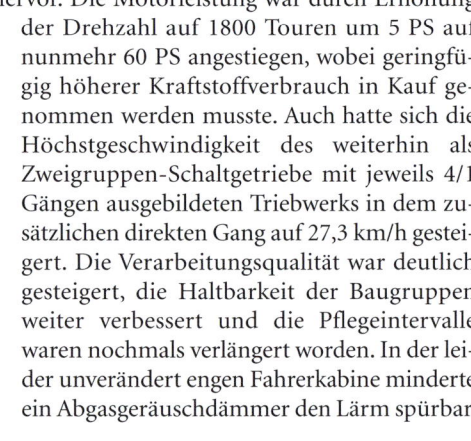

Ein gut restaurierter, allradgetriebener MTS-52 Super von
1976, der im Kreis Worbis zugelassen ist.

Belarus MTS-50 / 52 Super

B
ereits 1967 sahen sich die Traktorenwerke Minsk veranlasst, den MTS-50 in einigen Punkten zu aktualisieren. Es entstand der Belarus MTS-50 Super, der sich in vielen Aspekten von seinem Vorgänger unterschied. Schon äußerlich trat der 50 Super durch seine modernisierte, gestraffte Form positiv hervor. Die Motorleistung war durch Erhöhung der Drehzahl auf 1800 Touren um 5 PS auf nunmehr 60 PS angestiegen, wobei geringfügig höherer Kraftstoffverbrauch in Kauf genommen werden musste. Auch hatte sich die Höchstgeschwindigkeit des weiterhin als Zweigruppen-Schaltgetriebe mit jeweils 4/1 Gängen ausgebildeten Triebwerks in dem zusätzlichen direkten Gang auf 27,3 km/h gesteigert. Die Verarbeitungsqualität war deutlich gesteigert, die Haltbarkeit der Baugruppen weiter verbessert und die Pflegeintervalle waren nochmals verlängert worden. In der leider unverändert engen Fahrerkabine minderte ein Abgasgeräuschdämmer den Lärm spürbar.

Dieser 1970 gebaute, noch im Einsatz befindliche MTS-52 Super wurde 1998 auf einem
Anwesen im Raum Nordhausen fotografiert.

Darüber hinaus sorgte ein umsturzsicherer Rahmen für zusätzliche Sicherheit. Durch die hydraulische Lenkhilfe konnte der Fahrer seine Kräfte jetzt ein wenig mehr schonen. Auch das Bremsverhalten wurde durch Einbau mechanischer Scheibenbremsen verbessert. Für Anhänger befand sich eine genormte Anhängerkupplung am Heck und für Aufsattelanhänger stand eine Hubkupplung zur Verfügung. Regelhydraulik, Motorzapfwelle sowie eine Druckluftbremsanlage waren noch weitere Ausrüstungsmerkmale.

Auch den MTS-50 Super gab es als Bauvariante MTS-52 mit zuschaltbarem Allradantrieb bei ansonsten fast völliger Baugleichheit. Die Funktionsweise der Fronttriebachse war ähnlich

wie die des Vorgängers. Insgesamt waren die 50 Super-Modelle zuverlässig, haltbar und kamen mit einem Mindestmaß an Wartung und Pflege aus. In der DDR waren sie in großen Stückzahlen unterwegs – bis Mitte 1975 waren es allein 30 000 importierte, überwiegend allradgetriebene Fahrzeuge –, und es gab wohl kaum eine LPG, bei der dieser Traktortyp im Bestand fehlte. Vor allem als Ergänzung zum stärkeren ZT 300 und seinen Folgemustern gab es für ihn kaum Alternativen.

Noch im Mai 2007 wurde dieser MTS-52 Super – hier vor einem Anhänger mit Grünfutter – im Kreis Freiberg/Sachsen aktiv eingesetzt. Gut zu erkennen ist die recht eigenwillige Konstruktion der angetriebenen Vorderachsaufhängung.

■ Technische Daten ■

	Belarus MTS-50 Super	Belarus MTS-52 Super
Hersteller	Traktorenwerk Minsk	
Bauzeit	1967–1977	
Bauweise	Halbrahmenbauweise	
Bauart des Motors	4-Zylinder-/4-Takt-Reihen-Diesel Wirbelkammerverfahren	
Kühlung	Umlaufkühlung mit Wasserpumpe	
Leistung	60 PS/44,1 kW bei 1800 U/min	
Hubraum	4750 cm³	
Getriebe	9 Vorwärtsgänge, 2 Rückwärtsgänge	
Höchstgeschwindigkeit	27,3 km/h	
Antrieb	auf die Hinterräder	mit zuschaltbarer Fronttriebachse
Abmessungen (L/B/H)	3850/1970/2485 mm	
Radstand	2385 mm	
Gewicht	3150 kg	3675 kg
Bereifung vorne/hinten	7.50-20/13.6-38	8.30-20/13.6-38

Ein allradgetriebener Belarus MTS-82 mit der charakteristischen, in Portalbauweise ausgeführten Fronttriebachse. Die Bereifung entspricht allerdings hier nicht mehr der serienmäßigen Ausführung.

Belarus MTS-80 / 82

Bereits 1974 wurde mit dem Belarus MTS-80 der Forderung der Landwirtschaft nach höherer Motorleistung entspochen. Wieder wurde eine unter der Typenbezeichnung MTS-82 geführte Ausführung mit angetriebener Vorderachse angeboten, die sich starker Nachfrage erfreute. Der Vierzylinder hatte mit zusätzlichen 20 PS durch Drehzahlerhöhung einen erheblichen Zuwachs erhalten, was aber der robuste Motor problemlos verkraftete. Darüber hinaus hatte man das Aggregat auf das Direkteinspritzverfahren umgestellt. Das Zweigruppen-Getriebe bestand jetzt aus 9/4-Gangstufen und einem Zusatzgetriebe für weitere zwei Kriechgänge. Auf Wunsch gab es ein zusätzliches Reduziergelege mit vier Schaltstufen, mit dem die Geschwindigkeit auf 0,266 km/h verringert werden konnte. Die am Heck befindliche Regelhydraulik mit zwei Regelsystemen verfügte über ein Antischlupfsystem und ein Zusatzsteuergerät. Ab 1977 wurden die ersten MTS-80 in die DDR importiert und ein Jahr später auch der MTS-82. Die veränderbare Spurweite in Verbindung mit der schmalen Bereifung machten die Traktoren aus Minsk hervorragend für die Kartoffelernte geeignet. Im Vergleich zu der wesentlich größeren ZT-300-Reihe waren die russischen MTS-Traktoren wendiger und leichter. Nicht nur ihre schon von den Vorgängern bekannte Zuverlässigkeit und geringen Wartungsansprüche, sondern auch der im Vergleich zum ZT wesentlich geringere Kaufpreis sorgten für eine starke Verbreitung.

■ Technische Daten

	Belarus MTS-80	Belarus MTS-82
Hersteller	Traktorenwerk Minsk	
Bauzeit	1977–1984	
Bauweise	Halbrahmenbauweise	
Bauart des Motors	4-Zylinder-/4-Takt-Reihen-Diesel Direkteinspritzverfahren	
Kühlung	Umlaufkühlung mit Wasserpumpe	
Leistung	80 PS / 58,8 kW bei 2200 U / min	
Hubraum	4750 cm³	
Getriebe	9 Vorwärtsgänge, 4 Rückwärtsgänge, 2 Kriechgänge	
Höchstgeschwindigkeit	33,4 km / h	
Antrieb	auf die Hinterräder	mit zuschaltbarer Fronttriebachse
Abmessungen (L/B/H)	3810 / 1970 / 2470 mm	3930 / 1970 / 2470 mm
Radstand	2380 mm	2485 mm
Gewicht	3418 kg	3690 kg
Bereifung vorne / hinten	7.50-20 / 12-30 od. 9-42	8.30-20 / 13.6-38 od. 9-42

Mit etwas Glück kann man auch heute noch einem Charkow-Knicklenker T-150 K begegnen.

Charkow T-150 K

Seit 1978 wurde ein großer, vierradgetriebener Radtraktor sowjetischer Produktion für die Landwirtschaft der DDR eingeführt. Es war der von den Traktorenwerken Charkow hergestellte T-150 K, ein Knicklenkertraktor, der aber im Vergleich zum auch impotierten Kirowez K-700 ein wenig kleiner war. Die Motorleistung von 165 PS stellte die des ZT 300 weit in den Schatten. Doch der Charkow-Schlepper sollte ihn nicht ersetzen, sondern überall dort verwendet werden, wo der ZT 300 überfordert war, andererseits die Verwendung des größeren K-700 unwirtschaftlich gewesen wäre. Der T-150 K hatte – wie auch der Kirowez – einen Rahmen aus zwei gelenkig miteinander verbundenen Teilen mit jeweils einer angetriebenen Achse. Die hintere Achse war zu- und abschaltbar. Das Verbindungsgelenk ermöglichte sowohl die Lenkung des Traktors mittels Knicklenkung als auch die Verbindung beider Achsen und dadurch den gleichmäßigen Kontakt aller vier Räder mit Untergrund und Fahrbahn. Wie beim K-700 befanden sich auf dem vorderen Rahmenteil die hauptsächlichen Baugruppen in Form von Motor, Getriebe, Hydraulikanlage und die zweisitzige Fahrerkabine, während der hintere Teil nur für die Aufnahme und Kopplung des Anbausystems vorgesehen war. Hier befanden sich Zapfwelle mit Zapfwellengetriebe, Hubkupplung und Zugschiene.

Der Sechszylinder-V-Motor arbeitete mit Direkteinspritzung und Abgasturbolader. Seine erreichte Motorleistung lag mit 174 PS über den Herstellerangaben. Zum Starten des Traktors war sowohl ein elektrischer Anlasser als auch ein spezieller Zweitakt-Anlassmotor mit 13,5 PS Leistung eingebaut. Das lastschaltbare Viergruppengetriebe (drei vorwärts und eine rückwärts) wies jeweils vier Gänge auf. Die Maximalgeschwindigkeit lag bei 30 km/h. Der Charkow-Knicklenker wurde der Zugkraftklasse 3,0 Mp zugeteilt. Zwischen 1978 und 1982 kamen etwa 1000 Traktoren aus Charkow in die DDR. Diese Exporte waren allerdings nur ein vergleichsweise kleiner Teil der insgesamt über drei Millionen betragenden Gesamtproduktion dieses Traktorenherstellers.

■ Technische Daten ■

Charkow T-150 K

Hersteller	Traktorenwerk Charkow
Bauzeit	ab 1972
Bauweise	Rahmenbauweise mit Knicklenkung
Bauart des Motors	6-Zylinder-/ 4-Takt-Diesel in V-Form Direkteinspritzverfahren
Kühlung	Umlaufkühlung mit Wasserpumpe
Leistung	165 PS / 119,9 kW bei 2100 U/min
Hubraum	9159 cm³
Getriebe	12 Vorwärtsgänge, 4 Rückwärtsgänge
Höchstgeschwindigkeit	30 km/h
Antrieb	Allrad
Abmessungen (L/B/H)	5795/2400/2825 mm
Radstand	2860 mm
Gewicht	7910 kg
Bereifung vorne/hinten	20-24/20-24

Bei dem im Jahr 1979 gebauten Kirowez K-700 A ist der bis zu 35° betragende Knickwinkel der beiden Rahmenteile gut zu erkennen. Diese Bauweise bewirkte – trotz seiner Größe – eine überdurchschnittliche Wendigkeit des Großschleppers.

Kirowez K-700 / K-701

Von 1969 an konnte man den in Leningrad gebauten Allradtraktor Kirowez K-700 auf den Feldern der DDR sehen. Diese auf die riesigen Anbauflächen der Kolchosen in der Sowjetunion zugeschnittenen Knicklenkerfahrzeuge waren für deutsche Verhältnisse Giganten, was sowohl Baugröße als auch Motorleistung betraf. Der Bau dieser Kolosse hatte bereits 1964 begonnen. Es waren Radtraktoren in einer bisher ungewohnten Dimension für die Bodenbearbeitung speziell auf schweren Böden, die Saatbettvorbereitung mit entsprechenden Gerätekombinationen und für den Transport schwerer Anhängelasten. Diese Großtraktoren sollten für eine erhebliche Steigerung der Arbeitsgeschwindigkeit und Produktivität auf den ostdeutschen Feldern sorgen, mehr noch, als dies bereits die eigenen, leistungsfähigen ZT-Traktoren vermochten. Diese Allradtraktoren besaßen vier gleich große Räder, waren als Knickrahmen-Traktoren mit einem Zentralgelenk in der Mitte ausgeführt und kamen aus dem Kirow-Werk in Leningrad. Damals waren es die leistungsstärksten Traktoren der Sowjetunion. Im vorderen Teil befanden sich Motor, Getriebe, Hydraulik und das Fahrerhaus, während der hintere Teil den Anhänge- und Anbauvorrichtungen vorbehalten blieb. Der Achtzylinder-Direkteinspritz-Diesel erreichte mit Abgasturbolader eine Leistung von 215 PS und erhielt daher die in der DDR-Landwirtschaft noch nie zugeteilte Zugkraftklasse 5,0 Mp. Es war ein in Rahmenbauweise hergestellter Traktor (zwei Rahmenteile mit einem Gelenk verbunden), der durch Anpassung und Verwindbarkeit unebenen Boden ausglich. Jeder Rahmenteil hatte eine angetriebene Achse, wobei der Antrieb der Hinterachse zu- und abgeschaltet werden konnte. Das mechanische Viergruppenschaltgetriebe mit jeweils vier Vorwärtsgängen und zwei Gruppen mit je vier Rückwärtsgängen wurde durch eine hydraulisch betätigte Lamellenkupplung geschaltet. Eine Unter-Last-Schaltung hatte der K-700 hingegen noch nicht. Die Fahrgeschwindigkeiten reichten vorwärts von 2,9 bis 31,8 km/h und

	Kirowez K-700	Kirowez K-700-A	Kirowez K-701
Hersteller		Kirow-Werk, Leningrad	
Bauzeit	1964–1974	1975–1980	1977–1992
Bauweise		Rahmenbauweise mit Knicklenkung	
Bauart des Motors	8-Zylinder-/ 4-Takt-Reihen-Diesel, Direkteinspritzverfahren mit Abgasturbolader	dto.	12-Zylinder-/ 4-Takt-Diesel in V-Form, Direkteinspritzverfahren
Kühlung		Umlaufkühlung mit Wasserpumpe	
Leistung	215 PS / 158,1 kW bei 1700 U / min	dto.	275 PS / 202,2 kW bei 1800 bei 1900 U / min
Hubraum	14 860 cm³	dto.	22 288 cm³
Getriebe		16 Vorwärtsgänge, 8 Rückwärtsgänge	
Höchstgeschwindigkeit	31,8 km / h	31,8 km / h	33,7 km / h
Antrieb		Allrad	
Abmessungen (L / B / H)	7010 / 2530 / 3110 mm	7400 / 2880 / 3550 mm	7430 / 2880 / 3530 mm
Radstand	3050 mm	3200 mm	3200 mm
Gewicht	11 550 kg	12 350 kg	13 400 kg
Bereifung vorne / hinten	16-20 / 18-26	720-665 R / 720-665 R oder 28.1-26 / 28.1-26	720-665 R / 720-665 R oder 28.1-26 / 28.1-26

rückwärts von 5,1 bis 28,7 km/h. Trotz der üppig dimensionierten Bereifung war deren Zugfähigkeit auf feuchten Böden allerdings nicht ausreichend. Eine kupplungsunabhängige Zapfwelle sowie die Dreipunkt-Hydraulikanlage waren selbstverständlich vorhanden.

Ab 1976 wurde das weiterentwickelte Modell K-700 A für die DDR-Landwirtschaft beschafft. Der schwere Knicklenker besaß zwar noch den Motor seines Vorgängers, aber das besser abgestufte und erweiterte Gruppengetriebe ließ sich jetzt unter Last schalten. Eine vergrößerte Bereifung zur Zugkraftsteigerung sowie ein größerer Kraftstofftank waren weitere Verbesserungen. Dieses Modell war die in der DDR mit mehr als 3000 Einheiten meistvertretene Bauvariante. Ab 1977 kam auch der mit 275 PS starkem Zwölfzylinder-Diesel noch um einiges stärkere K-701 in kleinen Stückzahlen in die DDR.

Die großen Knicklenker fielen durch ihre Robustheit in Verbindung mit dem nur minimalen Wartungsanspruch, aber auch ihrer gut ausgestatteten, schwingungsgedämpften Fahrerkabine angenehm auf. Die hydraulisch betätigte Lenkung sorgte zwar für eine ausgezeichnete Manövrierfähigkeit, hatte aber keinen stabilen Geradeauslauf. Am wirtschaftlichsten war ihre Verwendung im Komplexeinsatz bei Flächen von mindestens 40 Hektar und darüber. Kleine Traktoren übernahmen dabei das Auspflügen von Restflächen.

1977 wurde das Kirowez-Modell K-701 eingeführt, das einen großvolumigen 275-PS-Zwölfzylinder-V-Diesel besaß.

Dieser UTB U-650 verfügt über Hinterradantrieb sowie eine rechts am Hilfsrahmen befestigte Druckluftbremsanlage.

UTB Universal U-650 / 651

D er in Brasov/Rumänien ansässige Traktorhersteller UTB (Uzina Tractorul Brasov) war ein früherer Rüstungsbetrieb. 1946 begann der Bau von dringend benötigten Traktoren, sowohl für die einheimische Landwirtschaft als auch für Devisen bringende Exportgeschäfte und damit der Aufstieg zum größten Schlepperbauer des Landes. In der Folgezeit entstanden einfache, gleichzeitig aber auch robuste und solide Traktoren, die ihren Konstrukteuren aufgrund des günstigen Verkaufspreises manche Vorteile auf fremden Märkten eröffneten. Zu den ersten, 1968 in die DDR exportierten Traktormodellen zählten die Modelle Universal U-650 sowie die Allradvariante Universal U-651. Die Fahrzeuge verfügten über direkteinspritzende Vierzylinder-Dieselmotoren mit Wasserkühlung, die eine Leistung von 65 PS zur Verfügung stellen konnten. Diese in Halbrahmenbauweise ausgeführten Traktoren waren mit einem mechanischen Zweistufengetriebe mit fünf Vorwärtsgängen und einem Rückwärtsgang ausgerüstet. Mithilfe eines Drehmomentverstärkers mit Kupplung und Freilauf konnte das Triebwerk unter Last geschal-

■ Technische Daten

	Universal U-650	Universal U-651
Hersteller	UTB, Brasov	
Bauzeit	1966–1975	
Bauweise	Halbrahmenbauweise	
Bauart des Motors	4-Zylinder-/4-Takt-Reihen-Diesel	
	Direkteinspritzverfahren	
Kühlung	Umlaufkühlung mit Wasserpumpe	
Leistung	65 PS / 47,8 kW bei 1800 U / min	
Hubraum	4761 cm³	
Getriebe	10 Vorwärtsgänge, 2 Rückwärtsgänge	
Höchstgeschwindigkeit	28,7 km / h	
Antrieb	auf die Hinterräder	mit zuschaltbarer Fronttriebachse
Abmessungen (L / B / H)	4230 / 2050 / 2480 mm	
Radstand	2500 mm	
Gewicht	3100 kg	3320 kg
Bereifung vorne / hinten	6.50-20 / 14-38	7.50-20 / 14-38

tet werden. Am Fahrzeugheck befand sich die Zapfwelle, die sowohl motorgebunden als auch als Motor- bzw. Wegzapfwelle geschaltet werden konnte. Die ersten Fahrzeuge waren offen ausgeführt, sodass der Fahrer den Witterungsverhältnissen schutzlos ausgeliefert war. Später konnte immerhin ein hinten offenes Wetterverdeck angebaut werden. Der Traktortyp gelangte in größeren Stückzahlen in die DDR und war ziemlich beliebt, da in dieser Leistungsklasse ein echter Bedarf bestand. Er war, wie im Übrigen alle Traktoren aus den Ostblockländern, wenig wartungsintensiv und konnte auch mit improvisierten Mitteln abseits der Servicestationen wieder instand gesetzt werden. Das Fahrzeug wurde als Universalschlepper für alle Arbeiten eingesetzt, die seiner Leistungsklasse zugemutet werden konnten.

Der Universal U-651 hingegen besaß einen zusätzlichen abschaltbaren Antrieb der Vorderräder. Dieser erfolgte vom Schaltgetriebe aus über ein Reduziergetriebe mit Lamellenkupplung sowie eine Gelenkwelle. Die Geschwindigkeiten des Allradschleppers im Bereich von 2,8 bis 28,7 km/h waren mit denen des Hinterradfahrzeugs identisch.

Dieser restaurierte UTB U-650 aus dem Kreis Delitzsch mit Frontballastierung war 2009 in Markkleeberg zu sehen.

Ein UTB Universal U-651-Allradschlepper aus dem Jahr 1966

Eine einzigartige, auf jeden Fall sehr beeindruckende Erscheinung war er schon, der Dutra D4K-B mit seiner langen Motorhaube. Der lange vordere Überhang war Ursache für die Neigung des Fahrzeugs, bei schnelleren Straßenfahrten in Schaukelbewegungen zu geraten.

Dutra D4K-B

A us dem Budapester Traktorenwerk „Roter Stern" stammten die Dutra-Allradschlepper. Der ungarische Betrieb war ein Nachfolgeunternehmen der berühmten Firma Hofherr-Schrantz-Clayton-Shuttleworth (HSCS), die noch bis zum Ende der 1950er-Jahre Glühkopfbulldogs hergestellt hatte. Als Nachfolger dieser mittlerweile überalterten Technik entstand ein Blockbau-Allradschlepper mit vier gleich großen Rädern. Bei diesem Radschlepper wurde eine maximale Zugkraft angestrebt, die der eines unwirtschaftlicheren Kettenschleppers ebenbürtig sein sollte. Ausgehend von einem 1960 erstellten Prototyp, der bereits die lange, weit über die Vorderachse hinausragende Motorhaube besaß, entwickelte man unter Beibehaltung des Allradkonzepts immer größere und leistungsstärkere Fahrzeuge. Aus dem Modell D4K, das von einem Vierzylinder-Vorkammer-Diesel mit 65 PS angetrieben wurde, entstand 1964 der verbesserte Typ D4K-B mit gleichzeitigem Übergang zur praktischeren Halbrahmenbauweise. Diese Bauweise erleichterte nicht nur den Motorenausbau, sondern eröffnete auch die Möglichkeit, den Traktor für den Export mit unterschiedlichen Motoren – auch höherer Leistung – bestücken zu können. Das neue Modell verfügte über eine größere Bereifung und den vom Csepel-Motorenwerk in Budapest gelieferten Sechszylinder-Diesel mit 7983 cm³ Hubraum und 90 PS bei 1850 U/min. Dieses Aggregat war ein Lizenzmotor der österreichischen Steyr-Werke. Dem vor der

Vorderachse positionierten Motor schloss sich ein Zweigruppen-Schalt-getriebe mit jeweils drei Vorwärts-, einem Rückwärts- und einem Kriech-gang an. Der am Kupplungstunnel angeschraubte Halbrahmen trug die vordere Motoraufhängung und den Kühler. Gleichzeitig er-hielt der D4K-B eine hydraulische Lenkhilfe, was aufgrund des großen, vor der Vorderachse liegenden Motorengewichts die Arbeit des Traktoristen deutlich erleichterte. Der Dutra besaß eine Dreipunkthydraulik mit 2000 kg Hubkraft sowie eine Motorzapfwelle mit Doppelkupplung.

Dieses ab dem Jahr 1965 auch in die DDR exportierte Mo-dell war der erste Traktor, mit dem eine Motorleistung von nahezu 100 PS erreicht wurde. Für die Bewirtschaftung gro-ßer Anbauflächen mit schweren Böden bildete er erstmals eine wirtschaftlichere Alternative zu den Kettenschleppern, vor allem auch durch seine viel größere Arbeitsgeschwindig-keit. Von Nachteil war sein hoher Kraftstoffverbrauch, sein sehr lauter Motor und die wenig komfortable, ohne Sicher-heitsfangrahmen ausgebildete Kabine. Trotz allem war die DDR der größte Exportkunde des Dutra-Traktors. Von rund 15 000 hergestellten Traktoren gingen 4000 in die DDR. Allerdings stellte sich heraus, dass manche der vorhandenen Arbeitsgeräte zu klein waren, um das Leistungspotenzial des Dutra komplett ausnutzen zu können. Ein Zeichen dafür, wie weit der Dutra seiner Zeit voraus war. Diese markanten Schlepper waren nur eine recht kurzzeitige Erscheinung in der DDR-Landwirtschaft und wurden schon bald durch bes-ser geeignete ZT-Modelle ersetzt. Gegen Ende der 1970er-Jahre war ein großer Teil der Dutra wieder von den Feldern verschwunden. Da die meisten von ihnen gegen einen ZT ein-getauscht werden mussten, ist die Zahl der bis heute erhalten gebliebenen Fahrzeuge sehr gering.

Saatbettbereitung durch einen Pflugkomplex, bestehend aus ZT 303 und Dutra D4K-B

■ Technische Daten

Dutra D4K-B

Hersteller	Traktorenwerk Roter Stern, Budapest
Bauzeit	1964–1975
Bauweise	Halbrahmenbauweise
Bauart des Motors	6-Zylinder-/ 4-Takt-Reihen-Diesel Vorkammerverfahren
Kühlung	Umlaufkühlung mit Wasserpumpe
Leistung	90 PS / 66,9 kW bei 1850 U/min
Hubraum	7983 cm³
Getriebe	10 Vorwärtsgänge, 2 Rückwärtsgänge
Höchst-geschwindigkeit	25,32 km/h
Antrieb	Allrad
Abmessungen (L/B/H)	4950 / 2004 / 2560 mm
Radstand	1950 mm
Gewicht	5023 kg
Bereifung vorne/hinten	15-30 / 15-30

LÖSCHFAHRZEUG

LF 8

Пожарная машина LF 8

Fire extinguishing vehicle LF 8

Chariot d'incendie LF 8

Carro extintor de incendios LF 8

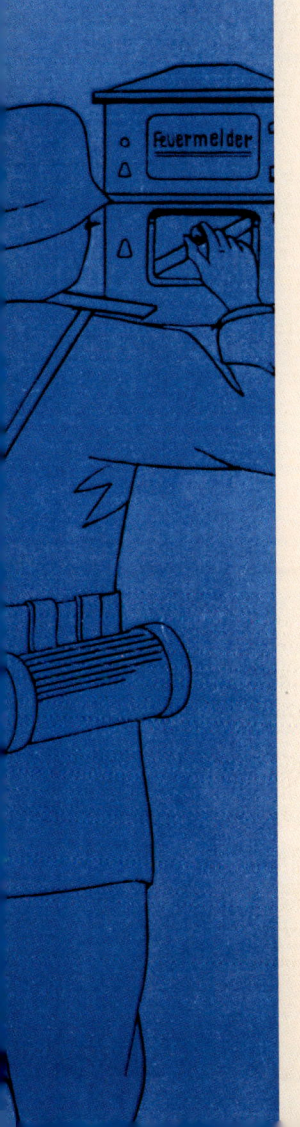

Feuerwehr-fahrzeuge

Fahrgestelle und Aufbauten

Was der Krieg übrig ließ

Anfang Mai 1945 war der Zweite Weltkrieg zu Ende gegangen. Wie überall in Deutschland begann nach dem totalen Zusammenbruch auch für die Feuerwehren des von sowjetischen Truppen besetzten Mitteldeutschlands eine sehr schwere Zeit. Zwar schwiegen jetzt die Waffen, sodass das Leben nun nicht mehr unmittelbar bedroht war, dafür aber begannen Entnazifizierung und Entmilitarisierung. Das bedeutete, dass auch die Begriffe „Feuerschutz- bzw. Luftschutzpolizei" der Vergangenheit angehörten. Die notwendigen Anweisungen für den Dienstbetrieb erfolgten durch die Sowjetische Militäradministration in Deutschland (SMAD). Zu dem üblichen Verfahren der Militärverwaltung gehörte es – wie bei jedem politischen Machtwechsel –, die bisherigen Führungskräfte in den Verwaltungen und Organisationen zu entfernen. Während in den westlichen Besatzungszonen die Feuerwehren recht schnell wieder unter die Obhut der Gemeinden gestellt wurden, blieben sie in der Sowjetischen Besatzungszone (SBZ) weiterhin unter polizeilicher Hoheit.

In ganz Deutschland hatten die Feuerwehren immense Fahrzeugausfälle zu verzeichnen. Der auf etwa 20 000 Feuerwehrfahrzeuge geschätzten Gesamtbestand im früheren Deutschen Reich war um rund drei Fünftel geschrumpft. Dazu zählten – neben den großen Verlusten durch Kriegseinwirkung (Bomben- und Tieffliegerangriffe, aber auch Beschussschäden, als das Reichsgebiet selbst Kriegsschauplatz wurde) – auch technische Ausfälle infolge Überbeanspruchung durch Dauereinsätze und verminderter Wartung. Viele Fahrzeuge blieben auf den Rückzugsstraßen infolge Kraftstoffmangels oder technischer Defekte stehen, wurden verschleppt, requiriert, geplündert, demoliert oder zerstört. Andere wurden von Wehrmännern versteckt, auf Bauerngehöften oder in Scheunen untergestellt, um sie dem Zugriff der einrückenden alliierten Truppen zu entziehen. Von dem wenigen, was übrig blieb, wurde vieles von den neuen Machthabern beschlagnahmt. Oft verschwanden diese Wagen auf Nimmerwiedersehen. Die Requirierungen, aber auch zahllose sinnlose Zerstörungen wurden noch lange Zeit nach Kriegsende fortgeführt. Der Mangel an Löschtechnik und Fahrzeugen war so groß, dass sogar Handdruckspritzen und ähnlich total veraltetes Gerät nicht selten wieder eingesetzt werden mussten.

Unter nicht zu beschreibenden Schwierigkeiten vollzogen sich Sicherstellung und Instandsetzung der verbliebenen Fahrzeuge und Geräte. Die Arbeiten gestalteten sich durch die allerorts fehlenden Materialen und Fachkräfte – viele Wehrmänner befanden sich noch in Kriegsgefangenschaft – äußerst schwierig und konnten anfangs meist nur behelfsmäßig erfolgen. Man schlachtete irreparable Fahrzeuge aus oder entnahm aus den überall herumstehenden Wagen Ersatzteile und Ausrüstungsgegenstände. Schwarzmarkt und Tauschaktionen hatten ihre große Zeit. Es bedurfte schon eines besonderen Geschicks, aus mehreren defekten Fahrzeugen ein einigermaßen funktionstüchtiges zusammenzubauen. So bald als möglich ging man daran, ausgelagerte und verschleppte Fahrzeuge durch Suchkommandos aufzuspüren und in die jeweiligen Einsatzstandorte zurückzuführen. Viele Fahrzeuge hatten mittlerweile neue Besitzer gefunden. In manchen Fällen glückte die Rückführung, ein großer Teil aber blieb unauf-

Bis 1958 stand diese auf einem Mercedes-Benz LS 1-Fahrgestell mit 50 PS Motorleistung erbaute Kraftfahrspritze KS 10 mit 1000 l/min-Heckpumpe im Einsatz. Den Aufbau besorgte die Firma Hermann Koebe in Luckenwalde. Der 1928 gebaute Wagen war bereits mit quer zur Fahrtrichtung angeordneten Sitzen ausgestattet und besaß ein Segeltuchverdeck, damit die Mannschaft gegen ungünstige Witterungsverhältnisse geschützt war. Bis zu seinem Ausscheiden war das Fahrzeug bei der Feuerwehr Königswusterhausen stationiert.

Diese 1925 auf einem Daimler-Fahrgestell aufgebaute offene Automobilspritze ist mit einem 1000-l-Löschwassertank und einer im kastenartigen Heckaufbau installierten dreistufigen 1500 l/min-Löschpumpe von Erhardt & Sehmer, Saarbrücken, bestückt. Seit 1953 wurde das Fahrzeug von der Feuerwehr Schildau eingesetzt und gelangte später noch zur Feuerwehr Großtreben.

findbar. Was rückgeführt werden konnte, war fast immer stark reparaturbedürftig, teilweise nur noch Schrott und daher auf längere Zeit nicht einsatzfähig.

Ersatzweise wurde versucht, andere „herrenlose", vor allem reichseigene Fahrzeuge zu organisieren. Auch alle irgendwie greifbaren und einigermaßen geeigneten Fremdfahrzeuge und Fahrgestelle – ganz gleich welcher Herkunft – wurden verwendet, um sie durch Auf- oder Eigenumbauten für Feuerwehrzwecke herzurichten. Anfangs waren dies überwiegend Lastkraftwagen, Kübelwagen und Kofferfahrzeuge der Deutschen Wehrmacht, denen man versuchte habhaft zu werden, wo immer sich Gelegenheit dazu bot. Später kamen Fahrzeuge der sowjetischen Besatzungsmacht hinzu.

Die Schilderung dieser desolaten Einsatzverhältnisse könnte noch beliebig fortgesetzt werden. Nachfolgend sollen nun anhand von Beispielen einige typische Fahrzeuge und deren Feuerwehrausruster aus dieser Ära vorgestellt werden.

Die Feuerwehr Königstein beschaffte 1938 diese auf einem Daimler-Benz-Chassis erstellte, offene Kraftfahrspritze bei Flader in Jöhstadt. Das Fahrzeug besaß eine im Heck eingeschobene Tragkraftspritze. Es wechselte 1963 den Besitzer und wurde bis 1974 von der Feuerwehr Papstdorf eingesetzt. Anschließend übernahm die Feuerwehr Graupa das LF 8-TS, restaurierte es und erhält es seither als Traditionsfahrzeug.

Daimler-Benz

Die Stuttgarter Daimler-Benz AG verfügte über eine lange Tradition auf dem Sektor der Nutzfahrzeugfertigung. Diese ging schon bis in die Zeit um die Wende vom 19. zum 20. Jahrhundert zurück. Aus den umfangreichen Typenprogrammen der beiden zunächst getrennt arbeitenden Firmen Benz in Gaggenau und Daimler in Berlin-Marienfelde eigneten sich zahlreiche Fahrgestelle für die Verwendung im Feuerwehrfahrzeugbau. Schon vor dem Ersten Weltkrieg kam es aufgrund der räumlichen Nähe zu einer engen Zusammenarbeit zwischen Benz in Gaggenau

Hier die hervorragend restaurierte KzS 8, die zum Bestand der 1982 gegründeten 1. Arbeitsgemeinschaft Feuerwehrhistorik Grethen in der DDR gehört. Der Typ der Kraftzugspritze war im Dritten Reich eines der ersten, vom Reichsluftfahrtministerium (RLM) für den Luftschutz in Auftrag gegebenen, vereinheitlichten Feuerwehrfahrzeuge.

Die KzS 8 bestand aus dem Löschkraftwagen (LsKw) mit neun Einsatzkräften. Die 800 l/min-Feuerlöschpumpe musste wegen der zu geringen Tragfähigkeit des Fahrgestells als Tragkraftspritze in einem Einachsanhänger transportiert werden. Das L 1500-Fahrgestell besaß einen 45 PS Sechszylinder-Vergasermotor, der das Gespann auf rund 70 km/h beschleunigte.

und dem Feuerwehrausrüster und Aufbauhersteller Carl Metz in Karlsruhe. Bereits 1923 hatten beide Unternehmen einen Kooperationsvertrag geschlossen, wonach die Aufbauten für Löschfahrzeuge und Drehleitern nur noch von Metz bezogen werden sollten. Vor dem Hintergrund der schwierigen wirtschaftlichen Verhältnisse nach Kriegsende erfolgte im Jahr 1926 eine Verschmelzung der früheren Konkurrenten Benz und Daimler zur Daimler-Benz AG. Ab 1927 offerierte das Unternehmen unter dem gemeinsamen Namen „Mercedes-Benz" auch ein komplettes Nutzfahrzeugtypen-Programm. Die gute Zusammenarbeit mit Metz wurde auch nach dem Zusammenschluss weiter intensiviert und gipfelte in einem 1933 in Kraft getretenen Fabrikations- und Vertriebsvertrag. Bis weit in die 1960er-Jahre sollte Metz der wichtigste Partner von Daimler-Benz im Feuerwehrgeschäft bleiben.

Die damaligen Fahrzeuge waren noch fast ausschließlich mit Vergasermotoren ausgerüstet. Auf Dauer war der Siegeszug des wirtschaftlicheren Dieselmotors aber nicht aufzuhalten. 1928 bot Daimler-

Benz erstmals ein Lkw-Modell mit Vorkammer-Dieselmotor an. Schließlich verordnete der Gesetzgeber den Feuerwehren im Jahr 1935 den Dieselantrieb für Fahrzeuge ab drei Tonnen Nutzlast. Ungefähr zeitgleich vollzog sich der Übergang von offenen zu geschlossenen Feuerwehraufbauten. Mitte der 1930er-Jahre wurden Daimler-Benz-Fahrgestelle der Typen LS (oder LoS) 2000, 2500, 3000 und 3750 für Löschfahrzeuge (Kraftfahrspritzen), LD (oder LoD) 1500, 2000, 2500, 3000, 3750 und 6500 für Leiterfahrzeuge (Kraftfahrdrehleitern) verwendet.

Der von der Reichsregierung erlassene, unter dem Namen Schell-Plan bekannt gewordene Typenbegrenzungsplan wies Daimler-Benz verschiedene Nutzlastklassen zu, von denen die Fahrgestelle L 1500 F mit 1,5, L 3000 F mit 3 und L 4500 F mit 4,5 t Nutzlast für Feuerwehraufbauten von größter Bedeutung waren. Von 1940 bis 1944 verließen das Werk Untertürkheim 3626 Fahrgestelle Typ L 1500 F,

Kraftzugspritzen KzS 8 auf Mercedes-Benz L 1500 gehörten zu den Fahrzeugen, die auch in der DDR noch oft vertreten waren. Dieser 1939 von Metz aufgebaute Löschkraftwagen wurde nach 1945 von einer Feuerwehr mit einem geschlossenen Aufbau ausgestattet. Diese Wehr war wohl mit ihrem Eigenbauprovisorium recht zufrieden, denn sonst hätte es nicht bis 1982 im Einsatz gestanden.

Der Vorgänger des Mercedes-Benz L 4500 F war das Modell LS 3750, ausgerüstet mit einem 100 PS Sechszylinder-Dieselmotor. Ab 1936 erfolgte, überwiegend von Metz, der Aufbau von Kraftfahrspritzen (KS) 25 auf diesem Fahrgestell. Die Feuerwehr in Bad Düben übernahm nach Kriegsende dieses Fahrzeug und nutzte es noch viele Jahre.

die Werke Gaggenau und Mannheim 1775 Fahrgestelle L 3000 F und 2066 Fahrgestelle Typ L 4500 F. Daneben baute Daimler-Benz gezwungenermaßen 2217 Einheiten des 3-t-Opel-Blitz-Fahrgestells in Lizenz. Diese wurden den Feuerwehrausrüstern zwecks Erstellung der entsprechenden Aufbauten vereinheitlichter Löschfahrzeuge und Drehleitern zur Verfügung gestellt. Nur während der Kriegszeit baute das Daimler-Benz-Werk in Sindelfingen auch komplette LF 8- und LF 15-Fahrzeuge, um den hohen Bedarf zu decken. Diese Zahl belief sich auf 3695 Einheiten. Die restlichen Aufbauten fertigten in erster Linie die Firmen Fischer (Görlitz), Flader (Jöhstadt), Hoenig, (Köln), KHD/Magirus (Ulm),

Koebe (Luckenwalde), Metz (Karlsruhe), Meyer-Hagen (Hagen), Nowack (Bautzen) und Rosenbauer (Linz).

Da auf absehbare Zeit die Zuteilung neuer Feuerwehrfahrzeuge nicht zu erwarten war, mussten die DDR-Feuerwehren mit der ihr zur Verfügung stehenden, teilweise recht alten Technik vorlieb nehmen. Andererseits waren manche Fahrzeuge noch ziemlich neu, was sich vor allem auf die in größeren

Dieses 1943 von Daimler-Benz, Sindelfingen, erstellte LF 8 auf Mercedes-Benz L 1500 S war bis 1974 bei den Feuerwehren in Schmiedeberg und Sadisdorf eingesetzt. 1978 wurde es von der Vereinigung Arbeitsgemeinschaft Feuerwehrhistorik in Riesa übernommen und originalgetreu wieder hergerichtet.

Ein von Metz aufgebautes LF 25 auf Mercedes-Benz LoS 3750 der Feuerwehr Rostock, dicht gefolgt von einer DL 26 auf dem gleichen Fahrgestell. Die nur mit Segeltuchverdecken geschützten hinteren Geräteräume weisen dieses Fahrzeug als eine frühere, vom Reichsluftfahrtministerium (RLM) beschaffte, mit einer 2500 l/min-Heckpumpe ausgestattete Kraftfahrspritze (KS) 25 aus.

Stückzahlen vorhandenen Löschgruppenfahrzeuge LF 8 und LF 15 bezog. Daher kann es nicht verwundern, dass zahlreiche Fahrzeuge gerade dieser späten Jahrgänge bis weit in die 1970er-Jahre und länger im regulären Einsatz verwendet wurden.

Magirus-Deutz

Im Jahr 1864 gründete der Ulmer Feuerwehrkommandant Conrad Dietrich Magirus eine Feuerlösch-gerätefabrik, die sich schon bald auf den Bau von Leitern und Feuerspritzen spezialisierte. 1893 stellte Magirus eine von einem Daimler-Verbrennungsmotor angetriebene, pferdegezogene Motorspritze vor. Zehn Jahre später, 1903, wurde die erste Dampf-Feuerspritze konstruiert, deren Fahr- und Pumpenantrieb durch petroleumgefeuerte Dampfmaschinen erfolgte. Mit der Lieferung eines dampfautomobilen Löschzugs an die Berufsfeuerwehr Köln im Jahr 1904 und der 1916 erfolgten Konstruktion einer Drehleiter mit Benzinmotor für die Feuerwehr Chemnitz, bei der alle Leiterbewegungen durch den Fahrzeugmotor betrieben wurden, setzte das Unternehmen weitere bedeutende Meilensteine. Im gleichen Jahr wurde auch der Bau von Lkws aufgenommen, sodass nun die Möglichkeit bestand, Feuerwehrfahrzeuge auf firmeneigenen Fahrgestellen zu errichten.

Restaurierte ehemalige Magirus-Kraftfahrspritze (KS) 15 von 1939. Das seit 1943 üblicherweise als LF 15 geführte Fahrzeug stand bis 1960 bei der Feuerwehr Hecklingen in der Nähe von Staßfurt im Einsatz.

Nach dem Ende des Ersten Weltkrieges begann bei der Magirus AG eine rasante Weiterentwicklung in allen Bereichen, die erst durch die Weltwirtschaftskrise Ende der 1920er-Jahre zwar nachhaltig, aber nur vorübergehend gebremst wurde. Die durch den Krieg unterbrochenen Motorisierungsbestrebungen der Feuerwehren wurden beschleunigt fortgeführt, sodass allgemein ein großer Nachholbedarf an Fahrzeugen im In- und Ausland bestand und die Auftragslage für Magirus eine positive Bilanz aufwies.

Seit dem Jahr 1922 bot Magirus ein umfangreiches, auch für Feuerwehrzwecke einsetzbares Lastwagenprogramm von einer bis vier Tonnen Nutzlast an, das Mitte der 1920er-Jahre nach oben hin erweitert wurde. Die schwereren Modelle der ML-Baureihe wurden mit 70- und 100-PS-Sechszylinder-Maybach-Motoren ausgerüstet, da eigene Aggregate in dieser Baugröße noch nicht zur Verfügung standen. 1930 wurde dieses durch eine komplett neue Typenreihe abgelöst, die nun auf sieben Typen mit unterschiedlichen Motorleistungen und Nutzlasten anwuchs. Der Übergang zum Dieselantrieb wurde ab 1934 in einer neuen, eigengefertigten Motorenreihe vollzogen. Seit 1938 firmierte das Unternehmen nach Fusion mit den Kölner Deutz-Motorenwerken als Klöckner-Humboldt-Deutz AG.

Ende der 1920er-Jahre bestand das Angebot aus Automobilspritzen mit Pumpleistungen zwischen 1000 und 2000 l/min sowie Drehleitermodellen, deren Auszugslängen bis 26 m reichten. Sonderanfertigungen mit größeren Steighöhen waren ebenfalls möglich. Daneben befanden sich auch Sonderfahrzeuge wie Autotankspritzen mit Wassertanks von bis zu 2200 l, Mannschafts- und Gerätewagen sowie

Ehemaliges Schweres Löschgruppenfahrzeug (SLG) auf KHD S 3000 mit dem seltenen Aufbau von Flader in Jöhstadt, das 1941 an die Werkfeuerwehr des Kraftwerks Kulkwitz bei Markranstädt geliefert wurde. Nach dem Krieg blieb das LF bei der örtlichen Feuerwehr in Kulkwitz im Einsatz, bis es 1983 nach einem Motorschaden abgestellt werden musste. 1984 wurde das defekte Fahrzeug komplett wieder hergerichtet.

Pionierwagen im Angebot. Die in den 1930er-Jahren gebräuchlichen Fahrgestelle für Kraftspritzen waren M 27 und M 30, die über 1500-l/min-Feuerlöschpumpen verfügten und mit 70-PS-Motoren bestückt waren. Das Reichsluftfahrtministerium (RLM) beschaffte ab Mitte der 1930er-Jahre Kraftfahrdrehleitern mit 26 m Auszugslänge und Kraftfahrspritzen (KS) 25 auf dem 4,5-t-Modell FL oder FS 145.

Die Feuerwehr Gera erhielt 1937 von Magirus eine Automobilspritze mit Feuerlöschpumpe der Klasse P VI mit 2500 l/min-Förderleistung und zusätzlicher Vorbaupumpe. Das gleichfalls von Magirus stammende Fahrgestell war ein M 45 S, ausgerüstet mit einem Sechszylinder-Diesel mit 110 PS. Auch dieses LF 25 überlebte Kriegs- und Nachkriegswirren und befand sich bei seinem Erstbesitzer bis 1957 im Dienst. Bis auf die Vorbaupumpe, die man zum Zwecke der besseren Lenkbarkeit abgebaut hatte, entsprach das Fahrzeug noch dem Ablieferungszustand.

Im Jahr 1938 wurde die erste Magirus-Kraftfahrdrehleiter (KL) 26 Westsachsens auf eigener Achse vom Magirus-Werk Ulm nach Glauchau überführt. Bis zum Herbst 1982, also 44 Jahre, stand die DL 26 voll funktionstüchtig bei dieser Wehr im Alarmdienst. Erst die Tatsache, dass der Wehr eine generalüberholte DL 25 auf S 4000-1 zugewiesen wurde, erlaubte die Außerdienststellung des Oldtimers.

Ebenso erfolgte der Bau zahlreicher Sonderfahrzeuge. 1940 wurde der Typ M 30 vom neuen KHD 3-Tonner S 330 abgelöst, der später unter der Bezeichnung S 3000 geführt wurde. Dieses Fahrgestell wurde zum Aufbau Schwerer Löschgruppenfahrzeuge (SLG), der späteren LF 15, in großen Stückzahlen verwendet. Daneben beteiligte man sich an der Fertigung von Großen Löschgruppenfahrzeugen (GLG), Drehleitern und Schlauchkraftwagen.

Ebenso wie die Feuerwehrfahrzeuge auf Daimler-Benz-Fahrgestellen waren Magirus-Fahrzeuge nach 1945 in der SBZ und späteren DDR verhältnismäßig

Auf eine besonders lange und wechselvolle Einsatzzeit kann diese Drehleiter zurückblicken. Im Jahr 1933 ging diese Kraftfahrdrehleiter (KL) 26 auf Magirus M 45 L, zusammen mit einer Automobilspritze, an die Feuerwehr Plauen. Sie gehörte zu den wenigen Leiterfahrzeugen, die nach Kriegsende im Osten noch einsatzfähig zur Verfügung standen. Bis 1965 blieb sie bei der Feuerwehr Plauen, gelangte dann zur Feuerwehr Delitzsch und wurde 1979 an die ortsansässige Betriebsfeuerwehr des VEB IRIMA abgegeben.

häufig vorhanden. Da dieses Unternehmen Fahr-
gestellhersteller und Feuerwehrausrüster zugleich
war, kamen die Fahrzeuglieferungen für deutsche
Besteller fast ausschließlich aus einer Hand.

Opel

Im Jahr 1910 fertigten die Rüsselsheimer Opel-
Werke ihren ersten Lastkraftwagen. Es war ein kleiner 1,5-Tonner mit 20 PS Motorleistung. Bis Ende
des Ersten Weltkrieges hatte man das Programm
schon auf mehrere Typen ausgedehnt, wobei die
Nutzlastklasse bis 3 t auch für Feuerwehraufbauten
infrage kamen. In den frühen 1920er-Jahren hatte
das Werk besonders stark unter den harten Bedingungen des Versailler Diktatfriedens und zeitweiliger
Besetzung durch französische Truppen zu leiden, sodass eine gewinnbringende Lkw-Produktion nicht
zustande kam. Unter dem Eindruck der bald folgenden Weltwirtschaftskrise wurde das bisherige Fami-
lienunternehmen Ende 1928 in eine Aktienge-
sellschaft umgewandelt. Wenig später übernahm
General Motors in Detroit die Aktienmehrheit und
zwei Jahre später auch die restlichen Anteile. Nach
Übergang des Opel-Werkes in amerikanische Hände
wurde das Lkw-Programm grundlegend überarbeitet. Der große Durchbruch begann sich 1930 abzu-
zeichnen, jenem Jahr, in dem zum ersten Mal der
mithilfe eines Preisausschreibens gefundene Name

Diese früher von der Feuerwehr Burgstädt eingesetzte
Kraftfahrspritze KS 10 wurde 1928 auf einem 1,5-t-
Opel 10/45-Fahrgestell von Flader in Jöhstadt erstellt.
Das Fahrzeug war mit einer 1000 l/min-Vorbaupumpe
ausgerüstet, der Mannschaftsraum bereits mittels
Segeltuchverdeck geschützt.

„Blitz" die Motorhaube eines Opel-Lastwagens
zierte. 1935 erhielt der 36 PS starke Eintonner eine
mit verrundeten Kanten aktualisierte Fahrerkabine.
Auf diese leichten Fahrgestelle und dann auch auf
das 1,5-t-Nachfolgemodell entstanden zahlreiche
Kraftzugspritzen (KzS) 8 für das neu geschaffene
Reichsluftfahrtministerium (RLM). Diese Fahrzeuge

Das Fahrgestell eines 3 t-Opel-Blitz S (Typ 3,6/42) zur Basis hat das von Koebe in Luckenwalde aufgebaute LF 15.
Ausgeliefert wurde das Fahrzeug 1939 an die Werkfeuerwehr der Braunkohle-Benzin AG (BRABAG). Das LF 15
war mit einem Sechszylinder-Vergasermotor mit 75 PS Leistung ausgerüstet und mit einer offen am Heck installierten 1500 l/min-Feuerlöschkreiselpumpe bestückt. Nach 1945 war der Wagen im VEB Synthesewerk Schwarz-
heide im Einsatz, später bei der Feuerwehr Schwarzheide-Ost, wo es bis in die 1970er-Jahre im Dienst blieb.

Ein 1939 von der Firma Hermann Koebe in Luckenwalde aufgebautes Löschfahrzeug LF 15 (für KS 15) auf Opel-Blitz 3 t (Typ 3,6/42) mit 1500 l/min-Vorbaupumpe und im Heck eingeschobener Tragkraftspritze. Das Fahrzeug wurde von der Feuerwehr Wernigerode/Harz in Dienst gestellt, wo es bis Ende der 1980er-Jahre verblieb. Heute befindet es sich im örtlichen Feuerwehrmuseum.

beförderten neun Einsatzkräfte, während die Feuerlöschpumpe aus Gewichtsgründen in einem einachsigen Kraftspritzenanhänger mitgeführt werden musste.

Die rasch steigende Nachfrage machte den Bau eines neuen Lastwagenwerks in Brandenburg an der Havel erforderlich. Hier wurde seit Ende 1939 das neue 3 t-Modell Opel-Blitz S montiert, das sich auf Anhieb hervorragend verkaufte. Der seit Mitte 1937 installierte moderne Sechszylinder-Vergasermotor mit 75 PS wertete dieses Lastwagenmodell noch weiter auf. Seine große Bewährung kam während des

Krieges, als sich der Dreitonner als wesentlich standhafter als alle übrigen Wagen dieser Gewichtsklasse an allen Fronten bewährte. Bis zur Zerstörung des Werkes im August 1944 verließen einschließlich der Allradvariante rund 130 000 Fahrzeuge die Montagebänder. Auf den großen Blitz-Lastwagen wurden für den Feuerwehrdienst hauptsächlich Automobilspritzen, Fliegerkraftspritzen und ab 1943 Tankspritzen (TLF 15) montiert. Die Aufbauten der Löschgruppenfahrzeuge LF 8 und LF 15 mussten aus Rohstoffmangel ab 1943 überwiegend aus Hartfaserplatten erfolgen.

Nach Kriegsende waren vor allem die größeren, von der Wehrmacht eingesetzten Dreitonner noch recht zahlreich anzutreffen. Nicht wenige dieser Fahrgestelle wurden von Wehrmännern sichergestellt

Durch umfassende Restaurierung in den Originalzustand zurückversetzt wurde dieser 1936 auf Opel-Blitz 1 t entstandene Löschkraftwagen der KzS 8. Von 1946 bis 1970 wurde das 36 PS starke Fahrzeug von der Feuerwehr Eythra eingesetzt und bis 1990 noch mehrfach umstationiert. Darunter befand sich auch die Feuerwehr Kitzen, die den Oldtimer wieder herrichtete.

Dieser von Flader in Jöhstadt 1937 aufgebaute, mit einer 1500 l/min-Vorbaupumpe ausgerüstete ehemalige Löschkraftwagen (LsKw) auf Opel-Blitz 1-t-Chassis gehörte der Werkfeuerwehr der Dessauer Junkers-Flugzeugwerke. Im April 1945 gelangte der Wagen in den Besitz der örtlichen Feuerwehr. In den frühen 1960er-Jahren erhielt es ein geschlossenes Fahrerhaus sowie Pritschen- und Planenaufbau. In diesem Zustand befand sich der Wagen bis 1983, also 46 Jahre, im Einsatz.

und entweder im Rahmen des „Nationalen Aufbauwerks (NAW)" zu behelfsmäßigen Feuerwehrfahrzeugen umgebaut oder die Fahrgestelle mit neuen Aufbauten durch Feuerwehrausrüster versehen. Aus Gründen der Materialermüdung, der immer schwierigeren Ersatzteilbeschaffung, der Verkehrssicherheit, insgesamt also wegen allgemeiner Überalterung, erging 1958 eine Weisung der Hauptabteilung Feuerwehr im Ministerium des Innern (MdI) an die Feuerwehrgeräteindustrie in der DDR, nach der jegliche Neuaufbauten auf vor 1945 entstandenen Fahrgestellen verboten wurden.

Auf dem Opel-Blitz-1-Tonner entstand 1937 dieser Löschkraftwagen, der bis 1979 von der Feuerwehr Schöneiche bei Berlin als Mannschaftswagen und Zugfahrzeug für den Tragkraftspritzenanhänger eingesetzt wurde. 1950 wurde die Frontpartie bei einem Unfall beschädigt. Ersatzteile waren nicht verfügbar. Da kam die aus dem Westen beschaffte Kühlerhaube einer Opel-Kapitän-Limousine gerade recht. Haube und Kotflügel wurden angepasst, der Stoßfänger gleich mit übernommen und fertig war der Umbau.

Der Aufbau dieser 1940 auf Büssing-NAG 500-Fahrgestell gebauten Kraftfahrspritze (KS) 25 erfolgte durch den Feuerwehrausrüster G. A. Fischer in Görlitz. Die Stationierung bis zum Jahr 1956 ist nicht bekannt. In jenem Jahr erhielt die Feuerwehr Aue das jetzt unter LF 25 geführte Fahrzeug zugeteilt und es verblieb dort bis 1977 im Dienst. Heute befindet sich das Fahrzeug in Privatbesitz.

Büssing-NAG

Feuerwehrfahrzeuge auf Büssing-Fahrgestellen gehörten schon von jeher zu den großen Raritäten. Von Einzelstücken einmal abgesehen, sind aus der Vorkriegszeit lediglich größere Beschaffungen der Berufsfeuerwehren Braunschweig und Leipzig bekannt geworden. Es handelte sich um Kraftfahrdrehleitern und Kraftfahrspritzen KS 25, die auf Büssing-NAG 400- bzw. 500-Fahrgestellen mit 95, später 105 PS Motorleistung geordert wurden. Aufbauten und feuerwehrtechnische Ausrüstung erfolgten überwiegend von Metz. Bei der Leipziger Feuerwehr standen einige dieser mächtigen Fahrzeuge bis weit in die 1960er-Jahre im Einsatz.

MAN

Die Maschinenfabrik Augsburg-Nürnberg (MAN) trat bis 1945 nur in ganz wenigen Fällen als Lieferant für Feuerwehraufbauten auf. Neben Einzelstücken war es vor allem eine Serie von 25 Kraftfahrspritzen (KS) 25 für das Reichsluftfahrministerium auf dem MAN 4,5-t-Fahrgestell des Typs D 1, die ab 1936 bei Fischer in Görlitz gebaut wurden. Unter der kantigen Haube arbeitete ein Sechszylinder-Diesel mit 80 PS. Ein Teil der reichseigenen Kraftfahrspritzen wurde an Wehren in Mittel- und Ostdeutschland geliefert.

Verschiedene Fahrzeuge waren nach Kriegsende noch in der DDR vorhanden, eines davon ist bis heute erhalten geblieben.

Eine von der Feuerwehr Pulsnitz erhaltene KS 25 auf MAN D 1. Die Kraftfahrspritze stammt von einem Fliegerhorst der Luftwaffe und kam 1950 zur Feuerwehr Pulsnitz, wo sie bis 1972 im Einsatz blieb.

Diese 1941 von Magirus auf dem dreiachsigen Henschel 33 FA 1-Allradfahrgestell aufgebaute Tankspritze TS 2,5 wurde zuerst der Flugplatzfeuerwehr des Oberkommandos der Wehrmacht (OKW) in Zossen-Wünsdorf zugeteilt. Nach Kriegsende von den sowjetischen Besatzungsstreitkräften beschlagnahmt, kam das Fahrzeug dann 1958 zum Kreisbetrieb für Landtechnik in Jüterbog.

Henschel

Ebenfalls nicht gerade häufig zu finden waren Feuerwehrfahrzeuge auf Henschel-Fahrgestellen. Bis Mitte der 1930er-Jahre waren diese Fahrgestelle im Feuerwehrdienst echte Ausnahmen. Dies änderte sich erst, als das Reichsluftfahrtministerium (RLM) für die Fliegerhorstfeuerwehren der Luftwaffe von 1936 bis 1942 rund 700 Tankspritzen TS 2,5 bzw. 2,5 a von Metz und Magirus fertigen ließ. Ihr Aufbau erfolgte auf dem geländegängigen, mit einem 120-PS-Sechszylinder-Vergasermotor bestückten 33 FA 1-Henschel-Dreiachs-Chassis. Ebenso befanden sich Fliegerkraftspritzen vom Typ FlKs 15 in der Produktion. Die nach dem Zusammenbruch meist herrenlos auf den verlassenen Fliegerhorsten stehenden Tankspritzen wurden häufig von Feuerwehren „organisiert" und – zumindest in der DDR – noch lange Zeit eingesetzt, obwohl die Motoren einen relativ hohen Spritverbrauch hatten.

Steyr

Die österreichischen Steyr-Werke bauten 1920 ihren ersten 2-Tonner-Lastwagen. Bis Mitte der 1930er-Jahre folgten größere Einheiten mit Vier- und Sechszylinder-Motoren als Zwei- und Dreiachser. 1935 erfolgte dann der Zusammenschluss mit den Austro Daimler-Puchwerken zur Steyr-Daimler-Puch AG. Mit Ausbruch des Zweiten Weltkriegs wurde die Firma zu einem der größten Waffen- und Fahrzeuglieferanten im Deutschen Reich. Die bekanntesten und zusammen in rund 20 000 Einheiten gebauten Fahrzeuge waren die zwischen 1941 und 1945 gebauten schweren Gelände-Pkw der Typen 1500 A und 2000 A. Beide Modelle waren mit luftgekühlten V-Achtzylinder-Vergasermotoren mit 85 PS Leistung bestückt. Es waren sehr robuste Fahrzeuge, die nach Kriegsende als Mannschafts- und Zugfahrzeuge von den Feuerwehren begehrt waren. Viele Eigenumbauten entstanden in der DDR auf diesen Fahrgestellen.

Ein 1944 bei den Wanderer-Werken in Siegmar gebauter 1,5-t-Pritschen-Lkw Steyr 1500 A bildete die Basis für dieses 1962 fertiggestellte LF-TS 8. Damit konnte der bis dahin von der Feuerwehr Lauterbach im Erzgebirge genutzte offene Mannschaftswagen des Typs NAG-Presto endlich ausgemustert werden. Das neue Fahrzeug beförderte eine Löschgruppe sowie eine in den Heckaufbau eingeschobene Tragkraftspritze. In den 1970er-Jahren sollte der Steyr verschrottet werden. Nur dem Widerstand des Bürgermeisters und einiger Feuerwehrkameraden ist es zu verdanken, dass das LF-TS 8 erhalten blieb

Die erste DDR-Feuerwehrfahrzeug-Generation

Nach dem Ende des Zweiten Weltkriegs dauerte es relativ lange, bis sich die Lebensverhältnisse in der Sowjetischen Besatzungszone (SBZ) einigermaßen normalisiert hatten. Die Feuerwehren machten da keine Ausnahme. Für den schnellstmöglichen Neuaufbau des Fahrzeugwesens galt es zunächst Bilanz zu ziehen.

Auf dem Gebiet der SBZ und späteren DDR befanden sich lediglich drei Unternehmen, die bis 1945 mit dem Bau von Löschfahrzeugen, Anhängern, Pumpen und anderen Ausrüstungsgegenständen befasst waren. Es handelte sich um die Feuerwehrausrüster G. A. Fischer in Görlitz, Hermann Koebe in Luckenwalde und E. C. Flader in Jöhstadt. Ein Hersteller von Drehleitern befand sich allerdings nicht darunter. Während die Firma Koebe von Kriegsschäden und Demontage verschont blieb und schon nach kurzer Zeit Reparaturen an Fahrzeugen der sowjetischen Besatzungsmacht ausführte, wurde die ebenfalls unzerstört gebliebene Firma Flader von den Sowjets vollständig demontiert. Dieses Schicksal ereilte auch den Feuerwehrausrüster Fischer in Görlitz, dessen Werksanlagen schon unter Kriegseinwirkungen erheblich gelitten hatten. Sie wurden Anfang 1946 abgebaut und als Reparationsleistungen in die Sowjetunion verfrachtet.

Erst nach einiger Zeit konnte mithilfe „besorgter" Maschinen und Materialien die Instandsetzung älterer Feuerwehrfahrzeuge wieder aufgenommen werden. In Einzelfällen erfolgten aber bereits komplette Aufbauten auf vorhandene Fahrgestelle. Bis 1948 wurden alle drei Firmen enteignet, entschädigungslos verstaatlicht und zu Volkseigenen Betrieben erklärt. Bei den nun unter VEB Feuerlöschgerätewerk Görlitz, Luckenwalde und Jöhstadt firmierenden staatlichen Unternehmen konnte der Serienbau von Löschfahrzeugen erst anlaufen, nachdem die DDR-Kraftfahrzeughersteller ihre Produktion begonnen hatten. Dies war in größerem Umfang erst ab 1950 der Fall. Die vier für diese Zwecke infrage kommenden Unternehmen waren mittlerweile ebenfalls in „Volkseigentum" überführt worden.

Der aus den Horch Automobilwerken in Zwickau hervorgegangene VEB IFA Kraftfahrzeugwerk Horch Zwickau begann bereits 1947 mit dem Bau des ersten Lastwagens. Es war der auf vorhandenen Komponenten basierende 3 t-Frontlenker Horch H 3. Auf diesem hauptsächlich an sowjetische Dienststellen gelieferten Fahrgestell entstanden nur wenige Feuerwehraufbauten.

1949 folgte der auf 3,5 t aufgelastete Typ H 3 A mit 80-PS-Dieselmotor. Dieses Fahrgestell wurde in großen Stückzahlen gefertigt und in den 1950er-Jahren das Standardchassis zum Aufbau mittelschwerer Feuerwehrfahrzeuge. Die Produktion des verbesserten Nachfolgers S 4000-1 wurde 1960 dem VEB Kraftfahrzeugwerk „Ernst Grube" Werdau zugewiesen. Dieser Hersteller stellte bereits seit 1953 den zwar hauptsächlich für militärische Verwendung, aber auch bei Feuerwehren als TLF 15 eingesetzten dreiachsigen Fünftonner G 5-Allradwagen her. Der Bau des S 4000-1 endete erst im Jahr 1967.

Der VEB IFA Werk Phänomen in Zittau, die frühere Phänomen-Werke Gustav Hiller AG, nahm ab 1949 den Bau des bereits während des Krieges gefertigten 1,5 t-Lkw Granit 27 auf. Dieses Modell sowie die nachfolgenden, auf 2 t Nutzlast gesteigerten

Ein früher, Anfang der 1950er-Jahre initiierter Versuch, mit dem LF 8 auf Granit 27 zu Exporterfolgen und damit zu Devisen zu kommen.

Typen Granit und Garant 30 K dienten im folgenden Jahrzehnt als Basis für leichte Feuerwehrfahrzeuge in der LF 8-Baugröße. Die frühere Framo-Werke GmbH in Hainichen/Sachsen, nun als VEB IFA Kraftfahrzeugwerk Framo bezeichnet, fertigte ab dem Jahr 1949 den Kleinlastwagen V 501 bzw. V 901 mit 0,75 t Nutzlast. Erst ab 1957 wurden einige wenige Kleinlöschfahrzeug KLF-TS 8 auf diesem Chassis für Feuerwehrzwecke gebaut.

Entsprachen die ersten Fahrzeuge volkseigener Produktion noch weitgehend den Fahrzeugentwürfen der Kriegszeit, wurden diese von den DDR-Aufbauherstellern schon bald durch eigenständige Konstruktionen ersetzt. Ein entscheidendes Problem war die viel zu geringe Baukapazität der Lkw-Industrie. Trotz vieler Bemühungen ist es weder in den 1950er-Jahren noch zu einem späteren Zeitpunkt gelungen, den großen Inlandsbedarf an Lastkraftwagen zu befriedigen. Das lag daran, dass diese Sparte nie zu den Schwerpunktindustrien des Landes gezählt wurde. Folglich standen ihr Mittel für Investitionen und Entwicklungen nur in eingeschränktem Maße zur Verfügung. Die Verteilung der Nutzfahrzeuge im Inland orientierte sich an „volkswirtschaftlichen Notwendigkeiten". Dabei stand die Feuerwehr weiß Gott nicht an erster Stelle. In Anbetracht des ständigen Gerangels um Fahrgestelle und Fahrzeuge wundert es nicht, dass die Wehrmänner häufig zur Selbsthilfe greifen und regelrechte Oldtimer jahrzehntelang im Dienst bleiben mussten. Es war einfach nichts anderes da!

Zum Abschluss noch einige Worte zum Beschaffungswesen der DDR-Feuerwehrfahrzeuge. Ähnlich wie in der Zeit des Dritten Reiches waren die Feuerwehren der Polizeihoheit unterstellt. Für das Brandschutzwesen einschließlich Entwicklung und Fahrzeugbeschaffung war das Ministerium des Innern (MdI), Hauptabteilung Feuerwehr, zuständig. Die Beschränkung auf einige wenige, in großer Zahl gefertigte Fahrzeugtypen war das kennzeichnende Merkmal. Die Beschaffenheit der Fahrzeuge war in den von der Hauptabteilung Feuerwehr festgelegten Bauvorschriften zementiert und wurde streng befolgt. Abweichungen oder Alternativen gab es im Prinzip keine. Diese ministeriell verfügte Vereinheitlichung war noch ausgeprägter, als es bei den Fahrzeug-Typisierungen des Schell-Planes während des Krieges der Fall war. Ähnlich wie zu Kriegszeiten wurden die Feuerwehrfahrzeuge den DDR-Wehren zugewiesen. Hierbei gab es von Bezirk zu Bezirk zum Teil erhebliche Unterschiede, wobei die Freiwilligen Feuerwehren fast immer das Schlusslicht waren. Individuelle Fahrzeugausrüstungen, wie bei westdeut-

Löschfahrzeug LF 15 von 1953 mit einem Aufbau vom Feuerlöschgerätewerk Luckenwalde

schen Feuerwehren gang und gäbe, waren auch nicht ansatzweise vorhanden. Um diesbezügliche Wünsche zu verwirklichen, war Eigeninitiative oft die einzige Möglichkeit.

Der so geschaffene Standard-Fahrzeugpark war zweifellos gewollt. Angesichts der wirtschaftlichen Schwäche des Landes, der stetigen Zwänge, Engpässe und Prioritäten bot er der DDR-Führung die vermutlich einzig mögliche Alternative, mit geringen Mitteln einen funktionierenden Brandschutz aufzubauen. Von der Ostsee bis zum Erzgebirge konnten die Wehren flächendeckend auf einheitliche, identische Grundtypen mit gleichem taktischem Einsatzwert zurückgreifen. Dies erleichterte nicht nur die Ausbildung und das Zusammenwirken verschiedener Wehren im Einsatz, sondern hatte auch erhebliche kostensparende Vorzüge hinsichtlich Reparaturen, Ersatzteilhaltung und Wartung.

Die Typenanzahl – nicht nur der Fahrgestelle, sondern auch der Feuerwehrfahrzeugtypen – war weitaus geringer als in Westdeutschland. Der Einsatzschwerpunkt der DDR-Feuerwehren lag eindeutig auf der Brandbekämpfung. Rüstwagen und Sonderfahrzeuge, insbesondere für technische Hilfeleistungen, waren völlig unterrepräsentiert und allenfalls bei den Feuerwehr-Kommandos großer Städte oder Betriebe vorhanden. Darüber hinaus mussten die wenigen Rettungsgerätewagen ohne Seilwinde, Generator und Lichtmast ausrücken. So hatten die DDR-Feuerwehren nach der Wiedervereinigung gerade bei diesen Fahrzeugkategorien einen großen Nachholbedarf.

Löschfahrzeug LF-TSA auf Phänomen Granit 27

Dieses 1950 vom VEB Polygraph Feuerlöschgerätewerk Görlitz auf Phänomen Granit 27 produzierte LF-TSA stand bis Ende der 1980er-Jahre im Einsatz.

N ach Anlaufen der Serienfertigung des leichten Lastwagens IFA Phänomen Granit 27 im VEB-Phänomen-Werk in Zittau im Jahr 1949 stand eine geeignete Plattform für Feuerwehrfahrzeuge in der LF 8-Baugröße zur Verfügung. Damit begann der Bau von Löschgruppenfahrzeugen mit Tragkraftspritzenanhängern LF-TSA. Der Granit 27 besaß einen luftgekühlten und so auch bei Kälte startfreudigen Motor. Daher eignete sich das Fahrgestell recht gut zum Einsatz bei Freiwilligen Feuerwehren, da deren Fahrzeuge überwiegend in ungeheizten Gerätehäusern untergestellt werden mussten.

Die von allen drei DDR-Feuerwehrausrüstern in Jöhstadt, Görlitz und Luckenwalde hergestellten Fahrzeuge ähnelten nicht nur äußerlich noch sehr den Leichten Löschgruppenfahrzeugen (LLG) der Kriegszeit. Kurioserweise wurden diese Modelle bis 1953 auf den Typenschildern noch als LLG bezeichnet. Das Fahrzeug hatte einen geschlossenen Aufbau, in dem neun Einsatzkräfte und die erforderliche Ausrüstung für eine Löschgruppe mitgeführt wurden. Wie beim früheren LLG konnte aus Gewichtsgründen keine fest eingebaute Feuerlöschkreiselpumpe auf dem Fahrzeug befördert werden. Stattdessen befand sich diese als Tragkraftspritze TS 8/8 auf dem einachsigen TSA. Nachdem ab 1951 die Nutzlast des Fahrgestells von 1,5 auf dann 2 t erhöht worden war, konnte die Lagerung der Tragkraftspritze im hinteren Teil des Aufbaus erfolgen. Die auf Gleitschienen verlastete Tragkraftspritze wurde über die Hecktür entnommen. Damit wurde der oft hinderliche Anhänger überflüssig, wodurch sich das Fahrverhalten bei schnellen Alarmfahrten, aber auch die Schnelligkeit des Löschangriffs wesentlich verbesserte.

■ Technische Daten ■

Bauzeit	1949–1953
Verwendung	Löschfahrzeug LF-TSA
Fahrgestell	IFA Phänomen Granit 27
Motor	4-Zylinder- / 4-Takt-Reihen-Vergasermotor mit Luftkühlung
Hubraum	2678 cm³
Leistung	50 PS
Drehzahl	2800 U / min
Getriebe	4 / 1 Gänge
Antrieb	auf die Hinterräder
Aufbauhersteller	FLG Jöhstadt / Görlitz / Luckenwalde
Art des Aufbaus	geschlossener Aufbau mit Mannschafts- und Geräteräumen
Pumpe	800 l / min (im Tragkraftspritzenanhänger)
Besatzung	1 + 8 Mann

Löschfahrzeug LF-TS 8 auf Phänomen Granit 27

Oben: Restauriertes, 1953 beim VEB Feuerlöschgerätewerk Görlitz gefertigtes LF-TS 8 mit geschlossenen Trittbrettkästen

Seit das Phänomen-Werk ab 1951 die Nutzlast des Granit 27-Lkws auf 2 t erhöht hatte, war die Tragfähigkeit des Fahrgestells nun ausreichend, um die Tragkraftspritze im hinteren Teil des Geräteaufbaus zu befördern. Sie befand sich auf Metallschienen und wurde durch die Hecktür mittels einer herausklappbaren Gleitvorrichtung herausgezogen, sodass sie von vier Mann aufgenommen und getragen werden konnte. Durch den nun nicht mehr nötigen Einachsanhänger wurde das Fahrzeug beweglicher, was vor allem im Überlandeinsatz wichtig war. Der in Gemischtbauweise mit Hartholzgerippe und Stahlblech verkleidete Aufbau war mit dem des LF-TSA nahezu identisch. Die meisten Fahrzeuge besaßen einen in der Höhe abgesetzten Heckaufbau. Es gab aber auch Ausführungen mit durchgezogener Dachlinie. Durch Fortfall des Tragkraftspritzenanhängers wurden gleichzeitig einige Bestückungsteile im Löschfahrzeug entbehrlich. Die Saugschläuche des LF-TS 8 wurden – im Gegensatz zu den geschlossenen Trittbrettkästen beim LF-TSA – nach einiger Zeit offen auf den Trittbrettern des Fahrzeugs gelagert. Die Fertigung auf Granit 27 endete 1953.

Unten: Prospektansicht der DIA (Deutscher Innen- und Außenhandel Transportmaschinen) eines LF 8-TS mit durchgehender Dachlinie

■ Technische Daten	
Bauzeit	1951–1953
Verwendung	Löschfahrzeug LF-TS 8
Fahrgestell	IFA Phänomen Granit 27
Motor	4-Zylinder-/4-Takt-Reihen-Vergasermotor mit Luftkühlung
Hubraum	2678 cm³
Leistung	50 PS
Drehzahl	2800 U/min
Getriebe	4/1 Gänge
Antrieb	auf die Hinterräder
Aufbauhersteller	FLG Johstadt/Görlitz/Luckenwalde
Art des Aufbaus	geschlossener Aufbau mit Mannschafts- und Geräteräumen
Pumpe	eingeschobene Tragkraftspritze TS 8/8
Besatzung	1 + 8 Mann

Bevor dieses Zughilfsfahrzeug auf Granit Z 30 K in den frühen 1960er-Jahren von der Feuerwehr Gahlenz zur Beförderung von Mannschaft und TSA in Dienst gestellt werden konnte, wurde dieser 1953 gebaute Mannschaftstransportwagen mit 2 t Nutzlast von der Kasernierten Volkspolizei (KVP) eingesetzt. Der Tragkraftspritzenanhänger ist Baujahr 1943.

Zughilfsfahrzeug für TSA auf Phänomen Granit Z 30 K

Nach Kriegsende waren bei vielen Feuerwehren zwar eine Tragkraftspritze oder ein TSA vorhanden, aber kaum Zugfahrzeuge. Gab es im Ort keinen Vorspanndienst durch einen Fuhrunternehmer oder Bauern mit Kraftfahrzeug oder Traktor, mussten die Wehrmänner den Anhänger bei Übungen und Einsätzen mühsam von Hand ziehen. Daher war es der Wunsch jeder Wehr, durch ein eigenes Zugfahrzeug von anderen unabhängig zu sein. Gleichzeitig konnten solche Zugfahrzeuge auch Einsatzkräfte befördern, die dann in der Praxis bis zu einer kompletten Löschgruppe be-

Das restaurierte Zughilfsfahrzeug als Museumswagen des im Oktober 1987 gegründeten Vereins Feuerwehrhistorik Gahlenz

trugen. Meist waren dies ausrangierte Lastwagen, alte Pkw oder auch von der Kasernierten Volkspolizei (KVP) und späteren Nationalen Volksarmee (NVA) erworbene Fahrzeuge, die man herrichtete. Als zu Beginn der 1960er bei der NVA die Umrüstung auf die LO-Frontlenker erfolgte, wurden etliche Haubenwagen der 1950er-Jahre frei. Viele dieser Fahrzeuge gelangten auf diese Weise in den Feuerwehrdienst. Diese früher bei der Armee verwendeten Fahrzeuge hatten häufig auch Allradantrieb.

■ Technische Daten	
Bauzeit	unterschiedlich
Verwendung	Zughilfsfahrzeug für TSA
Fahrgestell	IFA Phänomen Granit Z 30 K
Motor	4-Zylinder- / 4-Takt-Reihen-Vergasermotor mit Luftkühlung
Hubraum	3000 cm³
Leistung	55 PS
Drehzahl	2600 U / min
Getriebe	4/1 Gänge + Vorgelege
Antrieb	Allrad
Aufbauhersteller	Eigenumbau
Art des Aufbaus	offener Mannschaftsaufbau mit Hochpritsche
Pumpe	800 l / min (auf TSA)
Besatzung	verschieden, bis zu 1 + 8 Mann

Eines der zuletzt gebauten Fahrzeuge dieses Typs ist dieses noch 1960 fertiggestellte LF-TS 8 auf Garant 30 K, das von der Feuerwehr Graupa als Museumswagen erhalten wird. Das Löschfahrzeug hat bereits Rundumkennleuchten und einen auf der linken Seite auf dem Dach montierter Arbeitstellenscheinwerfer.

Löschfahrzeug LF-TS 8 auf Robur Garant 30 K

Der Nachfolger des Granit 30 K war ab 1956 der Garant 30 K. Die Namensänderung war nach einer Klage der enteigneten Besitzer nötig geworden. Im Zuge dessen firmierte das Werk ab Januar 1957 als VEB Robur-Werke Zittau. Äußerlich unterschied sich der Garant von seinem Vorgänger durch die Vorderfront mit den breiten verchromten Zierstreifen und den in den Kotflügeln integrierten Scheinwerfern. Weniger sichtbar war die Verlängerung des Radstands um 500 auf 3770 mm sowie der geringfügig auf 60 PS Leistung gesteigerte, gebläseluftgekühlte Vergasermotor. Auf diesem Fahrgestell wurden weiterhin mit geschlossenem Aufbau ausgeführte LF-TS 8 hergestellt. Innenausstattung und Geräteanordnung waren verbessert worden. Der Bau erfolgte nur noch vom VEB Feuerlöschgerätewerk Görlitz. Im Jahr 1959 wurde die gleichzeitig letzte Ausführung dieses Löschfahrzeugtyps in der DDR beendet. Das Fahrzeug beförderte eine aus neun Mann bestehende Löschgruppe und die dazugehörige Ausrüstung, um einen selbstständigen Löschangriff vortragen zu können. Der wichtigste Bestandteil war die im hinteren Laderaum auf Gleitschienen gelagerte Tragkraftspritze TS 8/8, die über ein Klappgestell durch die Hecktür entnommen wurde. Er wurde nun statt mit Rollschläuchen mit tragbaren C-Schlauchhaspeln ausgerüstet. Die Dachbeladung bestand aus vier Steckleiterteilen, die sich wie Krankentrage und Einreißhaken in einem Dachladegerüst befanden. Auf den mit Alublechen belegten Trittbrettern waren die mit Halterungen befestigten Saugschläuche gelagert.

Von 1952 bis 1959 wurden von allen Ausführungen des Granit und Garant mindestens 520 LF-TSA und LF-TS 8 von den Feuerlöschgerätewerken der DDR hergestellt. Das LF-TS 8 war damals das kleinste typisierte Feuerwehrfahrzeug der DDR und wurde hauptsächlich von den Wehren kleiner Städte und Betriebe eingesetzt. Die Wehren waren neben der recht umfangreichen Beladung vor allem mit der auch unter ungünstigen Bedingungen guten Startfreudigkeit des Benzinmotors sehr zufrieden.

■ Technische Daten	
Bauzeit	1956–1960
Verwendung	Löschfahrzeug LF-TS 8
Fahrgestell	Robur Garant 30 K
Motor	4-Zylinder- / 4-Takt-Reihen-Vergasermotor mit Luftkühlung
Hubraum	3000 cm³
Leistung	60 PS
Drehzahl	3000 U / min
Getriebe	4 / I Gänge
Antrieb	auf die Hinterräder
Aufbauhersteller	FLG Görlitz
Art des Aufbaus	geschlossener Aufbau mit Mannschafts- und Geräteräumen
Pumpe	eingeschobene Tragkraftspritze TS 8 / 8
Besatzung	1 + 8 Mann

Hier ein 1960 gefertigtes LF-Lkw-TS 8-STA auf Garant 30 K, das zum betriebsfähigen Fahrzeugbestand der AG Feuerwehrhistorik Riesa gehört. Interessant ist das bis 1968 gesetzlich vorgeschriebene klappbare Anhängerdreieck auf dem Dach der Fahrerkabine.

Löschfahrzeug-Lkw-TS 8-STA auf Robur Garant 30 K

Zur Mitte der 1950er-Jahre war abzusehen, dass mit dem alleinigen Bau von Löschfahrzeugen LF-TS 8 der große Bedarf insbesondere der Freiwilligen Feuerwehren nicht befriedigt werden konnte. Das aufwendige und zeitraubende, überwiegend in reiner Handarbeit erfolgende Herstellungsverfahren des Aufbaus begrenzte die Fertigungszahlen.

Feuerwehrfahrzeuge wurden aber dringend benötigt, denn der stark überalterte Fahrzeugbestand der Wehren wurde durch fehlende Ersatzteile und allgemeinen Verschleiß immer mehr dezimiert. Hinzu kam, dass der schnelle Ausbau der Industrie und das allgemeine Wachstum der Volkswirtschaft einen den Anforderungen entsprechenden Brandschutz notwendig machte. Daher musste vordringlich nach einer technisch einfacheren Lösung gesucht werden.

Diese fand sich im Bau eines Löschfahrzeug-Lastkraftwagens. Dahinter verbarg sich nichts anderes als ein serienmäßiger Lkw mit Hochpritsche, der zur Aufnahme einer Löschgruppe einschließlich der feuerwehrtechnischen Beladung und der Tragkraftspritze ausreichte. Der besondere Vorteil lag darin, dass dieses LF mit einem verhältnismäßig geringen Fertigungsaufwand schnell und in großen Stückzahlen gebaut werden konnte. Zur Verwendung kam das mittlerweile auch mit Allradantrieb erhältliche Fahrgestell des Garant 30 K. Der Löschfahrzeug-Lastkraftwagen zeichnete sich neben den niedrigen Herstellungskosten durch Einfachheit und Zweckmäßigkeit aus. Zudem wurde durch Wegfall des geschlossenen Kastenaufbaus Gewicht eingespart, das in zusätzlich mitgeführte Ausrüstungsteile investiert werden konnte.

1956 wurde ein Baumusterfahrzeug vom VEB Feuerlöschgerätewerk Görlitz fertiggestellt, das auch den zukünftigen Serienbau

Technische Daten

Bauzeit	1956–1960
Verwendung	Löschfahrzeug LF-Lkw-TS 8-STA
Fahrgestell	Robur Garant 30 K
Motor	4-Zylinder-/4-Takt-Reihen-Vergasermotor mit Luftkühlung
Hubraum	3000 cm³
Leistung	60 PS
Drehzahl	2800 U/min
Getriebe	4/1 Gänge + Vorgelege
Antrieb	Allrad
Aufbauhersteller	VEB Feuerlöschgerätewerk Görlitz
Art des Aufbaus	Hochpritsche mit Plane und Spriegeln und Standard-Lkw-Kabine
Pumpe	eingeschobene TS 8/8
Besatzung	1 + 8 Mann

Dieser 1959 gebaute Löschkraftwagen gehört als Museumswagen der Feuerwehr Hüpstedt in Thüringen und wurde mit sehr viel Aufwand originalgetreu restauriert.

übernahm. Schon bei der Erprobung bewies es seine Vorzüge. Durch den zuschaltbaren Allradantrieb verbesserten sich die Fahreigenschaften abseits von Straßen und Wegen beträchtlich. Bei Geländefahrten musste aber die etwas knappe Bodenfreiheit beachtet werden. Der bewährte luftgekühlte Vergasermotor bereitete auch bei Kälte keine Probleme. Ferner bot der Pritschenaufbau die Möglichkeit, nach Entfernen der Tragkraftspritze und deren Halterung das Fahrzeug in einen Lkw mit verkleinerter Ladefläche umzuwandeln. Der Zugang der Besatzung erfolgte über das Heck, die Geräteentnahme über seitliche Klappen. Ein Nachteil musste allerdings in Kauf genommen werden. Für die auf den Bänken der Ladefläche längs zur Fahrtrichtung sitzende Löschgruppe konnten schnelle Einsatzfahrten, besonders auf schlechten Straßen und im Gelände, zu einer regelrechten Schaukelpartie werden. Immerhin aber war die als Mannschaftsraum benutzte Ladefläche beheizbar.

Da Freiwillige Feuerwehren zum Einsatz meistens lange Druckschläuche benötigten, wurde ein spezieller Schlauchtransportanhänger entwickelt, in dem mehr als 400 m zusätzlicher Schlauchvorrat mitgeführt werden konnte. Die auf Zugfahrzeug und Anhänger vorhandene Schlauchlänge betrug 135 m C- und 545 m B-Druckschläuche. Diese Mengen waren ausreichend, um auch in Gegenden ohne ein bestehendes Hydrantennetz operieren zu können. Das ganze Gespann wurde als Löschfahrzeug Lastkraftwagen-Tragkraftspritze 8-Schlauchtranportanhänger (LF-Lkw-TS 8-STA) bezeichnet. Bis 1961 entstanden von diesem Fahrzeugtyp über 400 Fahrzeuge, die meist für den Einsatz in Gemeinden und Betrieben in Dienst genommen wurden. Manche dieser teilweise noch bis in die 1990er-Jahre im Einsatz befindlichen Fahrzeuge waren baulichen Veränderungen unterworfen, die üblicherweise von den Wehren fast immer selbst durchgeführt wurden.

Die dekorative Frontpartie des Garant 30 K; links im Bild erkennt man den Rasselwecker.

Dieser Rettungswagen aus dem Kreis Niesky befand sich noch 1981 im Einsatz.

Rettungswagen (RTW) auf Robur Garant 30 K

Krankentransport und Rettungsdienst lagen seit jeher häufig in Händen der Feuerwehren. Der Krieg und Turbulenzen der Nachkriegszeit hatten die Fahrzeugbestände stark gelichtet, sodass hier großer Mangel herrschte. Da vorerst mit neuen Fahrzeugen nicht zu rechnen war, musste man sich oft mit Provisorien behelfen. Erst mit Beginn der Fahrzeugproduktion im VEB IFA Phänomen-Werk Zittau stand wieder ein für Kranken- und Rettungswagenaufbauten geeignetes leichtes Lkw-Fahrgestell zur Verfügung. Zwischen 1949 und 1953 wurde die erste Serie von Zweitragen-Krankenwagen auf dem Phänomen Granit 27 aufgebaut, die bei größeren Feuerwehren auch als Rettungswagen eingesetzt wurden. Im Laufe der 1950er-Jahre wurde der Rettungsdienst und Krankentransport bei den Feuerwehren immer mehr reduziert und bis Anfang der 1960er-Jahre dem DRK der DDR zugeordnet. Die ersten Fahrzeuge hatten noch einen durchgehenden Kastenaufbau. Mit Erscheinen des allradgetriebenen Garant 30 K gab es eine abgesetzte Kofferbauform, bei der Fahrerhaus und Aufbau räumlich voneinander getrennt waren. Der Koffer war für vier Krankentragen vorgesehen. Die Bauform mit dem in die linke Seite des Aufbaus eingelassenen Reserverad ähnelte sehr den Wehrmachts-Sanitäts-Kraftwagen (Sankra). Die hinten einfach bereiften Fahrzeuge wurden auch von der NVA und anderen bewaffneten Organen eingesetzt. Seit Ende der 1960er-Jahre wurden die Garant-Modelle durch den besser geeigneten Barkas B 1000 ersetzt.

◼ Technische Daten	
Bauzeit	1956–1960
Verwendung	Rettungswagen (RTW)
Fahrgestell	Robur Garant 30 K
Motor	4-Zylinder- / 4-Takt-Reihen-Vergasermotor mit Luftkühlung
Hubraum	3000 cm³
Leistung	60 PS
Drehzahl	2800 U / min
Getriebe	4/1 Gänge + Vorgelege
Antrieb	Allrad
Aufbauhersteller	VEB Karosseriewerk Halle
Art des Aufbaus	geschlossener Kofferaufbau und Standard-Lkw-Kabine
Besatzung	2 Mann

Garant 30 K als Werkskrankenwagen des Betriebsfeuerwehrkommandos der VEB Leuna-Werke von 1960

Dieses 1957 entstandene Kleinlöschfahrzeug KLF-TS 8 der Feuerwehr Bad Liebenwerda ist eines der beiden museal erhaltenen Exemplare der Vorserie.

Kleinlöschfahrzeug KLF-TS 8 auf Barkas V 901/2

Nach Kriegsende wollten viele kleine Ortsfeuerwehren den vorhandenen Tragkraftspritzenanhänger motorisieren. Eine Möglichkeit war die Beschaffung eines Zugfahrzeugs, eine andere die Verlastung der Tragkraftspritze auf einem Fahrzeug. Die seit 1953 an die Hauptabteilung Feuerwehr im Ministerium des Innern der DDR gerichteten Vorschläge führten 1957 zum Bau eines leichten Löschfahrzeugs auf dem Kleintransporterchassis des Barkas V 901/2 aus dem VEB Barkas-Werk, Hainichen. Man verwendete hierzu ein Serienfahrgestell, auf dem eine Pritsche mit Plane in den nötigen Abmessungen montiert wurde. In diesem Aufbau befanden sich die Tragkraftspritze TS 8/8 sowie B- und C-Schläuche. Auf einer Sitzbank im vorderen Aufbauteil saßen drei Einsatzkräfte, zwei weitere fanden im Fahrerhaus Platz. Bei der Erprobung der Vorserie stellte sich aber heraus, dass das Fahrgestell den Belastungen nicht gewachsen war. Wegen der engen Unterbringung von Mannschaft und Geräten, des unzulänglichen Ein- und Ausstiegs sowie der schlechten Geräteentnahme wurde dieses Projekt nicht weiter verfolgt.

◼ Technische Daten	
Bauzeit	1957
Verwendung	Kleinlöschfahrzeug KLF-TS 8
Fahrgestell	Barkas V 901/2
Motor	3-Zylinder-/2-Takt-Vergasermotor mit Wasserumlaufkühlung
Hubraum	900 cm³
Leistung	28 PS
Drehzahl	3600 U/min
Getriebe	4/1 Gänge
Antrieb	auf die Hinterräder
Aufbauhersteller	VEB Feuerlöschgerätewerk Görlitz
Art des Aufbaus	Pritschenaufbau mit Plane und Spriegeln
Pumpe	Tragkraftspritze TS 8/8 auf der Ladefläche
Besatzung	1 + 4 Mann

Das jetzt im Besitz der Feuerwehr Altranft befindliche Kleinlöschfahrzeug war bis 1988 bei der Feuerwehr Kunnersdorf im Einsatz.

Tanklöschfahrzeug TLF 15 auf IFA G 5

Dieses 1965 vom VEB Feuerlöschgerätewerk Luckenwalde
gefertigte TLF 15 beeindruckt
durch seine gewaltige Vorbaupumpe mit Vormischer, deren
Position das Anfahren an offene
Entnahmestellen und damit den
schnellen Aufbau der Wasserversorgung ermöglichte.

Technische Daten

Bauzeit	1953–1964
Verwendung	Tanklöschfahrzeug TLF 15
Fahrgestell	IFA G 5
Motor	6-Zylinder-/4-Takt-Reihen-Wirbelkammer-Diesel mit Wasserumlaufkühlung
Hubraum	9036 cm³ (ab 1958 = 9840 cm³)
Leistung	120 PS (ab 1958 = 150 PS)
Drehzahl	2000 U/min
Getriebe	5/1 Gänge + Vorgelege
Antrieb	Allrad
Aufbau-hersteller	FLG Jöhstadt (ab 1959 FLG Luckenwalde)
Art des Aufbaus	offener Tankaufbau mit abgesetzter Doppelkabine
Pumpe	1500 l/min
Löschmittel-vorräte	2500 l Wasser 200 l Schaummittel
Besatzung	1 + 6 Mann

D er vom Fahrzeugentwicklungswerk in Karl-Marx-Stadt entwor-
fene geländegängige Lkw G 5 wurde ab 1953 im VEB Kraftfahrzeugwerk „Ernst Grube" Werdau in Serie gefertigt. Der Grund für
die Entwicklung eines dreiachsigen Lkw war der große Bedarf an geeigneten, mit hoher Geländegängigkeit ausgestatteten Fahrzeugen
für die im Aufbau befindlichen bewaffneten Streitkräfte und
Organe in der DDR. Bei der Konstruktion dieses nicht nur
äußerlich sehr solide wirkenden 5-Tonners konnte man auf
zahlreiche Baukomponenten des im gleichen Werk seit 1952
gebauten Schwerlastwagens H 6 zurückgreifen. So auf den
Sechszylinder-Dieselmotor mit 120 PS, dessen Leistung ab
1958 auf 150 PS gesteigert wurde. Die typischen Merkmale mit
der nach vorn abfallenden, sich verjüngenden Motorhaube
und den stabilen eckigen Kotflügeln vorn und hinten ließen
auf die hauptsächlich angedachte militärische Verwendung
schließen. Auch wenn die doppelte Hinterradbereifung für
einen Gelände-Lkw nicht der Weisheit letzter Schluss war,
genügte die Geländegängigkeit vollauf, zumal ein zuschaltbarer
Vorderradantrieb vorhanden war.

Neben seiner überwiegend militärischen Verwendung war
der G 5 auch in vielen anderen Bereichen, so als Kipper im Bauwesen, aber auch bei den Feuerwehren anzutreffen. Bereits zur
Leipziger Herbstmesse konnte der VEB Feuerlöschgerätewerk
Jöhstadt das erste von der Kasernierten Volkspolizei in Auftrag
gegebene TLF 15 als Baumusterfahrzeug vorstellen. Anders als
bei anderen Tanklöschfahrzeugen befand sich die 1500 l/min-
Feuerlöschkreiselpumpe nicht am Rahmenende, sondern saß
vor dem Motor. Zum Antrieb des Vorbauaggregats war kein

Nebenabtrieb erforderlich, sondern er erfolgte direkt über eine Kupplung vom Motor aus. Die Fahrer- und Mannschaftskabine war für sieben Einsatzkräfte ausgelegt. Über den Hinterachsen befand sich der Wassertank mit 2500 l Inhalt, in den ein herausnehmbarer Behälter für 200 l Schaumbildner eingebaut war. Die dreistufige Vorbaupumpe war mit einem Vormischer zur Schaumerzeugung ausgerüstet. Unmittelbar hinter der Kabine angebracht, befanden sich zwei vertikale Haspeln mit jeweils 30 m Hochdruckschlauch und angekuppeltem Schaumstrahlrohr. Seitlich hinten am Tank war jeweils eine ausschwenkbare Schlauchhaspel mit fünf C-Druckschläuchen angeordnet. Am

Heck befand sich eine 160 m-B-Schlauchhaspel. Das auch während der Fahrt bedienbare Wendestrahlrohr befand sich unmittelbar auf einem Podest hinter der Kabine.

Ab 1959 wurde die Produktion schrittweise von Jöhstadt zum VEB Feuerlöschgerätewerk Luckenwalde verlagert. Dort erfolgten seither auch Reparaturen und Instandsetzungen, die bis 1977 durchgeführt wurden. Vom TLF 15 auf G 5 entstanden insgesamt etwa 120 Einheiten. Sie kamen zwar überwiegend bei der NVA, aber auch bei zivilen Feuerwehren – hier insbesondere in Regionen mit weitläufigen Wald- und Heideflächen – zum Einsatz. Die Motoren hatten einen hohen Treibstoffverbrauch. So betrug der Durchschnittsverbrauch bei Straßenfahrt 36 l; im Gelände war er noch wesentlich höher.

TLF 15 auf IFA G 5-Fahrgestell mit Aufbau des VEB Feuerlöschgerätewerks Jöhstadt im Dienst beim Kommando Feuerwehr Karl-Marx-Stadt, dem heutigen Chemnitz

Beim Kommando F in Rostock stationiertes TLF 15 auf G 5 bei einer Löschübung in den 1950er-Jahren

Der auf einem G 5-Kipperchassis entstandene Rettungsgeräte-wagen der Feuerwehr Torgau war ein nicht nur äußerlich be-eindruckendes Fahrzeug, son-dern auch technisch eine den Umständen entsprechende ausgezeichnete Lösung.

Rettungsgerätewagen (RTGW) auf IFA G 5

V ereinzelt erwarben Feuerwehren auch gebrauchte G 5-Lastwagen-fahrgestelle, um – wie in diesem Fall – Aufbauten in Eigenregie vor-zunehmen. Dieser Rettungsgerätewagen (RTGW) der Feuerwehr Torgau ist mit ziemlicher Sicherheit das bekannteste dieser noch existie-renden Einzelstücke. Auf einem 1957 für die NVA gebauten G 5-Kipper-fahrgestell ließ die Torgauer Feuerwehr nach eigenen Vorstellungen im Jahr 1962 den Spezialkofferaufbau einschließlich der Inneneinrichtung bei der Firma Matthias Deckwerth, einem versierten Karosseriebetrieb im sächsischen Wurzen, anfertigen. Die Anschaffung eines sol-chen, normalerweise nur bei den Feuerwehr-Kommandos grö-ßerer Städte vorhandenen Rettungsgerätewagens war wegen der häufigen Feuerwehreinsätze auf der Elbe und im Binnenhafen bei Schiffsnotfällen, Badeunfällen und bei Hochwasser unum-gänglich geworden. Zu diesem Zweck war das Sonderfahrzeug mit allen erforderlichen Geräten, die zum Einsatz von Tauchern benötigt wurden, und mit schweren Bergegeräten ausgerüstet. Dazu gehörten ein Schlauchboot, eine Spillanlage, ein 3 VA-Not-stromaggregat sowie verschiedene Beleuchtungsgeräte, um bei schlechter Sicht und nachts die Einsatzstelle ausleuchten zu kön-nen. Neben den im Fahrerhaus befindlichen drei Einsatzkräften befanden sich vier weitere Personen im Kofferaufbau. Dieser war begehbar und diente gleichzeitig als Umkleideraum für die Tau-cher. Das in zahllosen Einsätzen bewährte Fahrzeug stand bis 1992, also stolze 30 Jahre lang, bei der Torgauer Wehr im Dienst. Erst mit der Indienststellung neuer Einsatzfahrzeuge konnte der G 5 in den verdienten Ruhestand gehen. Das Traditionsfahrzeug ist weiterhin voll einsatzbereit und auch ziemlich häufig auf his-torischen Fahrzeugveranstaltungen sowie vielen Feuerwehrfesten anzutreffen.

■ Technische Daten ■	
Bauzeit	1957 (Fahrgestell) 1962 (Aufbau)
Verwendung	Rettungsgerätewagen (RTGW)
Fahrgestell	IFA G 5
Motor	6-Zylinder- / 4-Takt-Reihen-Wirbelkammer-Diesel mit Wasserumlaufkühlung
Hubraum	9036 cm³
Leistung	120 PS
Drehzahl	2000 U / min
Getriebe	5 / 1 Gänge + Vorgelege
Antrieb	Allrad
Aufbau-hersteller	Firma Deckwerth, Wurzen
Art des Aufbaus	Kofferaufbau mit Standard-Lkw-Kabine
Besatzung	1 + 7 Mann

Kohlendioxid-Löschfahrzeug (LF CO$_2$) auf IFA G 5

Z u den für Feuerwehrzwecke umgebauten G 5-Fahrgestellen zählt auch dieses Unikat. Um das Gefahrenpotenzial auf Flugplätzen zu mindern, war man bei der Flughafenfeuerwehr Leipzig/Halle in Schkeuditz gezwungen, zur Selbsthilfe zu greifen, denn die DDR-Industrie konnte derartige Spezialfahrzeuge noch nicht liefern. Im Jahr 1956 entstand daher in Eigenleistung dieses Kohlendioxid-Löschfahrzeug auf einem G 5-Pritschenwagen. Auf der Pritsche wurde eine aus 16 CO$_2$-Flaschen (Kohlensäure) zu jeweils 30 kg bestehende Batterie installiert. Die mit einer Ringleitung verbundenen Flaschen mussten im Einsatz jedoch nacheinander einzeln von Hand geöffnet werden. Zum Schutz gegen Witterungseinflüsse war die offene CO$_2$-Anlage mit einer Plane abgedeckt. Zur weiteren Ausrüstung gehörte ein auf der Pritsche gelagerter Hochdruckschlauch mit Schneerohr, der für den Schnellangriff benötigt wurde. Um den Einsatzbereich noch zu erweitern, war das Fahrzeug mit einer Schneepfluganbauplatte ausgerüstet, sodass es zu Schneeräumdiensten eingesetzt werden konnte.

Hier das Fahrzeug mit geöffneter Ladebordwand. Das LF war bis 1974 bei der Flughafenfeuerwehr im Einsatz. Der komplette Aufbau sowie die Anbauplatte wurden im gleichen Jahr auf ein IFA W 50 LA-Allradfahrgestell mit Niederdruckbereifung umgesetzt. Der G 5 wurde anschließend verschrottet.

■ Technische Daten ■

Bauzeit	1956
Verwendung	Kohlendioxid-Löschfahrzeug
Fahrgestell	IFA G 5
Motor	6-Zylinder-/4-Takt-Reihen-Wirbelkammer-Diesel mit Wasserumlaufkühlung
Hubraum	9036 cm³
Leistung	120 PS
Drehzahl	2000 U/min
Getriebe	5/1 Gänge + Vorgelege
Antrieb	Allrad
Aufbauhersteller	Eigenumbau
Löschmittelvorräte	16 Flaschen CO$_2$ je 30 kg
Besatzung	1 + 2 Mann

Das vom FLG Luckenwalde gebaute LF 15 auf Horch H 3 ist als Museumsstück erhalten geblieben.

Löschfahrzeug LF 15 auf Horch H 3

Das Auto Union-Werk Horch in Zwickau hatte zwar den Krieg nahezu unzerstört überstanden, war aber anschließend von den Sowjets vollständig demontiert worden. Trotz dieser mehr als ungünstigen Ausgangslage war das Werk bereits 1947 wieder so weit, die Produktion des Lastkraftwagenmodells H 3 mit drei Tonnen Nutzlast aufzuziehen. Dieses Fahrzeug basierte auf einem Kriegsentwurf sowie den noch reichlich vorhandenen Restbeständen des für den Antrieb der mittleren 5 t-Halbkettenzugmaschine (Sd.Kfz. 6) der Wehrmacht verwendeten Sechszylinder-Maybach-Vergasermotors. So kann man den H 3 nur als eine aus der Not geborene Lösung betrachten. Von diesem praktischen Halbfrontlenker, bei dem der Motor zwischen den Sitzen im Fahrerhaus untergebracht war, entstanden bis 1949 immerhin 852 Einheiten. Dann waren die alten Motorenbestände aufgebraucht. Da ein Nachschub aus Friedrichshafen aufgrund der deutschen Teilung nicht mehr möglich war, bedeutete dies das Ende des Serienbaus. Für Feuerwehraufbauten spielte der H 3 kaum eine Rolle, denn dieses Fahrzeug wurde ausschließlich als Pritschenwagen gebaut. Lediglich durch Umbauten entstanden überwiegend in Eigenregie der Wehren einige wenige Löschfahrzeuge LF 15. Eine Ausnahme war dieses vom VEB Feuerlöschgerätewerk Luckenwalde für die Feuerwehr Fürstenberg mit einem werksmäßigen Aufbau erstellte Löschfahrzeug. Es verfügte über eine 1500 l/min-Vorbaupumpe sowie eine zusätzlich im Heck eingeschobene Tragkraftspritze TS 8/8. Der geschlossene Aufbau mit Gruppenkabine entsprach bereits weitgehend dem der später gefertigten Aufbauten aus Luckenwalde. Das Fahrzeug wurde restauriert und wird im Feuerwehrmuseum Eisenhüttenstadt erhalten.

■ Technische Daten

Bauzeit	1947–1949
Verwendung	Löschfahrzeug LF 15
Fahrgestell	Horch H 3
Motor	6-Zylinder-/4-Takt-Reihen-Vergasermotor mit Wasserumlaufkühlung
Hubraum	4198 cm³
Leistung	100 PS
Drehzahl	3000 U/min
Getriebe	5/1 Gänge
Antrieb	auf die Hinterräder
Aufbauhersteller	VEB Feuerlöschgerätewerk Luckenwalde
Art des Aufbaus	geschlossener Aufbau mit Mannschafts- und Geräteräumen
Pumpe	1500 l/min (Vorbaupumpe), Tragkraftspritze TS 8/8
Besatzung	1 + 8 Mann

Dieses vorbildlich restaurierte Löschfahrzeug LF 15 von 1953 besitzt einen Aufbau vom VEB Feuerlöschgerätewerk Luckenwalde. Durch den kurzen Radstand von 3250 mm wirkt dieses Fahrzeug ziemlich gedrungen.

Löschfahrzeug LF 15 auf Horch H 3 A

D ie Zwickauer Horch-Werke stellten im Jahr 1949 den mittelschweren Hauben-Lkw H 3 A vor. Der 3-Tonner (ab 1952 auf 3,5 t aufgelastet) besaß einen auf Vomag-Basis entwickelten Vierzylinder-Einheits-Dieselmotor mit 80 PS. Mit dem Fertigungsstart im folgenden Jahr begann die Laufbahn des neben dem späteren W 50 aus Ludwigsfelde erfolgreichsten DDR-Lkw. Zusammen mit dem weiterentwickelten S 4000-1 verließen von der Baureihe bis 1967 mehr als 57 000 Einheiten die Fertigung in Zwickau und Werdau. Der H 3 A war überaus zuverlässig, wenn auch mit 60 km/h nicht übermäßig schnell.

Das Erscheinen des H 3 A fiel zusammen mit der 1953 erfolgten Standardisierung des Feuerwehrfahrzeugbaus in der DDR. Von da an unterlagen die Fahrzeuge den von der Hauptabteilung Feuerwehr im MdI erarbeiteten Ausrüstungsnormen und Bauvorschriften. Das H 3 A-Fahrgestell bildete nun das Standardchassis für die wichtigsten Feuerwehrfahrzeugtypen:

- Löschfahrzeug (LF 15)

- Tanklöschfahrzeug (TLF 15)

- Schlauchkraftwagen (SKW 12)

- Rettungsgerätewagen (RTGW)

Ab 1953 setzte der Bau von Löschfahrzeugen LF 15 in allen drei Produktionsstätten der DDR für Feuerwehrgeräte in großen Stückzahlen ein. Im Laufe der Fertigungszeit wurde die Beladung den veränderten Erfordernissen laufend angepasst. Generell wurden die Saugschläuche nicht mehr in geschlossenen Kästen, sondern offen auf den Trittbrettern befestigt. Es gab auch LF 15 mit Vorbaupumpen, die überwiegend für Betriebsfeuerwehren bestimmt waren. Diese Fahrzeuge verfügten über eine im Heck eingeschobene Tragkraftspritze TS 8/8. Zwischen den Jahren 1953 und 1957 entstanden etwa 260 Fahrzeuge.

■ Technische Daten ▬▬	
Bauzeit	1953–1957
Verwendung	Löschfahrzeug LF 15
Fahrgestell	Horch H 3 A
Motor	4-Zylinder-/4-Takt-Reihen-Wirbelkammer-Diesel mit Wasserumlaufkühlung
Hubraum	6024 cm³
Leistung	80 PS
Drehzahl	2000 U/min
Getriebe	5/1 Gänge
Antrieb	auf die Hinterräder
Aufbauhersteller	FLG Jöhstadt, Görlitz, Luckenwalde
Art des Aufbaus	geschlossener Aufbau mit Mannschafts- und Geräteräumen
Pumpe	1500 l/min (ggf. Tragkraftspritze TS 8/8)
Löschmittelvorräte	300 l Wasser (bei Ausrüstung mit TS 8/8 keine)
Besatzung	1 + 8 Mann

Dieses 1957 in Jöhstadt gefertigte TLF 15 stand Ende der 1980er-Jahre bei der Feuerwehr Hoyerswerda noch im Einsatz.

Tanklöschfahrzeug TLF 15 auf Horch H 3 A

I m Jahr 1953 wurde der Bau des Tanklöschfahrzeugs TLF 15 auf Horch H 3 A dem VEB Feuerlöschgerätewerk Jöhstadt übertragen. Nach ausgiebiger Erprobung konnte die Serienfertigung 1955 anlaufen. Das aufgrund seiner geringen Abmessungen sehr gedrungen wirkende TLF zeichnete sich durch große Beweglichkeit und Wendigkeit aus. Es entstand auf dem Standardchassis des H 3 A mit 3250 mm Radstand, wobei die Vorderachse im Hinblick auf eine bedingte Geländetauglichkeit verstärkt worden war. Um die Schwerpunktlage zu verbessern, befand sich das Reserverad nicht auf dem Tank oder Dach, sondern in der in Gemischtbauweise ausgeführten Mannschaftskabine. Daher bestand die Besatzung auch nur aus fünf Einsatzkräften. In der Praxis wurden das Rad allerdings häufig entfernt, um dadurch einen Sitzplatz zu gewinnen. Die 1500 l/min-Feuerlöschpumpe, die aus 30 m Hochdruckschlauch und angeschlossenem C-Rohr bestehende Schnellangriffseinrichtung und auch die beiden tragbaren Schlauchhaspeln waren offen am Ende des halboffenen Aufbaus angebracht. Der Tank fasste 2000 l Wasser und konnte im Winter durch die Heizanlage des Fahrzeugs von unten erwärmt werden. Hinzu kamen Schaummittel in vier Kanistern zu je 20 l sowie zwei Steckleiterteile und noch 190 m B- und C-Druckschläuche. Bis 1959 wurden rund 140 Fahrzeuge gebaut, die sich ganz vereinzelt noch in den 1990er-Jahren im aktiven Einsatz befanden.

■ Technische Daten	
Bauzeit	1953–1959
Verwendung	Tanklöschfahrzeug TLF 15
Fahrgestell	Horch H 3 A
Motor	4-Zylinder-/4-Takt-Reihen-Wirbelkammer-Diesel mit Wasserumlaufkühlung
Hubraum	6024 cm³
Leistung	80 PS
Drehzahl	2000 U/min
Getriebe	5/1 Gänge
Antrieb	auf die Hinterräder
Aufbauhersteller	VEB Feuerlöschgerätewerk Jöhstadt
Art des Aufbaus	halboffener Geräteaufbau und geschlossene Staffelkabine
Pumpe	1500 l/min
Löschmittelvorräte	2000 l Wasser 80 l Schaummittel
Besatzung	1 + 4 Mann

Das TLF 15 in der Rückansicht. Man erkennt die tragbaren Schlauchhaspeln.

Gasschutzgerätewagen (GSGW) auf IFA H 6

Keiner der beiden sehr ansprechend gestalteten Gasschutzgerätewagen ist erhalten geblieben.

A uf der Leipziger Frühjahrsmesse 1951 zeigte das IFA Werk Horch Zwickau ein Funktionsmuster des H 6-Lastwagens, des großen Bruders des H 3 A. Schon das Kabinendesign zeigte die enge Verwandtschaft dieses 6,5 t-Schwerlastwagens zum kleineren H 3 A, denn es war eine nach dem Baukastensystem erfolgte Parallelentwicklung. Hierbei wies der Motor des IFA H 6 sechs statt vier Zylindereinheiten auf. Gebaut wurde der Lkw H 6 bei der nun in VEB Kraftfahrzeugwerk „Ernst Grube" Werdau umbenannten ehemaligen Sächsischen Waggonfabrik. Der H 6, dessen Weiterbau 1959 eingestellt werden musste, wurde in rund 7500 Exemplaren gefertigt. Damit nahm eine vielversprechend begonnene Entwicklung ein frühes Ende. Für Feuerwehrzwecke wurde der schwere H 6 kaum verwendet. Einzig zwei 1957 vom VEB Feuerlöschgerätewerk Luckenwalde für die Kommandos der Feuerwehren (Berufsfeuerwehren) Ost-Berlin und Leipzig gebaute Gasschutzgerätewagen (GSGW) sind bekannt. Ihre Entwicklung erfolgte durch die Hauptabteilung Feuerwehr des Ministerium des Innern in Zusammenarbeit mit dem Werk in Luckenwalde. Die Fahrzeuge waren dazu gedacht, bei Großbränden die Versorgung mit Atemschutzgeräten über einen längeren Zeitraum zu sichern. Daneben sollten sie auch als fahrbare Gasschutz- und Atemschutz-Werkstatt fungieren. Für diesen Zweck befand sich eine entsprechend großzügige technische Ausrüstung mit Werkzeugen und Geräten an Bord. Um von der örtlichen Stromversorgung unabhängig zu sein, wurde auf einem Einachsanhänger ein 3 kW-Stromaggregat mitgeführt. Beide Fahrzeuge besaßen einen in Gemischtbauweise ausgeführten, verrundeten Kastenaufbau mit Dachentlüftung und 1,80 m Stehhöhe. Auf dem Dach befand sich zudem eine ausklappbare Markise, die, am Aufbau befestigt, als Sonnen- oder Regenschutz diente. Der Einsatz der beiden GSGW folgte überregional in der gesamten Republik. Leider wurden beide der interessanten Unikate irgendwann verschrottet.

Technische Daten	
Bauzeit	1959
Verwendung	Gasschutzgerätewagen (GSGW)
Fahrgestell	IFA H 6
Motor	6-Zylinder-/4-Takt-Reihen-Wirbelkammer-Diesel mit Wasserumlaufkühlung
Hubraum	9036 cm³
Leistung	120 PS
Drehzahl	2000 U/min
Getriebe	5/1 Gänge
Antrieb	auf die Hinterräder
Aufbauhersteller	VEB Feuerlöschgerätewerk Luckenwalde
Art des Aufbaus	geschlossener Kastenaufbau mit integriertem Standard-Lkw-Fahrerhaus
Besatzung	3 Mann + weitere Fachkräfte

Der Feuerwehrkranwagen KW 10 war ein klobiges und schwerfälliges Fahrzeug. Durch den langen Motorvorbau war das Fahrzeug schwer zu lenken, vor allem, weil hydraulische Lenkhilfen noch unbekannt waren.

Feuerwehr-Kranwagen (KW 10) auf DO 54-Doppelstockbus-Basis

Bei den Feuerwehren der DDR herrschte seit Kriegsende ein Mangel an Kran- und Bergefahrzeugen. Es fehlten besonders leistungsfähige Hebezüge für die Hilfe bei schweren Unglücken. Die Wehren konnten zwar noch auf einige wenige, mit 4,5 t-Klappkränen am Heck ausgerüstete Rüstkraftwagen aus der Vorkriegszeit zurückgreifen. Zunehmender Verschleiß und fehlende Ersatzteile führten aber bei diesen überalterten Fahrzeugen häufig zu Ausfällen. Erst im Jahr 1959 wurde durch den VEB Hebezeugwerk Sebnitz in Kooperation mit dem VEB Feuerlöschgerätewerk Luckenwalde ein Kranwagen für den Feuerwehreinsatz entwickelt. Dieses als KW 10 bezeichnete Fahrzeug basierte auf dem Doppelstockbusfahrgestell DO 54. Das Fahrgestell war zu Beginn der 1950er-Jahren im Auftrag der Berliner Verkehrsgesellschaft (BVG) Ost in Zusammenarbeit mit der Omnibus-Hauptwerkstatt und dem VEB Waggonbau Bautzen entwickelt worden. Grundlage für den Aufbau war das Fahrgestell des Lkw IFA H 6 mit seinem 120 PS starken Sechszylinder-Dieselmotor. Für den mit einer aus Sebnitz gelieferten 10-t-Krananlage bestückten KW 10 hatte man das Busfahrgestell verkürzt. Der um 360° drehbare Kran sowie die eingebaute Spilleinrichtung wurden elektromotorisch durch einen durch den Fahrmotor angetriebenen 30 kVA-Stromerzeuger betrieben. Die Abstützung erfolgte durch seitlich ausziehbare Stützbalken sowie am Heck befindliche, absenkbare Stützrollen. Wegen seines hohen Eigengewichts von 16 t war die Ladekapazität gering, sodass nur wenige Geräte und Anschlagmittel auf dem Fahrzeug mitgeführt werden konnten. Daher war der Einsatz des Kranwagens nur mit einem Gerätewagen sinnvoll.

■ Technische Daten ■	
Bauzeit	1959
Verwendung	Feuerwehr-Kranwagen (KW 10)
Fahrgestell	verkürztes Niederrahmen-Fahrgestell DO 54
Motor	6-Zylinder-/4-Takt-Reihen-Wirbelkammer-Diesel mit Wasserumlaufkühlung
Hubraum	9036 cm³
Leistung	120 PS
Drehzahl	2000 U/min
Getriebe	5/1 Gänge
Antrieb	auf die Hinterräder
Aufbauhersteller	VEB Feuerlöschgerätewerk Luckenwalde; VEB Hebezeugwerk Sebnitz; VEB Waggonbau Bautzen
Art des Aufbaus	offener Kranaufbau mit Fahrerkabine und Geräteräumen
Besatzung	1 + 1 Mann

Feuerwehrkran 5 (FKW 5) auf IFA S 4000-1

Vom FKW 5 blieb kein Original-
fahrzeug erhalten. Die AG Feuerwehrhistorik Riesa restaurierte
jedoch einen der in der Wirtschaft zahlreich vorhandenen
Serien-Kranwagen aufwendig
zu einem Feuerwehrkran.

Mitte der 1960er-Jahre wurde festgelegt, für die Feuerwehren Auto-
drehkräne zu beschaffen, die mit einem Gerätewagen ausrücken
sollten. Beim Kranwagen griff man auf ein bewährtes Fahrzeug
zurück, dessen Entwicklung vom VEB Hebezeuge Sebnitz 1953 begonnen
worden war. Die Serienherstellung des Autodrehkrans ADK I/5 „Panther"
begann 1956. Das Äußere – wie Kabine, Haube und Frontpartie – erinnerte
an die Lkw H 3 A und H 6. Im Rahmen der angestrebten Standardisierung
wurden dabei wesentliche technische Komponenten und Baugruppen der DDR-Kraftfahrzeugindustrie verbaut. Vom H 6
stammten Achsen und wohl auch die gekürzten Rahmen-Längsträger, während Getriebe und Antriebsaggregat vom kleineren
H 3 A kamen. Der Motor war von 80 auf 60 PS gedrosselt worden. Infolge zu geringer Kompatibilität der vorgegebenen Bauteile musste das Konzept vor Serienbeginn in Sebnitz überarbeitet werden, sodass ein neues Fahrzeug entstand. Markant war die
verglaste Kabine mit Rundumsicht und zweitem Sitz entgegen
der Fahrtrichtung, von dem aus die Kranbedienung erfolgen
konnte. Der schwache Dieselmotor diente zum Fahrzeugantrieb
und lieferte die Energie für den Generator des Krans.

1962 erschien der Nachfolger als ADK V/5. Äußerlich kaum
verändert verfügte er nun über den 90-PS-Dieselmotor des
S 4000-1. Diese Fahrzeuge wurden ab 1965 in geringen Stückzahlen als Feuerwehrkran 5 (FKW 5) den größeren Feuerwehren zugeteilt. Gerätewagen und Kranwagen bildeten zusammen
eine taktische Einheit. Die Tragkraft des Krans betrug maximal
5 t, unter Verwendung der 1,50 m langen Auslegerverlängerung
noch 3 t. Für das Heben und Senken der Lasten war ein elek-
tro-mechanischer Antrieb zuständig, wobei das Aufrichten
elektro-hydraulisch vorgenommen wurde. Der Schwenkbereich
des Krans betrug 340°, die Höchstgeschwindigkeit 42,2 km/h.

■ Technische Daten ■	
Bauzeit	1965 – 1967 (Zeitraum der Feuerwehrbeschaffung)
Verwendung	Feuerwehrkranwagen 5 (FKW 5)
Fahrgestell	IFA S 4000-1 mit H 6-Baukomponenten
Motor	4-Zylinder- / 4-Takt-Reihen-Wirbelkammer-Diesel mit Wasserumlaufkühlung
Hubraum	6024 cm³
Leistung	90 PS
Drehzahl	2200 U / min
Getriebe	5 / 1 Gänge
Antrieb	auf die Hinterräder
Aufbau-hersteller	VEB Hebezeuge Sebnitz
Art des Aufbaus	offener Kranaufbau mit Truppkabine
Besatzung	1 + 2 Mann

Feuerwehrfahrzeuge auf IFA S 4000-1

Ein LF 16-TS 8 aus dem Jahr 1965 auf IFA S 4000-1 der Feuerwehr Arnsdorf mit dem MAN LF 25 der Feuerwehr Pulsnitz an der Schleppstange

Im ehemaligen Horch-Werk, das im Jahre 1957 in VEB Sachsenring Kraftfahrzeug- und Motorenwerk Zwickau umbenannt worden war, erfolgte in der Zwischenzeit die Weiterentwicklung des Lkw H 3 A zum Typ H 3 S. Mit zahlreichen Detailverbesserungen versehen, bestand der wichtigste Unterschied dieses Übergangsmodells in dem um 30 cm verlängerten Radstand des Basisfahrgestells. Auf der Leipziger Frühjahrsmesse 1958 wurde schließlich der Typ S 4000 mit nunmehr 4 statt 3,5 t Nutzlast vorgestellt, der aber noch Motor und Getriebe seines Vorgängers besaß. Im Herbst des gleichen Jahres erschien dann der S 4000-1 mit 90 statt mit 80 PS Motorleistung, teilsynchronisiertem Fünfganggetriebe und Druckluftbremsan-

Das markante und nur geringfügig modifizierte, verchromte Kühlerschutzgitter mit dem Schriftzug „S 4000-1" zierte seit 1960 die in Werdau gefertigten Lastwagen und Feuerwehrfahrzeuge.

lage für den Anhängerbetrieb. Um Fertigungskapazitäten für den Kleinwagen Trabant zu schaffen, verlagerte man ab 1960 die Produktion des S 4000-1 von Zwickau in das Kraftfahrzeugwerk „Ernst Grube" Werdau. Dort lief die Fabrikation bis 1967 nahezu unverändert weiter. Alle dem Fahrzeug angedachten aufwendigeren Verbesserungen, wie etwa eine wei-

Die beeindruckende Bandbreite der Luckenwalder Fertigung an Feuerwehrfahrzeugen auf IFA S 4000-1 präsentiert sich hier auf dem Vorplatz der Hauptfeuerwache in Leipzig.

tere Nutzlasterhöhung in Verbindung mit einem stärkeren Motor oder die durchgehende Frontscheibe, fielen den verordneten Sparmaßnahmen zum Opfer. In einem Zeitraum von sieben Jahren entstanden in Werdau 21 460 Fahrzeuge in 19 unterschiedlichen Bauausführungen.

Die deutlich vergrößerte Nutzlast des S 4000-1, aber auch der längere Radstand gestatteten es im Feuerwehrbereich, den hinteren Teil des Aufbaus auszudehnen und dadurch Beladung und Bestückung der Einsatzfahrzeuge zu verbessern. Jetzt war es möglich, die Löschfahrzeuge mit einem 350, später dann mit einem 400 l fassenden Löschwassertank auszurüsten. Ebenso konnte das Angebot an Spezialaufbauten ausgeweitet werden. Der stärkere Motor erlaubte den Einbau einer zweistufigen Feuerlöschkreiselpumpe FPH 16/8 mit einer Leistung von 1600 l/min. Für das mit einem Nebenabtrieb auszurüstende Pumpaggregat wurde werksseitig in Form des Sonderwunsches „5" (SW 5) ein spezielles Fahrgestell bereitgestellt. Dabei mussten Antriebswelle, Kupplungs- und Gasgestänge bis zum Fahrzeugende geführt werden. Dieses Chassis wurde lediglich mit Motorhaube und Spritzwand ohne Fahrerhaus an den Feuerwehrausrüster geliefert. Dort erfolgte zunächst der Einbau der Feuerlöschpumpe und des Gelenkwellenzugs vom Nebengetriebe zur Pumpe. Von dieser wurden Leitungen zum Kühlkreislauf des Motors verlegt, sodass separate Kühl- und Heizkreisläufe entstanden. Das Feuerlöschgerätewerk Luckenwalde, dem zwecks Rationalisierung der Fertigung der komplette Bau von Löschfahrzeugen übertragen worden war, erstellte dann den einheitlichen Aufbau in Gemischtbauweise. Der Bau von Tanklöschfahrzeugen erfolgte noch bis 1965 in Jöhstadt und wurde erst anschließend nach Luckenwalde verlagert.

Der S 4000-1 mit seinen zahlreichen Bauausführungen war das Standardfahrgestell für die nachfolgend genannten, wichtigsten Lösch- und Sonderfahrzeuge. Es bestimmte auf Jahre hinaus das Bild der Feuerwehrfahrzeuge in der DDR:

– Löschfahrzeug (LF 16-TS 8)
– Tanklöschfahrzeug (TLF 16)
– Löschfahrzeug-Chemie (LF 16-Chemie)
– Kohlendioxid-Löschfahrzeug (LF-CO_2)
– Rettungsgerätewagen (RTGW)
– Schlauchkraftwagen 14-TS 8 (SKW 14-TS 8)
– Drehleiter 25 (DL 25)
   Gerätewagen (GW 60)
– Grubenwehr-Einsatzwagen (GEW)

Zahlreiche Fahrzeuge befanden sich noch bis Ende der 1980er-Jahre im aktiven Einsatz, vereinzelte erlebten bei kleinen Feuerwehren sogar noch das neue Jahrtausend.

Ein als Traditionsfahrzeug erhaltenes LF 16-TS 8 auf IFA S 4000-1 von 1962. Bevor der Wagen nach Riesa in den Ruhestand kam, stand er bis 1984 bei der Feuerwehr Roßwein im Einsatz.

Löschfahrzeug LF 16-TS 8 auf IFA S 4000-1

D as Löschfahrzeug LF 16-TS 8 löste ab 1959 das bisherige, auf dem H 3 A-Fahrgestell gefertigte LF 15 ab. In Anbetracht des Erscheinungsjahrs lautete die Kurzbezeichnung LF 16/59. Die höhere Motorleistung ermöglichte jetzt eine Höchstgeschwindigkeit von 75 km/h. Den in Gemischtbauweise (Holzgerippe mit Stahlblechbeplankung) ausgeführten Aufbau erstellte ausschließlich der VEB Feuerlöschgerätewerk Luckenwalde. Durch den längeren Radstand konnte dieser verlängert werden und wurde gänzlich umgestaltet. Der stärkere Motor ermöglichte den Einbau einer verbesserten zweistufigen Feuerlöschkreiselpumpe mit einer Leistung von 1600 l/min. Wie schon beim LF 15 war diese am Rahmenende installiert. Rechts und links hinter der Hinterachse befanden sich Druckausgänge und Sauganschlüsse.

Im Gegensatz zu dem LF 15 auf H 3 A wurde jetzt zusätzlich zur eingebauten Pumpe eine seitlich gelagerte Tragkraftspritze TS 8/8 mitgeführt. Sie ermöglichte die Entnahme von Löschwasser an ungünstigen Stellen und diente als

Auf dieser Titelseite eines Werksprospekts des VEB Kraftfahrzeugwerks „Ernst Grube" Werdau wird ein Löschfahrzeug LF 16 auf S 4000-1 noch mit dem alten Aufbau des LF 15 vorgestellt. Vermutlich stand noch keine Abbildung des neuen, größeren Aufbaus zur Verfügung.

Technische Daten	
Bauzeit	1959–1967
Verwendung	Löschfahrzeug LF 16-TS 8
Fahrgestell	IFA S 4000-1
Motor	4-Zylinder-/4-Takt-Reihen-Wirbelkammer-Diesel mit Wasserumlaufkühlung
Hubraum	6024 cm³
Leistung	90 PS
Drehzahl	2200 U/min
Getriebe	5/1 Gänge
Antrieb	auf die Hinterräder
Aufbauhersteller	VEB Feuerlöschgerätewerk Luckenwalde
Art des Aufbaus	geschlossener Aufbau mit Mannschafts- und Geräteräumen
Pumpe	1600 l/min Tragkraftspritze TS 8/8
Löschmittelvorräte	350 (später 400) l Wasser 80 l Schaummittel
Besatzung	1 + 8 Mann

Druckverstärkung zur Wasserförderung über größere Entfernungen. Anstelle der TS konnten wahlweise andere Geräte und Ausrüstungsgegenstände, wie eine Lenzpumpe, ein Leichtschaumgerät, verschiedene B-Druckschläuche oder sonstige Geräte bis maximal 150 kg Gesamtgewicht mitgeführt werden.

Der fest eingebaute 350-l-Löschwassertank (später 400 l) bestand aus glasfaserverstärktem Polyester und ermöglichte die sofortige Bekämpfung von Entstehungsbränden. Zur Beladung gehörten auch vier Kanister zu je 20 l Schaumbildner, Handfeuerlöscher sowie Kübelspritzen. Angriffs- und Rettungsgeräte, Schläuche, eine Werkzeugauswahl, Atemschutzgeräte und eine UKW-Funkanlage machten das LF 16 zum Standardfahrzeug in Städten, großen Gemeinden und Betrieben bis weit in die 1970er-Jahre. Ein 0,5 kW leistendes Notstromaggregat diente der zusätzlichen Speisung von zwei Arbeitsstellenscheinwerfern. In der Mannschaftskabine konnte eine Krankentrage eingehängt und so eine verletzte Person behelfsmäßig transportiert werden.

Auf dem Fahrzeugdach waren eine dreiteilige, bis auf 14 m ausziehbare Schiebleiter, vier Steckleiterteile, mit denen eine Höhe von bis zu acht Metern erreicht werden konnte, und eine Saugleitung von 4,10 m Länge gelagert. Diese konnte mithilfe einer Abziehvorrichtung schnell abgenommen werden. Am Heck angebracht war eine fahrbare Holzschlauchhaspel mit Aufprotzvorrichtung.

Das LF 16-TS 8 wurde aufgrund seiner vielseitigen feuerwehrtechnischen Ausrüstung und der ausreichenden Besatzungsstärke das Standardfahrzeug für den selbstständigen Einsatz an Brand- und Unfallstellen. Es entsprach im Wesentlichen dem LF 16-TS in Westdeutschland. Zwischen 1959 und 1967 fertigte das Luckenwalder Werk mehr als 400 Löschfahrzeuge dieser Bauart auf S 4000-1. Während der langen Bauzeit flossen zahlreiche, dem technischen Fortschritt dienende Detailverbesserungen in die laufende Fertigung ein. 1968 trat das Frontlenkermodell W 50 L die Nachfolge an.

Ein 1965 gebautes LF 16-TS 8 der Feuerwehr Fürstenberg

An den glatten Türflächen erkennt man gut, dass dieses TLF 16/59 zwischen 1965 und 1967 in Luckenwalde entstanden ist.

Tanklöschfahrzeug TLF 16 auf IFA S 4000-1

Das Tanklöschfahrzeug TLF 16 auf IFA S 4000-1 löste das TLF 15 auf H 3 A ab. Bei dieser auch als TLF 16/59 bezeichneten Ausführung waren im Gegensatz zum Vorgänger erstmals alle Geräte nebst Pumpe und Schnellangriffseinrichtung geschützt vor Wind und Wetter innerhalb des Aufbaus untergebracht. Die von den Geräteräumen getrennte Fahrer- und Mannschaftskabine war zur Aufnahme der aus 1 + 5 Einsatzkräften bestehenden Löschstaffel eingerichtet. Abweichend von den früheren Ausführungen besaß der 2000 l fassende, aus Aluminiumblech gefertigte Löschwassertank eine zylindrische Form. Damit sollte in Verbindung mit eingebauten Wellenbrechern dem Wasserschlag während der

Linke Seite der Geräteräume mit A-Saugschläuchen, Reserverad und tragbarer C-Schlauchhaspel

Die rechte Fahrzeugseite des TLF 16 mit den geöffneten Türen der Mannschafts- und Geräteräume und der am Heck erkennbaren Schnellangriffseinrichtung

Fahrt vorgebeugt werden. Durch einen speziellen Innenanstrich konnte der durch Warmluftzufuhr beheizbare Tank auch zum Transport von Trinkwasser verwendet werden. Die zweistufige Feuerlöschkreiselpumpe mit 1600 l/min Förderleistung war durch eine Doppeltür am Fahrzeugheck zugänglich. Auf der rechten Fahrzeugseite war eine Hochdruckhaspel mit Ablaufbremse und 30 m Hochdruckschlauch installiert. Gegenüberliegend befand sich eine tragbare C-Schlauchhaspel. Zur weiteren Beladung zählten Schaumlöscher, Kübelspritze, sechs A-Saugschläuche, B- und C-Druckschläuche, verschiedene Strahlrohre sowie weitere Ausrüstungsgegenstände und Werkzeuge. Auf dem Dach des Aufbaus befand sich eine zweiteilige Steckleiter. Der Aufbau des Tanklöschfahrzeugs war üblicherweise als Holzgerippe auf Stahlgrundrahmen ausgeführt und mit Blech beschlagen; der Innenraum hingegen bestand aus Sperrholz und Hartfaserplatten.

Bis 1965 verblieb der Bau von Tanklöschfahrzeugen auf S 4000-1 noch beim VEB Feuerlöschgerätewerk Jöhstadt. Anschließend wurde die gesamte TLF-Fertigung nach Luckenwalde verlagert. Damit veränderte sich das äußere Erscheinungsbild der Fahrzeuge geringfügig, indem die bisher leicht verrundete Kabinenform unterhalb der Seitenfenster geglättet wurde. Diese Änderung ging maßgeblich auf die Ostberliner Feuerwehr zurück, die ein einheitliches Erscheinungsbild von LF 16 und TLF 16 im Löschzug forderte. Abgesehen von den 126 zwischen 1965 und 1967 in Luckenwalde produzierten TLF-Einheiten liegen leider keine Zahlen vor. Die in Jöhstadt zuvor gefertigte Stückzahl dürfte wesentlich höher gewesen sein. Das TLF 16 auf IFA S 4000-1 wurde 1969 durch das neue W 50 LA-Frontlenker-Allradfahrgestell abgelöst.

■ Technische Daten	
Bauzeit	1959–1967
Verwendung	Tanklöschfahrzeug TLF 16
Fahrgestell	IFA S 4000-1
Motor	4-Zylinder-/4-Takt-Reihen-Wirbelkammer-Diesel mit Wasserumlaufkühlung
Hubraum	6024 cm³
Leistung	90 PS
Drehzahl	2200 U/min
Getriebe	5/1 Gänge
Antrieb	auf die Hinterräder
Aufbauhersteller	VEB Feuerlöschgerätewerk Jöhstadt (1959–1965) VEB Feuerlöschgerätewerk Luckenwalde (1965–1967)
Art des Aufbaus	geschlossener Kofferaufbau mit abgesetzter Staffelkabine
Pumpe	1600 l/min
Löschmittelvorräte	2000 l Wasser 80 l Schaummittel
Besatzung	1 + 5 Mann

Dieses TLF 16 ist wegen seiner leicht gewölbten Türen gut als beim VEB Feuerlöschgerätewerk Jöhstadt gefertigt zu erkennen.

Auch bei der Betriebsfeuerwehr des VEB Leuna-Werke „Walter Ulbricht" war das LF 16-Chemie eingesetzt; hier mit acht Mann der Gruppenbesatzung vor dem Fahrzeug.

Löschfahrzeug LF 16-Chemie auf IFA S 4000-1

E ine Sonderausführung des LF 16 war das Löschfahrzeug LF 16-Chemie. Diese Sonderbauform war für Betriebsfeuerwehren der Chemischen Industrie oder größere Wehren vorgesehen. Der Einsatz erfolgte meist zusammen mit anderen Lösch- und Sonderfahrzeugen. Das Fahrzeug basierte auf dem LF 16-TS, von dem es sich durch einige Ausrüstungs- und Bestückungsänderungen unterschied. Es verfügte über die übliche Fahrer- und Mannschaftskabine für neun Einsatzkräfte. In den daran anschließenden Geräteräumen befand sich ein 300 l fassender Polyestertank mit Schaumbildner, ein 50 l-Wasserbehälter zum mehrmaligen Befüllen der Wasserringpumpe und eine CO_2-Feuerlöschanlage. Sie war anstelle der Tragkraftspritze eingebaut. An der am Heck installierten Feuerlöschkreiselpumpe FPH 16/8 war an je einem Druckausgang an beiden Seiten ein Zumischer fest eingebaut. Jeder Zumischer war über eine eigene Saugleitung und einen zwischengeschalteten Absperrschieber mit dem Schaummitteltank verbunden. Mit einem Zumischerschlauch konnte Schaumbildner aus externen Behältern angesaugt werden. Bei den ab 1967 gebauten Fahrzeugen wurden die Zumischer durch Pumpenvormischer ersetzt. Die Kohlendioxidlöschanlage bestand aus vier CO_2-Flaschen, gefüllt mit jeweils 30 kg CO_2, einer Hochdruckschlauchhaspel mit 60 m Hochdruckschlauch und einem Expansionsrohr. Die Druckgasflaschen wurden waagerecht, jeweils zwei Flaschen übereinander, in einem Rollengestell gelagert. Die Flaschen waren über eine Sammelleitung mit der Schlauchhaspel verbunden und besaßen Rückschlagventile, damit die Anlage auch bei zum Teil leeren Flaschen funktionierte. Zwischen 1960 und 1967 wurden neun dieser Fahrzeuge gefertigt.

■ Technische Daten

Bauzeit	1960–1967
Verwendung	Löschfahrzeug LF 16-Chemie
Fahrgestell	IFA S 4000-1
Motor	4-Zylinder- / 4-Takt-Reihen-Wirbelkammer-Diesel mit Wasserumlaufkühlung
Hubraum	6024 cm³
Leistung	90 PS
Drehzahl	2200 U / min
Getriebe	5/1 Gänge
Antrieb	auf die Hinterräder
Aufbauhersteller	VEB Feuerlöschgerätewerk Luckenwalde
Art des Aufbaus	geschlossener Aufbau mit Mannschafts- und Geräteräumen
Pumpe	1600 l / min
Löschmittelvorräte	50 l Wasser 300 l Schaummittel 120 kg Kohlendioxid
Besatzung	1 + 8 Mann

Löschfahrzeug LF-CO$_2$ auf IFA S 4000-1

Ein Kohlensäurelöschfahrzeug (LF-CO$_2$) des Betriebsfeuerwehrkommandos der Chemischen Werke Buna

D as Löschfahrzeug LF-CO$_2$, auch als Kohlensäurelöschfahrzeug bezeichnet, war ein Sonderfahrzeug, das für Industriebetriebe gebaut wurde, um selbstständig oder im Verein mit anderen Löschfahrzeugen bei der Bekämpfung spezieller Brände in Chemiewerken eingesetzt zu werden. Der Einsatz von Kohlendioxid (CO$_2$) als Löschmittel hat sich z. B. auch bei Ladungsbränden auf Schiffen in Häfen bewährt. Da das Kohlendioxid die Eigenschaft besitzt, den Brand lediglich zu ersticken, wird die Fracht durch das Löschmittel nicht zusätzlich beschädigt.

Für dieses Fahrzeug wurde das serienmäßige Lkw-Fahrerhaus verwendet. Daran anschließend folgte ein vom Fahrerhaus räumlich getrennter Gerätekoffer. Darin war eine stationäre Kohlendioxid-Löschanlage untergebracht. Sie bestand aus 20 in drei Reihen übereinander gelagerten Druckgasflaschen mit je 30 kg CO$_2$, die durch Klappen von außen zugänglich waren. Zur leichteren Entnahme bei Flaschenwechsel lagerten sie auf Rollen. Jeweils eine Reihe der Druckgasflaschen war an eine Ringleitung angeschlossen. Das Löschmittel konnte mittels mehrerer Schnellangriffshaspeln mit Hochdruckschlauch bzw. den Expansionsrohren beim Löschangriff ausgestoßen werden. Hierfür standen u. a. zwei am Heck befindliche Haspeln mit je 40 m und zwei weitere mit je 60 m Hochdruckschlauch zur Verfügung. Für die aus 1 + 2 Mann bestehende, in einem serienmäßigen Fahrerhaus (auch als Truppfahrerhaus bezeichnet) untergebrachte Besatzung wurden Wärmestrahlen- oder auch Asbest-Schutzanzüge mitgeführt.

Zwischen 1960 und 1967 entstanden 15 solcher Sonderlöschfahrzeuge auf S 4000-1-Chassis. Hiervon blieb immerhin ein 1960 gebautes Fahrzeug, das früher zum Kommando Feuerwehr Rostock gehörte, in Riesa erhalten.

Technische Daten	
Bauzeit	1960 – 1967
Verwendung	Löschfahrzeug LF-CO$_2$
Fahrgestell	IFA S 4000-1
Motor	4-Zylinder-/4-Takt-Reihen-Wirbelkammer-Diesel mit Wasserumlaufkühlung
Hubraum	6024 cm^3
Leistung	90 PS
Drehzahl	2200 U / min
Getriebe	5/1 Gänge
Antrieb	auf die Hinterräder
Aufbauhersteller	VEB Feuerlöschgerätewerk Luckenwalde
Art des Aufbaus	geschlossener Kofferaufbau mit Standard-Lkw-Kabine
Pumpe	1600 l/min
Löschmittel	600 kg Kohlendioxid (CO$_2$)
Besatzung	1 + 2 Mann

Der 1965 gebaute RTGW vor der Kulisse des Meißener Doms. Das auf dem Dach verstaute Schlauchboot wurde im Winter gegen einen Eisschlitten ausgetauscht.

Rettungsgerätewagen (RTGW) auf IFA S 4000-1

Zu den wenigen bei den DDR-Feuerwehren vorhandenen Sonderfahrzeugen zählte der Rettungsgerätewagen (RTGW). Den RTGW gab es erstmals 1953 auf dem H 3 A-Chassis. Nach Einführung des S 4000-1 wurde das verbesserte Fahrzeug zwischen 1959 und 1965 in zwölf Einheiten gefertigt. Mitunter wurde aber auch ein älteres H 3 A-Fahrgestell für einen solchen Aufbau genutzt. Wegen seiner geringen Stückzahl konnte der RTGW nur großen Feuerwehrkommandos und großen Betriebsfeuerwehren für die Durchführung technischer Hilfeleistungen zugeteilt werden. Überwiegend erfolgte sein Einsatz zusammen mit anderen Löschfahrzeugen. Die große Zahl der mitgeführten Ausrüstungsgegenstände und Spezialgeräte machte den RTGW universell einsetzbar.

Der geschlossene Aufbau hatte Stehhöhe und bildete mit dem Fahrerhaus eine Einheit. Zwischen Fahrer- und Mannschaftsraum befand sich eine Trennwand mit Schiebefenster. Der geräumige Aufbau besaß einen Mittelgang, an dem sich beidseitig Ausrüstungsgegenstände befanden. Auch an der Querwand zum Fahrerhaus befanden sich Gerätehalterungen. Zu den feuerwehrtechnischen Ausrüstungsgeräten gehörten solche für den Atemschutz und zur Wiederbelebung, Sauerstoffschneidgeräte, Geräte zur Wasserrettung oder aus Eisnot (Schlauchboot für 500 kg Zuladung und Eisschlitten), Geräte zur Befreiung und Bergung von Personen und Tieren, Krankentrage, Beleuchtungsgeräte, verschiedene Löschgeräte, Schutzbekleidung, Geräte zum Nachfüllen von Sauerstoff- bzw. Druckluftflaschen und mehr. Seilwinde, Stromerzeuger und Lichtmast waren nicht vorhanden. Auf dem begehbaren Dach lagerte im Sommer das Schlauchboot, im Winter der Eisschlitten.

■ Technische Daten ■

Bauzeit	1959–1965
Verwendung	Rettungsgerätewagen (RTGW)
Fahrgestell	IFA S 4000-1 (ersatzweise auch H 3 A)
Motor	4-Zylinder-/4-Takt-Reihen-Wirbelkammer-Diesel mit Wasserumlaufkühlung
Hubraum	6024 cm³
Leistung	90 PS (H 3 A = 80 PS)
Drehzahl	2200 U/min H 3 A = 2000 U/min
Getriebe	5/1 Gänge
Antrieb	auf die Hinterräder
Aufbauhersteller	VEB Feuerlöschgerätewerk Luckenwalde
Art des Aufbaus	geschlossener Aufbau mit Fahrer-, Mannschafts- und Geräteräumen
Besatzung	1 + 5 Mann

Schlauchkraftwagen SKW 14-TS 8 auf IFA S 4000-1

Dieser im Jahr 1966 in Lucken-walde gefertigte SKW 14 ge-hörte zum Fahrzeugbestand der Feuerwehr Sonneberg.

Nach der Einführung des S 4000-1 mit längerem Radstand und knapp 700 kg erhöhtem zulässigem Gesamtgewicht konnte der seit 1953 gefertigte Schlauchwagen SKW 12 auf H 3 A komplett überarbeitet und verbessert werden. Wie bereits sein Vorgänger war der neue SKW 14 mit der Standard-Lkw-Kabine für zwei Mann Besatzung und einem geräumigen Kofferaufbau ausgerüstet. Die Aufbauten erstellte der VEB Feuerlöschgeräte-werk Luckenwalde.

Obwohl der neue SKW 14 seinem Vorgänger sehr ähnlich sah, machten sich die Verbesserungen hauptsächlich in der auf 1460 m vergrößerten B-Druckschlauchlänge gegenüber 1200 m beim SKW 12 bemerkbar. Hinzu kam, dass aufgrund der ver-größerten räumlichen Verhältnisse zusätzlich eine seitlich im Aufbau gelagerte Tragkraftspritze TS 8/8 mitgeführt werden konnte. Sie konnte zur Wasserförderung oder als Verstärker-kraftspritze gute Dienste leisten. Zum leichteren Ein- und Aus-laden war ein spezielles Ladegestell vorhanden.

Anstelle der Tragkraftspritze konnten auch noch zusätzliche B-Rollschläuche verladen werden. War dies der Fall, erhöhte sich damit die B-Druckschlauchlänge auf insgesamt knapp 1700 m. Die abprotzbare Schlauchhaspel am Heck enthielt acht gekuppelte B-Druckschläuche. Das Schlauchauslegen konnte sogar bei langsamer Fahrt direkt vom Fahrzeug aus erfolgen. Zu diesem Zweck befanden sich am Fahrzeugheck ausklappbare Trittbretter. Parallel hierzu ließ sich auch noch ein Telefonkabel verlegen. Zwischen 1960 und 1967 fertigte man im Feuerlösch-gerätewerk Luckenwalde insgesamt 63 Fahrzeuge, von denen bis heute einige in den Beständen von historischen Feuerwehr-vereinen erhalten sind.

Technische Daten	
Bauzeit	1960–1967
Verwendung	Schlauchkraftwagen SKW 14
Fahrgestell	IFA S 4000-1
Motor	4-Zylinder-/4-Takt-Reihen-Wirbelkammer-Diesel mit Wasserumlaufkühlung
Hubraum	6024 cm³
Leistung	90 PS
Drehzahl	2200 U / min
Getriebe	5 / 1 Gänge
Antrieb	auf die Hinterräder
Aufbau-hersteller	VEB Feuerlöschgerätewerk Luckenwalde
Art des Aufbaus	geschlossener Geräte-aufbau mit abgesetzter Standard-Lkw-Kabine
Besatzung	1 + 1 Mann

Vom VEB FGL Luckenwalde hergestellter Gerätewagen GW 60 im Ablieferungszustand mit Kunststoffjalousien

Gerätewagen GW 60 auf IFA S 4000-1

D er VEB Feuerlöschgerätewerk Luckenwalde stellte 1960 den Gerätewagen GW 60 auf IFA S 4000-1-Fahrgestell vor. Aufbautechnisch war er sehr modern konzipiert. So wurden bei dem geräumigen Ganzmetall-Gerätekoffer erstmals anstelle der üblichen Geräteraumtüren Jalousienverschlüsse verwendet. Diese Lösung sollte zur Gewichtseinsparung und zur leichteren und schnelleren Geräteentnahme führen. Sie bestanden zunächst aus Kunststoff. Diese Jalousien bereiteten aber in der Praxis beim Öffnen und Schließen häufig Probleme. Daher wurden sie durch solche aus Aluminium und probeweise auch durch lederüberzogene Holzjalousien ersetzt. Die Feuerwehren waren aber mit allen Jalousieausführungen wenig glücklich, da die Rollläden häufig verklemmten oder sich während der Fahrt selbsttätig öffnen konnten. Der Gerätewagen besaß das serienmäßige, vom Geräteaufbau abgetrennte Lkw-Fahrerhaus, in dem zwei Leute Platz fanden.

Die Beladung des Gerätewagens war sehr mannigfaltig. Sie bestand aus einer Vielzahl von Hilfsgeräten und Werkzeugen wie Hebe- und Zuggeräten mit bis zu 15 t Hub- oder Zugleistung, elektrischen Geräten, Brennschneidgeräten, Absperrmaterial, Schutzkleidung und zahlreicher weiterer Beladung mit einem Gesamtgewicht von rund 2500 kg.

Über die am Heck angebrachten Aufstiegsleitern konnte das Aufbaudach, auf dem sich weitere Ausrüstungsgegenstände befanden, erreicht werden. Hierzu zählte auch ein am Heck anzubringender, klappbarer Kranausleger, mit dessen Flaschenzug bis zu 1 t Gewicht gehoben werden konnte. Eingebaut am Heck war ein vom Fahrzeugmotor angetriebenes Spill mit 40 m Stahlseillänge und 4 t Zugleistung; bei zwischengeschalteter Seilumlenkrolle waren maximal 8 t möglich. Zur besseren Standsicherheit bei Spill- oder Kranbetrieb verfügte der Gerätewagen über zwei beweglich am Heck angeordnete Stützspindeln.

Im VEB Feuerlöschgerätewerk Luckenwalde wurden zwischen 1960 und 1963 insgesamt 24 Fahrzeuge gefertigt.

■ Technische Daten

Bauzeit	1960–1963
Verwendung	Gerätewagen GW 60
Fahrgestell	IFA S 4000-1
Motor	4-Zylinder- / 4-Takt-Reihen-Wirbelkammer-Diesel mit Wasserumlaufkühlung
Hubraum	6024 cm³
Leistung	90 PS
Drehzahl	2200 U / min
Getriebe	5 / 1 Gänge
Antrieb	auf die Hinterräder
Aufbauhersteller	VEB Feuerlöschgerätewerk Luckenwalde
Art des Aufbaus	geschlossener Gerätekoffer mit Rollladenverschlüssen mit abgesetzter Standard-Lkw-Kabine
Besatzung	1 + 1 Mann

GRUBENWEHR-EINSATZWAGEN   auf Sachsenring-Fahrgestell

Prospektfaksimile des VEB FGL Görlitz für den Grubenwehr-Einsatzwagen

Grubenwehr-Einsatzwagen (GEW) auf IFA S 4000-1

Bereits 1955 wurde der erste Grubenwehr-Einsatzwagen vom VEB Feuerlöschgerätewerk Görlitz auf einem H 3 A-Fahrgestell aufgebaut. Dieses Sonderfahrzeug war für den Einsatz bei den Grubenwehren über Tage vorgesehen, um Mannschaften und deren persönliche Ausrüstung zum Einsatzort zu transportieren. Entsprechende Lösch- und Rettungsgeräte befanden sich bereits in den jeweiligen Bergwerken vor Ort unter Tage. Zu den wichtigsten Ausrüstungsgegenständen der Einsatzkräfte einer Grubenwehr zählten Gasschutzgeräte mit Ersatz-Sauerstoffflaschen und Alkalipatronen. Die Gasschutzgeräte waren größer als jene bei den Feuerwehren, sodass mit ihnen zwei Stunden Atemluft zur Verfügung standen. Die im GEW mitgeführte Ausrüstung gestattete das zweimalige Auffüllen dieser Geräte. Bei dieser ersten Ausführung eines Grubenwehr-Einsatzwagens waren Fahrerhaus und Kofferausbau räumlich getrennt. Während das Fahrerhaus für drei Mann eingerichtet war, konnten auf den drei Sitzbänken im Aufbau zehn Personen befördert werden. Hinter dem Mannschaftsraum befand sich der Geräteraum, in dem sich die Ausrüstung sowie Batteriekästen befanden. Bemerkenswert war der oben am Dachrand zwischen den beiden Kennscheinwerfern befindliche Lichtkasten mit der Aufschrift „Grubenwehr-Einsatzwagen".

Aus fertigungstechnischen Gründen wurde ab etwa 1957/58 der Aufbau des GEW dem des Löschfahrzeugs LF 15 angepasst. Nach Produktionsbeginn des S 4000-1 kam der Görlitzer Betrieb wieder auf den früheren Kofferaufbau in Verbindung mit der Standard-Lkw-Kabine zurück. Von diesem Fahrzeug wurde nur eine kleine Stückzahl gebaut.

■ Technische Daten ▬▬▬	
Bauzeit	1959–1967
Verwendung	Grubenwehr-Einsatzwagen (GEW)
Fahrgestell	IFA S 4000-1
Motor	4-Zylinder-/4-Takt-Reihen-Wirbelkammer-Diesel mit Wasserumlaufkühlung
Hubraum	6024 cm³
Leistung	90 PS
Drehzahl	2200 U/min
Getriebe	5/1 Gänge
Antrieb	auf die Hinterräder
Aufbauhersteller	VEB Feuerlöschgerätewerk Görlitz
Art des Aufbaus	geschlossener Mannschafts- und Gerätekoffer mit Standard-Lkw-Kabine
Besatzung	1 + 2 Mann (zusätzlich 10 Einsatzkräfte im Mannschaftsraum)

Der lange Weg zur eigenen Drehleiter

In der DDR herrschte lange Zeit ein Mangel an Drehleitern, und ihr Neubau stieß auf große Schwierigkeiten. Auf dem Gebiet der späteren DDR gab es zwar drei Feuerwehrausrüster mit kompetenter Fachkenntnis – ein Drehleiterhersteller aber war nicht darunter. Diese befanden sich alle in den westlichen Besatzungszonen, sodass nach der willkürlichen Grenzziehung von 1945 der mitteldeutsche Raum von den traditionellen Versorgungsmöglichkeiten mit neuen Fahrzeugen abgeschnitten war.

Die Ersatzteilbeschaffung von Metz oder Magirus war durch die Embargobestimmungen fast unmöglich. Über viele Jahre mussten sich die DDR-Wehren daher mit der bestmöglichen Pflege, Instandhaltung und Reparatur der relativ wenigen vorhandenen Leiterfahrzeuge behelfen. Hierfür waren am Anfang die Feuerlöschgerätewerke Luckenwalde und Görlitz zuständig. Später spezialisierte sich die Zentralwerkstatt der Feuerwehr in Borkheide auf dieses Metier.

Not macht bekanntlich erfinderisch, und die improvisationsbereiten Techniker in der DDR wussten sich durchaus zu helfen. Verschlissene Teile wurden, falls möglich, nachgefertigt, ausmusterungsreife Drehleitern nicht verschrottet, sondern als Ersatzteilspender ausgeschlachtet. Nicht selten ging das so weit, dass aus den Teilen mehrerer Drehleitern eine wieder betriebsbereit gemacht wurde. Konnte etwa ein unbrauchbar gewordenes Fahrgestell mangels Ersatzteilen nicht weiterbetrieben werden, wurde der noch intakte Drehleiteraufbau fast immer auf ein noch funktionstüchtiges Fahrgestell umgesetzt und so weitergenutzt. Ebenso kam gelegentlich auch die umgekehrte Reihenfolge vor, obwohl die Fahrgestelle meist schneller verschlissen waren als der Leiterpark. Bevor eine Umsetzung erfolgte, wurden die Leitern einschließlich Drehstuhl und Antrieb in Borkheide komplett überholt, sodass man sie voraussichtlich noch einige Jahre nutzen konnte.

Im Vordergrund standen natürlich die Sicherheitsvorschriften, die selbst angesichts dieses eklatanten Mangels nicht vernachlässigt wurden. Auch das Fahrgestell wurde, so gut es ging, technisch wieder

Fahrzeugbestand des Kommandos Feuerwehr Karl-Marx-Stadt in den frühen 1960er-Jahren. Das Bild ist noch ausschließlich von Haubenwagen geprägt. Das zweite Fahrzeug von rechts ist die berühmte Erprobungsleiter N 7, die zum Ende des Jahres 1961 vom Kommando F Ost-Berlin nach Karl-Marx-Stadt umstationiert worden war. Zum Zeitpunkt der Aufnahme befand sich das Fahrzeug mit einem 32-m-Leitersatz von Metz im Einsatz.

aufgefrischt. Obwohl angesichts des großen Drehleitermangels selbst der größte Aufwand vertretbar erschien, hatte dieses Vorgehen Grenzen. Spätestens seit Beginn der 1960er-Jahre mussten diese Umsetzungen vermehrt vorgenommen werden, da viele der alten Mercedes- oder Magirus-Fahrgestelle oft so stark verschlissen waren, dass eine Reparatur auch mangels Ersatzteilen nicht mehr möglich war. Als Zwischenlösung entstanden in den frühen 1960er-Jahren einige Drehleiterfahrzeuge auf dem IFA S 4000-1 T-Niederrahmen-Frontlenkerfahrgestell. Darauf setzte man alte DL 22 von Magirus, was natürlich nur eine Notlösung sein konnte.

Auf Dauer ließ sich daher der Neubau von Drehleitern nicht umgehen, obwohl die Drehleiter eines der Feuerwehrfahrzeuge mit dem geringsten Auslastungsgrad war. Eine Beschaffung dieser Fahrzeuge aus dem Westen konnte, hauptsächlich mangels ausreichender Devisen, aber sicherlich auch aus Stolz der sozialistischen Machthaber, nicht realisiert werden. Aus verschiedenen anderen Gründen zerschlug sich das Vorhaben, diese Fahrzeuge aus der Sowjetunion zu importieren. Technische Gründe sprachen dagegen, denn die dortigen Konstruktionen waren zwar solide, durchweg aber überholt und veraltet. Daher war man gezwungen, mühsam eine eigene Drehleiterfertigung auf die Beine zu stellen.

Mitte der 1950er-Jahre erhielt die DDR-Feuerlöschgeräteindustrie den Auftrag, eine eigene Drehleiter zu entwickeln und zu bauen. Mit dieser anspruchsvollen Aufgabe wurde der VEB Feuerlöschgerätewerk Luckenwalde, der frühere, 1948 enteignete Feuerwehrausrüster Hermann Koebe, betraut. 1955 erteilte das Ministerium des Innern der DDR der Werkleitung den offiziellen Auftrag, eine DL 30 mit hydraulischem Antrieb zu konstruieren. Technische Probleme, die Suche nach einem geeigneten Basisfahrgestell und die überwiegend nicht vorhandenen Fachkenntnisse in diesem bisher unbekannten Metier beeinträchtigten die Arbeit der Luckenwalder Techniker nicht unerheblich. Die Arbeiten gingen nur langsam voran. Seit 1957 befand sich eine DL 30 in der Erprobung, für die vom VEB Fahrzeugwerk Werdau das speziell angefertigte N 7-Fahrgestell auf der Basis des H 6-Lastkraftwagens gebaut worden war. Diese Leiter scheiterte letztendlich an den noch im Anfangsstadium der Entwicklung befindlichen, unausgereiften hydraulischen Baugruppen, sodass

ein dauerhaft betriebssicherer Zustand nicht erreicht werden konnte. Da zudem ein Serienfahrgestell aus laufender DDR-Produktion für diese Baugröße nicht erhältlich war, stellte man die Weiterentwicklung ein. Das hierbei gezahlte Lehrgeld wirkte sich aber positiv auf die nachfolgenden Konstruktionen aus. Über eine anschließend gebaute, aber nicht in Serie gegangene DL 22 gelangte man im Zuge der Fortentwicklung schließlich zu einer hydraulischen Leiter mit 25 m Steighöhe. Die im Jahr 1962 abgeschlossene Entwicklung wurde endlich ein voller Erfolg, zumal mit dem Serienchassis des IFA S 4000-1 eine hierfür gut geeignete Plattform zur Verfügung stand.

Die erste funktionstüchtige hydraulische Drehleiter der DDR im ausgefahrenen und aufgerichtetem Zustand bei der Feuerwehr Templin

Die vorbildlich restaurierte DL 22 der Feuerwehr Teterow ist als einziges von sieben gebauten Fahrzeugen erhalten geblieben.

Drehleiter DL 22 auf IFA S 4000-1 T

V om S 4000-1 gab es eine Bauausführung als Niederrahmenfahrgestell mit tiefer Ladekante für besondere Aufbauten, etwa für Tiertransporte oder Omnibusaufbauten. Abweichend von der Haubenform des Serienlastwagens war dieses als S 4000-1 T bezeichnete Fahrgestell mit einem dem alten H 3-Lastwagenmodell nachempfundenen Frontlenkerfahrerhaus ausgerüstet. Außer dem ähnlichen Erscheinungsbild hatten beide Fahrzeuge technisch nur wenig gemeinsam, denn sie gehörten unterschiedlichen Generationen an. Vor allem wegen der aufwendigen Fertigung in kleiner Stückzahl lief dieses in Werdau gefertigte Frontlenkerchassis bis Mitte der 1960er-Jahre aus. Dieses Tiefrahmenfahrgestell eignete sich aber sehr gut für Drehleiteraufbauten. 1962 wurde die erste von insgesamt sieben solcher Drehleitern von der Zentralwerkstatt der Feuerwehr in Borkheide fertiggestellt. Dabei verwendete man den noch relativ häufig vorhandenen vierteiligen Leitersatz der Schweren Drehleiter (SDL) aus Kriegsproduktion mit 22 m Steighöhe. Bevor die Umsetzung auf die neuen Fahrgestelle erfolgen konnte, wurden die Leitern in Borkheide komplett revidiert.

In den beiden Folgejahren entstanden nochmals jeweils drei solcher Fahrzeuge. Der Bau wurde nicht fortgesetzt, weil mittlerweile die hydraulische DL 25 aus eigener Fertigung in Serie gegangen war. Die als DL 22 eingestuften Fahrzeuge wurden verschiedenen Feuerwehren zugeteilt. Die mit einem Magirus-Leiterpark von 1942 ausgestattete Prenzlauer Drehleiter, die sich bis Anfang der 1980er-Jahre dort im Einsatz befand und dann im städtischen Fuhrpark von Neubrandenburg als Arbeitsleiter hauptsächlich zur Wartung der Straßenbeleuchtung ihr Gnadenbrot erhielt, hat offenbar als einziges dieser Fahrzeuge bis heute überlebt und wurde inzwischen umfassend restauriert und ist wieder voll funktionstüchtig.

■ Technische Daten	
Bauzeit	1962–1964
Verwendung	Drehleiter DL 22 (mechanisch)
Fahrgestell	IFA S 4000-1 T-Niederrahmenchassis mit Frontlenkerfahrerhaus
Motor	4-Zylinder-/4-Takt-Reihen-Wirbelkammer-Diesel mit Wasserumlaufkühlung
Hubraum	6024 cm³
Leistung	90 PS
Drehzahl	2200 U/min
Getriebe	5/1 Gänge
Antrieb	auf die Hinterräder
Aufbauhersteller	Magirus, Ulm
Art des Aufbaus	Drehleiteraufbau mit 22 m Steighöhe u. Truppkabine
Besatzung	1 + 2 Mann

Drehleiter DL 30 auf IFA N 7

Seitenansicht der mechanischen DL 32 mit Metz-Aufbau auf IFA N 7-Fahrgestell beim Kommando Feuerwehr Karl-Marx-Stadt

Im Jahr 1961 wurde im VEB Feuerlöschgerätewerk Luckenwalde der Prototyp einer DL 30 auf dem Fahrgestell N 7 des VEB Kraftfahrzeugwerks „Ernst Grube" Werdau gebaut. Bereits 1955 hatte Luckenwalde den Auftrag zur Entwicklung einer DL 30 erhalten. Man projektierte einen in Schweißtechnologie aus offenen Stahlprofilen gefertigten, hydraulisch angetriebenen 30-m-Leiterpark, der sich an den früheren Metz-Leitern orientierte. Nun musste nur noch ein geeignetes Fahrgestell gefunden werden. Der Auftrag dazu ging nach Werdau. Man nutzte ein für diesen Zweck eigens angefertigtes, in Niederrahmenbauweise ausgeführtes Langhauben-Chassis, das auf Baukomponenten des schweren H 6-Lkw basierte. Diese unter der Typenbezeichnung N 7 geführte, nur bis zur Spritzwand fertiggestellte Plattform wurde im September 1957 nach Luckenwalde für die erste in der DDR gebaute Drehleiter geliefert.

Luckenwalde fertigte ein Staffelfahrerhaus in Gemischtbauweise einschließlich Fahrgestell-Verkleidung und Leiter-Podium auf Kunstharzbasis. Für die aufgesetzte Leiter hatte man einen vollhydraulischen Antrieb für die Funktionen Aufrichten, Ausziehen und Drehen vorgesehen. Dabei erwiesen sich die hydraulischen Baugruppen als Schwachpunkt der Leiter. Die installierte Vierstromhydraulik war für die Bedienung aller Leiterfunktionen nicht stark genug. Entscheidend war zudem, dass das gesamte Fahrzeug überwiegend aus einzeln angefertigten Teilen bestand. Der Anteil der serienmäßigen Bauteile war viel zu gering für eine wirtschaftliche Fertigung. Daher wurde die Entwicklung abgebrochen, die hydraulische Leiter abgebaut.

Das N 7-Fahrgestell wurde 1961 in Borkheide mit einem generalüberholten Metz-Vorkriegsleiterpark einer Großen Drehleiter (GDL) mit 32 m Auszugslänge einsatzbereit gemacht und der Ostberliner Feuerwehr zugeteilt. Ende 1961 kam das Fahrzeug nach Karl-Marx-Stadt. Dort kam es wegen eines technischen Defekts aber bald zu einem Totalschaden der Leiter.

■ Technische Daten ■	
Bauzeit	1957 (Fahrgestell) mit verschiedenen, aus den 1930er-Jahren stammenden Leiteraufbauten
Verwendung	Drehleiter DL 30/DL 32/DL 36 (mechanisch)
Fahrgestell	IFA N 7-Niederrahmenfahrgestell
Motor	6-Zylinder-/4-Takt-Reihen-Wirbelkammer-Diesel mit Wasserumlaufkühlung
Hubraum	9036 cm³
Leistung	120 PS
Drehzahl	2000 U/min
Getriebe	5/1 Gänge
Antrieb	auf die Hinterräder
Aufbauhersteller	VEB Feuerlöschgerätewerk Luckenwalde (Karosserie) Metz, Karlsruhe (Drehleiteraufbauten)
Art des Aufbaus	Drehleiteraufbau mit unterschiedlicher Steighöhe und Staffelkabine
Besatzung	1 + 5 Mann

Drehleiter DL 25 auf IFA S 4000-1

Diese im Jahr 1965 noch mit altem Leitersatz entstandene DL 25 gehörte bis 1982 zum Fahrzeugbestand der Feuerwehr Mühlhausen/Thüringen und stand bis 1993 bei der Feuerwehr Leinefelde im Dienst. Seither ist die Drehleiter ein Traditionsfahrzeug.

Diese DL 25 h war bei der Feuerwehr Templin stationiert und ist museal erhalten geblieben.

N achdem die vergeblichen Versuche, eine hydraulisch angetriebene DL 30 zu entwickeln, vom VEB Feuerlöschgerätewerk Luckenwalde abgebrochen worden waren, begann die Entwicklung zunächst an einer hydraulischen DL 22. Dabei konnten die Techniker aus den in der Vergangenheit gemachten Erfahrungen ihren Nutzen ziehen. Trotzdem war der erste auf S 4000-1 gebaute Prototyp nicht mängelfrei. Diese konnten aber beim zweiten Prototyp behoben werden. Zugleich wurde die Steighöhe auf 25 m vergrößert. Die nun folgenden Entwicklungsarbeiten gingen rasch voran, sodass 1962 das erste Funktionsmuster auf IFA S 4000-1 fertig war und dem Kommando Feuerwehr Ostberlin zur Erprobung übergeben werden konnte. Da sich das neue Fahrzeug auch in der Praxis bestens bewährte, konnte die DL 25 ab 1963 in Luckenwalde in Serie gehen. Damit war es der im Drehleiterbau unerfahrenen Feuerwehrgeräteindustrie der DDR endlich gelungen, nach manchen Fehlschlägen eine funktionstüchtige hydraulische Drehleiter aus eigener Fertigung auf die Räder zu stellen.

Das Chassis besaß ein in Gemischtbauweise erstelltes Serienfahrerhaus für drei Mann Besatzung. Unter der daran anschließenden Plattform befanden sich zwei Gerätekästen zur Aufnahme verschiedenen feuerwehrtechnischen Zubehörs. Der Betrieb der Leiter wurde mittels eines Nebenabtriebs des Fahrzeugmotors bewerkstelligt. Zur Verbesserung der Standsicherheit beim Leiterbetrieb befanden sich am Rahmen jeweils beidseitig zwei Schraubspindelabstützungen mit manueller Betätigung. Der vierteilige Leitersatz funktionierte mit Fallhaken und erinnerte an die alte Metz-Leiterkonstruktion. Der Leitersatz wurde durch ein wartungsfrei arbeitendes ölhydraulisches Getriebe betätigt. Alle Leiterbewegungen konnten nacheinander oder auch gleichzeitig ausgeführt werden. Die Steuerung erfolgte von einem an der linken Seite des Leiterstuhles angebrachten Bedienstand. Während sich am Leiterfuß zum Besteigen der Unterleiter eine 1,50 m lange Aufstiegsleiter befand, war an der Leiterspitze ein Handausschub in gleicher Länge vorhanden, damit notwendige geringfügige Angleichungen vorgenommen werden konnten. Für das Aufrichten der Leiter auf volle Höhe benötigte die Hydraulik zwischen 17 und 20 Sekunden. Der Leiterturm war um 360° drehbar. Die DL 25 war mit allen damals üblichen Sicherheitseinrichtungen ausgerüstet. Während an der Leiterspitze ein Wendestrahlrohr zur Brandbekämpfung montiert werden konnte, war die Drehleiter für den Kranbetrieb nicht eingerichtet.

Diese hydraulische DL 25 war zu ihrer Zeit ein durchaus konkurrenzfähiges, solides und zweckmäßiges Fahrzeug. Während ihrer insgesamt neunjährigen Bauzeit wurden nach Polen und in die CSSR 24 Drehleitern exportiert. Die Bemühungen des DDR-Außenhandels, die DL 25 auch in das nichtsozialistische Wirtschaftsgebiet (NSW) zu verkaufen, waren bis auf eine Ausnahme nicht erfolgreich. Zu groß war die Konkurrenz der eingeführten westdeutschen Unternehmen Magirus und Metz.

Immerhin 37 Einheiten blieben im eigenen Land. Bis Ende 1964 entstanden zwölf Einheiten. Seit 1965 bis zur Fertigungseinstellung 1969 wurde ein verbesserter und leichterer Leitersatz, der mit seinen in Zickzackform verlaufenden diagonalen Verstrebungen dem seit 1953 von Magirus gebauten ähnelte, für immerhin 49 Einheiten verwendet. Diese Änderung erfolgte bereits mit Blick auf die zu erwartende DL 30 auf IFA W 50 L. Mit diesen Stückzahlen war es möglich, zumindest den größeren Wehren in der DDR flächendeckend neue Fahrzeuge zuzuweisen. 1968 löste eine neu entwickelte DL 30 auf IFA W 50 L-Frontlenkerfahrgestell die DL 25 ab. Bis in die frühen 1990er-Jahre rückten die mittlerweile an kleinere Wehren abgegebenen Fahrzeuge aus. Die Jahrtausendwende erlebte offenbar keines dieser Fahrzeuge mehr im aktiven Dienst. Einige von ihnen sind bis heute für Traditionszwecke erhalten geblieben.

■ Technische Daten ■■■■	
Bauzeit	1962–1969
Verwendung	Drehleiter DL 25 (hydraulisch)
Fahrgestell	IFA S 4000-1
Motor	4-Zylinder-/4-Takt-Reihen-Wirbelkammer-Diesel mit Wasserumlaufkühlung
Hubraum	6024 cm³
Leistung	90 PS
Drehzahl	2200 U/min
Getriebe	5/1 Gänge
Antrieb	auf die Hinterräder
Aufbauhersteller	VEB Feuerlöschgerätewerk Luckenwalde
Art des Aufbaus	Drehleiteraufbau mit 25 m Steighöhe u. Truppkabine
Besatzung	1 + 2 Mann

Diese bei der Feuerwehr Burgstädt stationierte DL 25 auf IFA S 4000-1 besitzt den ab 1965 verwendeten neuen Leitersatz, dessen deutlich geringere Abmessungen gut zu erkennen sind.

Die neuen Robur-Frontlenker

Seit 1955 arbeitete der VEB Robur-Werke Zittau an einem neuen Lastwagenmodell, mit dem der Übergang vom Haubenlastwagen zum Frontlenker vollzogen werden sollte. Nachdem bereits Mitte 1957 der erste Prototyp eines Frontlenker-Omnibusses vorgestellt worden war, erschienen die ersten Pressemitteilungen über den neuen Robur-Frontlenker-Lkw im Dezember 1959. Mit der Vorstellung des LO 2500 (LO = luftgekühlter Ottomotor) auf der Leipziger Frühjahrsmesse 1961 ging das erste Mitglied einer völlig neu konstruierten leichten Lkw-Familie an den Start. Diese wendigen, kleinen, aber auch recht einfach konstruierten Frontlenker gab es bald in zahllosen Bauausführungen und Spezialaufbauten. Sie waren aus dem Straßenbild der DDR nicht wegzudenken und wurden – im Laufe der Zeit in vielen Details verbessert – bis zum Ende der DDR in etwa 200 000 Exemplaren gebaut. Robur-Lkw waren nicht nur in der DDR und im Ostblock, sondern auch in vielen überseeischen Ländern verbreitet.

Die neue Bauform trug den aktuellen internationalen Entwicklungstrends Rechnung. Schon von Weitem waren diese Wagen an ihrem fischmaulartigen Kühlerlüftungsgitter zu identifizieren. Das Mo-

torenkonzept in Form des luftgekühlten Vierzylinder-Vergasermotors mit Kopfsteuerung wurde beibehalten. Das überarbeitete Antriebsaggregat leistete nun 70 anstelle von 60 PS beim Garant 30 K. Da auch das Hubvolumen auf 3345 cm^3 gesteigert worden war, brauchte die Drehzahl nicht erhöht zu werden. Neu war auch das Fünfganggetriebe, bei dem der zweite bis fünfte Gang synchronisiert waren. Da auch für NVA und andere bewaffnete Organe Bedarf an diesem Frontlenker als Militär-Lkw bestand, gab es neben der zivilen Hinterradausführung auch eine Allradvariante. Während der hinterradgetriebene Lastwagen jetzt 2,5 t Last befördern konnte, waren es bei Allradfahrzeugen 1,8 t.

Der Allradwagen eignete sich natürlich auch ideal für den Feuerwehrdienst. Der LF-Lkw-TS 8-Aufbau mit Pritsche und Plane des Vorgängers Garant 30 K konnte fast unverändert auf das ab 1961 lieferbare Modell LO 1800 A übernommen werden. Für die Feuerwehren war dieses Fahrzeug im Vergleich zum Garant 30 K, vor allem bei Geländefahrten, ein großer Schritt nach vorn. Der stärkere Motor, das Fünfganggetriebe mit verbesserten Übersetzungen und nicht zuletzt die auf 265 mm gestiegene Bodenfreiheit in Verbindung mit den einzelbereiften Hinterrädern machten das Einsatzfahrzeug äußerst geländegängig. Auch Steigfähigkeit und Wattiefe kamen den abseits von Straßen und Wegen herrschenden Bedingungen sehr entgegen. Lediglich der weiterhin benötigte Schlauchtransportanhänger schränkte die Fahreigenschaften ein. Das in Leichtstahlausführung gefertigte Fahrerhaus bot gute Sichtverhältnisse. Wenig Änderungsbedarf bestand bei der feuerwehrtechnischen Beladung, bei der allerdings die Unterbringung teilweise verbessert wurde. Aufbau und Ausrüstung erfolgten vom VEB Feuerlöschgerätewerk Görlitz. Darüber hinaus gab es auf diesem und den nachfolgenden Robur-Fahrgestellen viele Sonder- und Eigenaufbauten.

Ab 1967 kam das technisch aufgewertete Modell LO 1801 A in den Handel. Durch die Umgestaltung der Front und den Wegfall des sogenannten Fischmauls wirkte das Fahrzeug nun moderner und war gleichzeitig einfacher zu fertigen. Zu den Verbesserungen bei der Feuerwehrausführung gehörte die

LÖSCHFAHRZEUG

LF-LKW-TS 8 MIT SCHLAUCHTRANSPORTANHÄNGER – STA/ST –

AUF ALLRAD-FRONTLENKER-FAHRGESTELL LO 1800

Das LF-LKW-TS 8 ist auf einem Robur-Allrad-Fahrgestell aufgebaut. Es ist für die Freiwillige Feuerwehr bestimmt. Das Fahrzeug bietet nicht nur die Möglichkeit eines guten Einsatzes bei der Brandbekämpfung (gute Ausrüstung, 675 m Druckschlauch, Befahren schlechter Wege usw.), sondern auch bei Katastrophenfällen. Zugfahrzeug und Schlauchtransportanhänger sind mit wenigen Handgriffen für Materialtransporte umzuwandeln.

Für die Pflege des Fahrzeuges ist die mitgegebene Bedienungsanweisung des Kraftfahrzeugwerkes maßgebend.

VEB FEUERLÖSCHGERÄTEWERK GÖRLITZ

Titelseite des ausführlichen Prospekts des VEB Feuerlöschgerätewerk Görlitz für das neue Frontlenker-Löschfahrzeug auf LO 1800 A aus dem Jahr 1961

Werksaufnahme eines LF-Lkw-TS 8-STA auf Robur LO 1800 A in der ersten Bauausführung mit hinten angeschlagenen Türen. Das Fahrzeug verfügt noch über die in das Fahrerhausdach eingelassenen Blinkleuchten sowie über den aus der Kriegszeit übernommenen Rasselwecker. Dieses Signalgerät musste nach der 1977 in der DDR wirksam werdenden neuen Straßenverkehrsordnung stillgelegt werden.

veränderte Lagerung der Tragkraftspritze und der serienmäßige Einbau einer Vorbaupumpe. Die Bezeichnung des Löschfahrzeugs änderte sich daraufhin in LF 8-TS 8-STA.

Mit Einführung des LO 2002 A ab dem Jahr 1974 konnte die Motorleistung auf 75 PS nochmals gesteigert werden. Die Nutzlast erhöhte sich um 250 kg. Damit war beim LF 8-TS 8 die Belastungsgrenze des Fahrgestells jetzt voll ausgeschöpft. Hinzu kam, dass die laufende Erweiterung der Ausrüstung die ohnehin sehr beengten Platzverhältnisse auf dem Fahrzeug immer knapper werden ließen, vor allem, seit die Druckluftatemgeräte in den Rückenlehnen untergebracht worden waren. Mit jeder Änderung wurde der Fahrzeugtyp unpraktischer, zumal das gesamte Konzept mittlerweile nicht mehr zeitgemäß war. Der geringe wirtschaftliche Spielraum aber bot Fahrgestell- und Aufbauherstellern keine andere Alternative. Durchaus sinnvolle

Entwicklungsvorschläge zu einem gänzlich neuen Löschfahrzeug konnten aus wirtschaftlichen Gründen jedoch nicht realisiert werden. So musste das LF 8-TS 8-STA bis zum Jahr 1990 fast unverändert in Serie bleiben. Für seine große Verbreitung sprechen die mit 3630 Fahrzeugen enormen Stückzahlen. Selbst heute noch rücken einige Feuerwehren auf dem Lande mit diesen robusten Fahrzeugen „Made in GDR" aus.

Das charakteristische Merkmal der frühen Robur-LO-Frontlenker war das als Fischmaul geformte Kühlerschutzgitter.

Dieser LF-Lkw-TS 8-STA stammt aus dem Jahr 1965 und hat noch die nach vorn öffnenden Türen. Da das LO 1800 A-Chassis als Militärfahrgestell ausgeliefert wurde, gibt es eine Einweiserluke über dem Beifahrersitz.

Die Ladefläche des Löschfahrzeugs. Mittig am Spriegelgestell befinden sich zwei Steckleiterteile, links die bei Bedarf einzuhängende Krankentrage. Wie man erkennt, sind die eingeschränkten Platzverhältnisse sinnvoll, gut durchdacht und bis zum Letzten ausgenutzt.

Löschfahrzeug-Lkw TS 8-STA auf Robur LO 1800 A

Der Löschfahrzeug-Lastkraftwagen-Tragkraftspritze 8-Schlauchtransportanhänger – LF-Lkw-TS 8-STA – hatte sich mit mehr als 400 bis zum Jahr 1961 gebauten Fahrzeugen – trotz seiner einfachen Bauart – bei vielen Feuerwehren in Gemeinden und Betrieben gut bewährt. Mit diesen im VEB Feuerlöschgerätewerk Görlitz gefertigten Fahrzeugen ließ sich mit geringen Mitteln ein Lkw-Chassis zu einem Löschfahrzeug ausrüsten. Als dann 1961 die Allradausführung LO 1800 A des neuen Frontlenkermodells der Zittauer Robur-Werke zur Verfügung stand, wurde der Bau dieser Fahrzeuge ohne Unterbrechung fortgeführt. Der Aufbau ließ sich fast unverändert auch für das neue Fahrgestell verwenden. Durch diese Chassis konnten vor allem die Geländeeigenschaften des Löschfahrzeugs im Vergleich zu seinem Vorgänger entscheidend verbessert werden. Einzelradbereifung, die höhere Bodenfreiheit, der stärkere Motor und der zuschaltbare Vorderradantrieb ließen den LO 1800 A fast überall durchkommen. Nur der mitgeführte Schlauchtransportanhänger, in dessen Buchten sich 420 m B-Schlauchmaterial befanden, führte in dieser Hinsicht zu gewissen Beschränkungen. Das Fahrerhaus war in Leichtstahlbauweise gefertigt, verfügte über ein ausstellbares Frontfenster auf der Fahrerseite und bot diesem deutlich verbesserte Sichtverhältnisse. Für Fahrer und Beifahrer standen jetzt Einzelsitze zur Verfügung. Anfangs waren die Türen hinten angeschlagen und öffneten in Fahrtrichtung. Dies beschleunigte zwar bei Einsätzen das Aussteigen, entsprach aber nicht den Sicherheitsbestimmungen. Daher wurde eine Änderung im Laufe der Serienfertigung vorgenommen. Mit einer Steckverbindung konnte auf der Fahrerkabine ein Suchscheinwerfer angebracht werden, der mittels

■ Technische Daten ■

Bauzeit	1961–1967
Verwendung	Löschfahrzeug LF-Lkw-TS 8-STA
Fahrgestell	Robur LO 1800 A
Motor	4-Zylinder-/4-Takt-Reihen-Vergasermotor mit Gebläseluftkühlung
Hubraum	3345 cm³
Leistung	70 PS
Drehzahl	2800 U/min
Getriebe	5/1 Gänge + Vorgelege
Antrieb	Allrad
Aufbau-hersteller	VEB Feuerlöschgerätewerk Görlitz
Art des Aufbaus	Pritschenaufbau mit Plane und Spriegeln und Standard-Lkw-Kabine
Pumpe	Tragkraftspritze TS 8/8
Besatzung	1 + 8 Mann

Netzanschluss an der Fahrzeugfront mit Energie versorgt wurde.

Die Unterbringung der feuerwehrtechnischen Beladung wurde dort, wo es nötig war, ständig weiter verbessert. Alle für einen Erstangriff notwendigen Geräte waren so gelagert, dass sie schnell und sicher entnommen werden konnten. Die Zugänglichkeit der Tragkraftspritze über das Heck war weiterhin etwas unpraktisch, denn bevor die Spritze über das Klappgestell entnommen werden konnte, musste zunächst der Schlauchtransportanhänger abgekuppelt werden. Infolge der gegenüber dem Garant 30 K höheren Ladekante gestaltete sich die Entnahme der TS 8/8 ein wenig schwieriger als zuvor. Die vergrößerte Nutzlast gestattete die zusätzliche Beladung mit einem tragbaren Benzin-Elektro-Aggregat mit 0,5 kVA. Für Wintereinsätze war für die auf der Pritsche sitzende Mannschaft eine Heizung installiert. Wie auch schon beim Garant 30 K ließ sich die Umrüstung zu einem Lkw mit eingeschränkter Ladefläche ohne große Probleme durchführen.

Zwischen 1962 und 1967 lieferte der Feuerwehrausrüstungsbetrieb in Görlitz insgesamt 449 LF-Lkw-TS 8. Damit konnten zahlreiche Feuerwehren motorisiert und manches überalterte Fahrzeug ausgesondert werden. Diese beachtliche Zahl verbesserte den Brandschutz vor allem auf dem Lande beträchtlich.

Das 1961 enstandene Werkfoto aus dem VEB Robur-Werke Zittau zeigt das LF-Lkw-TS 8-STA auf Robur LO 1800 A. Das Fahrzeug hat noch die nach vorn öffnenden Türen und ein ausstellbares Frontfenster auf der Fahrerseite sowie extrem kleine Rückblickspiegel.

Der Grubenwehr-Einsatzwagen als koloriertes Prospektfoto. Die ausreichend verglaste Fahrerkabine ermöglichte eine recht gute Rundumsicht.

Grubenwehr-Einsatzwagen GEW auf Robur LO 1800 A

Besonders in den großen Braunkohlenrevieren der DDR, aber auch für den von der SDAG Wismut an verschiedenen Standorten vorgenommenen Uranabbau wurden Spezialfahrzeuge für den Brandschutz und die Brandbekämpfung benötigt. 1964 stellte der VEB Feuerlöschgerätewerk Görlitz einen neuen Grubenwehr-Einsatzwagen GEW auf dem Robur LO 1800 A-Chassis vor. Er ergänzte oder ersetzte die bisher auf H 3 A-Fahrgestellen gefertigten Fahrzeuge dieses Einsatzzwecks. Aufbau und Fahrerkabine des GEW bildeten mit ihren verrundeten Kanten gestalterisch eine Einheit. Während das Fahrerhaus in Ganzstahlbauweise ausgeführt war, entstand der Aufbau in Gemischbauweise, also mit Hartholzrahmen und Stahlblechbeplankung. Der Aufbau des neuen Grubenwehr-Einsatzwagens war als geschlossener Koffer ausgebildet, der sich in Mannschaftskabine und Geräteräume unterteilte. Von den acht vorhandenen Sitzplätzen befanden sich zwei im Fahrerhaus, der Rest im Aufbau. Die quer eingebauten Sitzbänke dienten gleichzeitig als Gerätekästen. Die Geräteräume waren durch drei Doppeltüren zugänglich. Die Ausrüstung bestand aus neun Bergbau-Gasschutzgeräten, einem Wiederbelebungsgerät, mehreren Kästen Alkalipatronen sowie Sauerstoffflaschen unterschiedlicher Größe. Dazu wurden Werkzeug und Ersatzbatterien mitgeführt. Das Zuladungsgewicht einschließlich der Mannschaften betrug rund 1300 kg.

Wie viele Fahrzeuge dieses Baumusters gefertigt wurden, ist nicht genau bekannt. Die Schätzungen liegen bei etwa zehn Stück. Soweit bekannt, sind zwei davon erhalten geblieben.

■ Technische Daten ■■■■■

Bauzeit	1964–1967
Verwendung	Grubenwehr-Einsatzwagen (GEW)
Fahrgestell	Robur LO 1800 A
Motor	4-Zylinder-/4-Takt-Reihen-Vergasermotor mit Gebläseluftkühlung
Hubraum	3345 cm³
Leistung	70 PS
Drehzahl	2800 U/min
Getriebe	5/1 Gänge + Vorgelege
Antrieb	Allrad
Aufbauhersteller	VEB Feuerlöschgerätewerk Görlitz
Art des Aufbaus	geschlossener Kofferaufbau mit Standard-Lkw-Kabine
Besatzung	1 + 7 Mann

Löschfahrzeug 8-TS 8-STA auf Robur LO 1801 A

Ein LF 8-TS 8 unbekannten Baujahrs, stationiert bei einer Ortswehr im Kreis Spremberg

S eit 1967 gab es den stark überarbeiteten Robur LO 1801 A. Das Fahrgestell war im Hinblick auf den möglichen Export in Länder mit Linksverkehr mit einem standardisierten Fahrerhaus ausgerüstet worden, in das sich eine Links- oder Rechtslenkung einbauen ließ. Weitere Verbesserungen waren eine Zweikreis-Bremsanlage sowie die Verstärkung der Vorderachse mit dahinter liegender Spurstange. Man vereinfachte auch die Frontpartie und ersetzte das bisherige verchromte Fischmaul durch Lüftungsschlitze. Motor und Getriebe blieben unverändert, wie fast alle anderen Baukomponenten. Beim Löschfahrzeug wurden Veränderungen bei Aufbau und Beladung vorgenommen. Hinter der neuen Kühlerschutzverkleidung verbarg sich jetzt eine fest installierte Feuerlöschkreiselpumpe FPV 8/8 mit 800 l Förderleistung pro Minute. Damit änderte sich die Bezeichnung in LF 8-TS 8-STA. Die Bedieneinrichtung der vor dem Fahrzeugmotor angeordneten Pumpe befand sich vorn und war nach Hochklappen der Kühlerverkleidung zugänglich. Der Antrieb der Pumpe erfolgte durch den Fahrzeugmotor über ein an der Keilriemenscheibe angeflanschtes Kardangelenk und ein Zwischengetriebe. Seit 1968 diente eine Kolbenentlüftungspumpe anstelle des Gasstrahlers als Entlüftungsvorrichtung. Die Verwendung einer Frontpumpe stellte eine ganz wesentliche Verbesserung des Löschfahrzeug-Konzepts dar. Hinzu kam, dass unter Zuhilfenahme der TS 8/8 sich die Gesamtpumpenleistung auf 1600 l/min verdoppeln ließ. Die Tragkraftspritze befand sich jetzt links seitlich auf der Pritsche, sodass der Schlauchanhänger vor Entnahme der Schläuche nicht mehr abgekuppelt werden musste. Neu war eine Sprechverbindung zwischen Fahrerhaus und Pritsche. Zudem wurden die Nutzungsmöglichkeiten des Fahrzeugs nach dem Baukastenprinzip stark verbessert.

■ Technische Daten ■	
Bauzeit	1967–1973
Verwendung	Löschfahrzeug 8-TS 8-STA
Fahrgestell	Robur LO 1801 A
Motor	4-Zylinder- / 4-Takt-Reihen-Vergasermotor mit Gebläseluftkühlung
Hubraum	3345 cm³
Leistung	70 PS
Drehzahl	2800 U / min
Getriebe	5/1 Gänge + Vorgelege
Antrieb	Allrad
Aufbauhersteller	VEB Feuerlöschgerätewerk Görlitz
Art des Aufbaus	Pritschenaufbau mit Plane und Spriegeln und Standard-Lkw-Kabine
Pumpe	800 l/min (Frontpumpe) Tragkraftspritze TS 8/8
Besatzung	1 + 8 Mann

Ein LF 8-TS 8-STA der Feuerwehr Ellrich bei einer Übung. Am rechten Bildrand ist die abgelastete Tragkraftspritze gut zu erkennen.

Löschfahrzeug 8-TS 8-STA auf Robur LO 2002 A

Prospektblatt der dem Industrieverband Fahrzeugbau der DDR (IFA) angehörenden VEB Robur-Werke über das Feuerlöschfahrzeug LO 2002 A. Im Bild wird der Einsatz mit der Tragkraftspritze demonstriert.

B is einschließlich 1973 erfolgte der Aufbau des LF 8-TS 8 auf dem Allradchassis des Robur LO 1801 A. Ab 1974 stand das leicht modifizierte Fahrgestell des LO 2002 A für den gleichen Zweck zur Verfügung. Die wichtigsten Verbesserungen waren eine auf 75 PS gesteigerte Motorleistung und eine Nutzlasterhöhung um 250 kg. Äußerlich wurde diese Fahrzeug nicht verändert. Der Robur erreichte nun eine Höchstgeschwindigkeit von 85 km/h. Die Bordwände bestanden jetzt aus leichteren Glaskresitplatten in Wabenbauweise. Dadurch konnte das Eigengewicht des Fahrzeugs zugunsten der Zuladung verringert werden. Zur Verbesserung der Lichtverhältnisse im Aufbau ersetzte man die bisherige imprägnierte Stoffplane durch eine lichtdurchlässige Malitex-Kunststoffplane. Darüber hinaus blieb der LO 2002 A gegenüber seinem Vorgänger, von wenigen Details abgesehen, fast unverändert.

Einige Modifizierungen gab es in der Beladung und Ausrüstung. So wurden die Druckluft-Atemgeräte nun in die Rückenlehnen auf der Pritsche verlegt. Außerdem kamen jetzt Geräte für die Schaumerzeugung (Mittelschaumrohr, Luftschaumrohr oder Schwerschaumrohr, Zumischer und Zumischerschlauch sowie vier Kanister zu jeweils 20 l Schaumbildner) hinzu. Auf den Sitzbänken befanden sich jetzt acht Einsatzkräfte, sodass bei Bedarf eine zusätzliche

Technische Daten

Bauzeit	1974–1990
Verwendung	Löschfahrzeug 8-TS 8-STA
Fahrgestell	Robur LO 2002 A
Motor	4-Zylinder-/4-Takt-Reihen-Vergasermotor mit Gebläseluftkühlung
Hubraum	3345 cm³
Leistung	75 PS
Drehzahl	2800 U/min
Getriebe	5/1 Gänge + Vorgelege
Antrieb	Allrad
Aufbau-hersteller	VEB Feuerlöschgerätewerk Görlitz
Art des Aufbaus	Pritschenaufbau mit Plane und Spriegeln und Standard-Lkw-Kabine
Pumpe	800 l/min (Frontpumpe) Tragkraftspritze TS 8/8
Löschmittel-vorräte	80 l Schaumbildner
Besatzung	1 + 8 Mann

Person in der Fahrerkabine Platz hatte. Nach wie vor wurde die gesamte umfangreiche Ausrüstung auf der Pritsche befördert. Dabei gab es die Option, dass anstelle der links seitlich gelagerten Tragkraftspritze TS 8/8 ein Leichtschaumgenerator vom Typ LSG 4/400 T untergebracht werden konnte. Wie schon sein Vorgänger konnte auch das LF 8-TS 8 auf dem Typ Robur LO 2002 A in kurzer Zeit und unkompliziert in andere Bauvarianten umgerüstet werden. In dieser Form blieb der Robur LF 8-TS 8 mit seinem immer noch sehr unentbehrlichen Schlauchtransportanhänger (STA) bis 1990 unverändert in der Fertigung.

Mit 3630 auf LO 1801 A und LO 2002 A erstellten LF 8-TS 8-STA erreichte dieser Löschfahrzeugtyp in der DDR eine große Verbreitung. Zählt man noch die Vorgänger Garant 30 K und LO 1800 A hinzu, erhöhte sich die Zahl auf mehr als 4500 Fahrzeuge. Mit seiner umfangreichen, sehr vielseitigen Beladung, seiner ausgezeichneten Geländefähigkeit, Einfachheit und Robustheit war er zur Brandbekämpfung, Gefahrenbeseitigung, bei Katastropheneinsätzen und technischer Hilfeleistung das Universalfahrzeug der Feuerwehren in ländlichen Regionen. Die übersichtliche Technik jenseits jeglicher Elektronik erlaubte es notfalls auch dörflichen Handwerkern, Reparaturen vorzunehmen, wo diese bei den meisten Neufahrzeugen passen müssten.

Ein gut gepflegtes LF 8-TS 8 aus LO 2002 A, stationiert bei der Feuerwehr Langenbogen. Gut erkennbar sind die Bordwände aus fertigungstechnisch einfacheren und zudem leichteren Kunststoffplatten sowie die lichtdurchlässige Kunststoffplane.

Auf den größeren Flughäfen der DDR gehörte das Leichtschaum-Löschfahrzeug zur unverzichtbaren Fahrzeugausstattung der dortigen Feuerwehren. Hier ein 1989 auf dem Gelände des Flughafens Dresden fotografiertes Exemplar.

Leichtschaum-Löschfahrzeug LF 8-LS 1 / 1 auf Robur LO 2002 A

Zwischen 1977 und 1988 fertigte der VEB Feuerlöschgerätewerk Görlitz das Leichtschaum-Löschfahrzeug LF 8-LS 1/1. Der Aufbau erfolgte auf dem Robur LO 2002 A-Chassis, in dessen Motorenraum die Feuerlöschkreiselpumpe in Frontbauweise untergebracht war. Dieses Spezialfahrzeug für Leichtschaumerzeugung basierte auf einem bereits 1971 entwickelten Hochexpansionsschaumgerät (LF 8-HVG), das mit dem LF 8-LS 1/1 in die Serienfertigung überführt wurde. Das neue Verfahren diente vor allem dazu, die Brandbekämpfung in großen geschlossenen Räumen und Lagern wirkungsvoller zu gestalten. Mit dem im Fahrzeug mitgeführten Schaumbildner konnten größere Mengen Löschschäume erzeugt und auf die Brandstellen aufgetragen werden. Daher war es möglich, in kürzester Zeit Brände fester organischer Stoffe in Produktionshallen, Kabelkanälen, Schächten und anderen häufig nur schwer zugänglichen Objekten zu löschen oder einzudämmen und die bisher bei der Brandbekämpfung auftretenden Wasserschäden zu vermeiden. Es konnte aber auch im Gelände zum Legen von Schaumsperren bei der Waldbrandbekämpfung, zur Landebahnbeschäumung auf Flughäfen (um die Entzündungsgefahr durch bei Notlandungen entstehenden Funkenflug zu hemmen) und zum Abdecken von Bränden brennbarer Flüssigkeiten verwendet werden. Die auf dem Fahrzeug befindliche Schaummittelmenge reichte für ein Volumen von etwa 6000 m³ aus.

Die löschtechnische Einrichtung befand sich auf einem Zwischenrahmen innerhalb des aus Stahlblech gefertigten geschlossenen Kofferaufbaus. Die Seitenwandtüren besaßen Jalousienverschlüsse. Die für die Schaumerzeugung notwendige Luft

▪ Technische Daten ▪▪▪▪▪▪	
Bauzeit	1977 – 1988
Verwendung	Leichtschaum-Löschfahrzeug LF 8-LS 1/1
Fahrgestell	Robur LO 2002 A
Motor	4-Zylinder- / 4-Takt-Reihen-Vergasermotor mit Gebläseluftkühlung
Hubraum	3345 cm³
Leistung	75 PS
Drehzahl	2800 U / min
Getriebe	5 / 1 Gänge + Vorgelege
Antrieb	Allrad
Aufbauhersteller	VEB Feuerlöschgerätewerk Jöhstadt
Art des Aufbaus	geschlossener Kofferaufbau und Standard-Lkw-Kabine
Pumpe	800 l / min (Frontpumpe)
Löschmittelvorräte	2 x 350 l Schaumbildner
Besatzung	1 + 1 Mann

wurde mithilfe eines Axiallüfters durch die auf beiden Seiten befindlichen rechteckigen Öffnungen angesaugt. Das Heck des Fahrzeugs bestand aus einer großen Klappe, welche die gesamte Fläche einnahm. In dieser war eine zweiteilige Schaumlutte aus leichtem Dederon (DDR-Begriff für Polyamidfaser) mit jeweils 15 m Länge für den Schaumtransport auf die Brandstelle untergebracht. Für den Antrieb des Axiallüfters und der Zumischpumpe war ein stationärer Dieselmotor vorhanden. Die Wasserversorgung erfolgte von außen, z. B. über Hydranten oder ein Tanklöschfahrzeug. Der Schaumbildner befand sich in zwei Behältern mit insgesamt 700 l Inhalt auf dem Fahrzeug. Das durch die Frontpumpe zur Zumischpumpe beförderte Wasser wurde dort mit Schaumbildner angereichert. Anschließend wurde dem Wasser/Schaumgemisch Luft zugeführt, über einen Düsenstock im Heck zu einem Leichtschaum vernebelt, durch ein Sieb hinausgeblasen und auf den Brandherd geleitet. Der Durchmesser der Schaumlutte konnte verstellt werden, sodass verschiedene Austrittsgrößen je nach Einsatzart zur Verfügung standen. Der Schaum konnte bis auf eine Höhe von etwa 30 m gedrückt werden.

Das Leichtschaumlöschfahrzeug wurde meist zusammen mit einem Tanklöschfahrzeug eingesetzt. In mehreren Baulosen entstanden bis 1988 insgesamt 135 Fahrzeuge, die bei Feuerwehr-Kommandos größerer Städte, auf Flugplätzen, in Betrieben und in der NVA eingesetzt wurden. Durch Einführung neuer Löschverfahren und Einsatztaktiken verschwanden nach 1990 die LF 8-LS 1/1 relativ schnell aus den Fahrzeugbeständen der Wehren.

Leichtschaum-Löschfahrzeug LF 8-LS 1/1 mit geöffneter Pumpenklappe sowie geöffnetem linkem Geräteraum. Rechts dahinter befindet sich eine der auf beiden Seiten vorhandenen Luftansaugöffnungen für den Axialgebläselüfter (Bild oben). Nach Öffnen der hinteren Kofferwand konnte die Schaumlutte herausgezogen werden (Bild unten).

Dieser aus einem 1984 gebauten Mannschaftstransportwagen der DDR-Volkspolizei durch Um- und Ausbau beim Feuerwehrgerätewerk Luckenwalde entstandene HRW 1 war Anfang der 1990er Jahre bei der Feuerwehr Riesa stationiert. In dem auf der rechten Seite zwischen den Achsen befindlichen Gerätekasten ist hydraulische Ausrüstung wie Schneidgerät und Spreizer untergebracht.

Hilfs-Rüstwagen HRW 1 auf Robur LO 2002 A

Mithilfe eines Geräteschlittens konnte das tragbare 4-kVA-Benzin-Elektro-Aggregat über das Heck entnommen werden.

D er Straßenverkehr in der DDR nahm nach der Grenzöffnung stark zu. Entsprechend gingen die Unfallzahlen in die Höhe. Die DDR-Feuerwehren waren für solch hohe Unfallquoten nicht gerüstet. Hydraulisches Rettungsgerät wie Schere und Spreizer waren in der DDR kaum vorhanden. Rüstwagen gab es ebenfalls nur vereinzelt bei größeren Feuerwehren. Um dem dringendsten Bedarf an Sonderfahrzeugen für technische Hilfeleistung abzuhelfen, wurden ab Ende 1990 genau 100 Hilfs-Rüstwagen HRW 1 im Auftrag des Bundesamtes für Zivilschutz ausgerüstet. Grundlage bildeten die Mannschaftstransportwagen Robur LO 2002 A aus Beständen der Zivilverteidigung der Ex-DDR. Dabei handelte es sich um relativ neue Fahrzeuge der Baujahre 1978 bis 1985. Wegen der Einzelbereifung, des großen Überhangwinkels und der großen Bodenfreiheit konnten diese vierradangetriebenen Fahrzeuge auch abseits von Straßen und Wegen eingesetzt werden.

Den Auftrag für den Umbau erhielt der jetzt unter Feuerwehrgerätewerk Luckenwalde GmbH firmierende bekannte Feuerwehrausrüster. Bei der Bestückung wurden teilweise vorhandene Geräte wie der Flutlichtstrahler mit 1000 W oder der tragbare 4-kVA-Stromerzeuger aus Beständen der früheren Zivilverteidigung übernommen. Neu beschafft wurden elektrohydraulische Rettungsgeräte wie die mit Antriebsaggregat und Schnellangriffseinrichtung versehenen Spreizer und Schere, zwei Hochdruck-Lufthebekissen, Trennschleifer und Motorkettensäge, eine fest installierte Motorseilwinde und Brennschneidgerät. Eine Krankentrage, Steckleiterteile sowie zahlreiches weiteres Gerät und Werkzeuge bis zur Nutzlastgrenze des Fahrgestells vervollständigten die Ausrüstung.

Die Fahrzeuge waren eine Soforthilfsmaßnahme des Bundes für technische Hilfeleistungen in den neuen Bundesländern und wurden ausgewählten Feuerwehren zur Verfügung gestellt. Nach Erscheinen genormter Rüst- und Gerätewagen wechselten viele HRW 1 zum Teil mehrfach ihre Standorte.

■ Technische Daten	
Bauzeit	1978–1985 (Fahrgestell) 1990–1991 (Umbau)
Verwendung	Hilfs-Rüstwagen HRW 1
Fahrgestell	Robur LO 2002 A
Motor	4-Zylinder- / 4-Takt-Reihen-Vergasermotor mit Gebläseluftkühlung
Hubraum	3345 cm³
Leistung	75 PS
Drehzahl	2800 U / min
Getriebe	5 / 1 Gänge + Vorgelege
Antrieb	Allrad
Aufbauhersteller	Feuerwehrgerätewerk Luckenwalde GmbH
Art des	Standard-Lkw mit Plane und Spriegeln
Besatzung	1 + 2 Mann

Löschfahrzeug LF 16-TS 8 auf Robur O 611 A

Prototyp des LF 16-TS 8 auf Robur O 611 A. Nicht nur äußerlich zeichnete sich dieses Fahrzeug als modern konzipiertes Löschfahrzeug aus. Dieses gelungene Versuchsfahrzeug ist ein gutes Beispiel dafür, welch innovatives Potenzial in der DDR, trotz der hinderlichen strukturellen Bedingungen, vorhanden war. Aus volkswirtschaftlichen Gründen konnte aber auch diese Neukonstruktion nicht realisiert werden.

Zu Beginn der 1970er-Jahre begannen im VEB Robur-Werk Zittau die Arbeiten an einer neuen Fahrzeuggeneration, welche die bisherige LO-Modellreihe ersetzen sollte. Die in Arbeit befindlichen Funktionsmuster erhielten die Bezeichnungen O 611 für die Otto- und D 609 für die Dieselvariante. Um eine weitgehende Vereinheitlichung des neuen Robur mit dem parallel dazu im VEB IFA-Automobilwerk Ludwigsfelde in der Entwicklung befindlichen W 50-Nachfolger L 60 zu erreichen, kam es zu einer engen Kooperation. Eine wichtige Komponente war dabei das kippbare Einheitsfahrerhaus, das für beide Lkw-Typen verwendet werden sollte. Als Antriebseinheit war ein neues, wassergekühltes Aggregat aus dem VEB Motorenwerke Cunewalde vorgesehen.

Im Oktober 1974 war das erste Musterfahrzeug des O 611 – ein Pritschenwagen mit Hinterradantrieb – fertig. Anschließend folgten weitere Muster mit unterschiedlichen Aufbauten sowie die Allradausführung O 611 A. Im Gegensatz zu der bisherigen festen Schweißverbindung zwischen Rahmen und Aufbau sollte nun die Karosserie mit elastisch-lösbaren Elementen auf dem Fahrgestell befestigt werden. Äußerlich vermittelte das mit einer großzügigen Rundumsicht ausgestattete Fahrzeug einen fortschrittlichen Eindruck. Der Sechszylinder-Motor mit 105 PS kam dabei mit 17 PS/t auf ein ungleich besseres Leistungsgewicht als der LO 2002 A, der es nur auf 13,6 PS/t brachte.

1977 wurde im VEB Feuerlöschgerätewerk Görlitz ein Muster eines Löschfahrzeugs LF 16-TS auf Basis des O 611 A-Allradchassis erstellt. Das Fahrzeug sollte die Nachfolge des in die Jahre gekommenen LF 8-TS 8-STA auf LO 2002 A antreten. Hinter der sehr geräumigen, großzügig verglasten Kabine befand sich ein Gerätekofferaufbau mit Jalousienverschlüssen, am Heck eine hydraulische Ladeklappe, über die die Tragkraftspritze entnommen wurde. Das Allradfahrgestell war mit seiner auf 280 mm erhöhten Bodenfreiheit, dem kurzen Radstand und der Reifendruckregelanlage sehr geländegängig.

■ Technische Daten	
Bauzeit	1977
Verwendung	Löschfahrzeug LF 16-TS 8
Fahrgestell	Robur O 611 A
Motor	6-Zylinder-/4-Takt-Reihen-Vergasermotor mit Wasserumlaufkühlung
Hubraum	2994 cm³
Leistung	105 PS
Drehzahl	3600 U/min
Getriebe	8/1 Gänge + Vorgelege
Antrieb	Allrad
Aufbauhersteller	VEB Feuerlöschgerätewerk Görlitz
Art des Aufbaus	Gruppenkabine mit abgesetztem, geschlossenem Gerätekoffer
Pumpe	1600 l/min (Frontpumpe) Tragkraftspritze TS 8/8
Besatzung	1 + 8 Mann

Der IFA W 50 aus Ludwigsfelde

Ein auf einem IFA W 50 LA-Fahrgestell von 1971 aufgebautes TLF 16 der Feuerwehr Riesa mit modernisiertem Ganzmetallkofferaufbau

Ende der 1950er-Jahre benötigte die DDR-Wirtschaft dringend einen Lkw mit höherer Nutzlast. Der im VEB Sachsenring Automobilwerk Zwickau zum 4 t-Lkw S 4000-1 aufgewertete Typ H 3 A aus den frühen 1950er-Jahren war, trotz verschiedener Verbesserungen, an seiner technischen Grenze angelangt. Der VEB Kraftfahrzeugwerk „Ernst Grube" Werdau erhielt daher den Auftrag, einen neuen Lkw mit mindestens 4,5 t Nutzlast und 100 PS Motorleistung zu konstruieren. Die Arbeiten begannen Ende 1958, und es entstanden die ersten Prototypen des Typs W 45. Um den Wünschen von Militär- und einigen Exportkunden zu entsprechen, wurden Hauben- und Frontlenker-Fahrzeug zunächst parallel konzipiert. Erst als sich 1962 Walter Ulbricht persönlich einschaltete und umgehend einen leistungsfähigen Lastwagen für die nach Abschluss der Kollektivierung in Zugzwang geratene Landwirtschaft forderte, kamen die Arbeiten schneller voran. Bewaff-

Titelseite eines Prospekts für den IFA W 50 von 1971. Der Prospekt war eine Gemeinschaftsproduktion des VEB IFA-Automobilwerke in Ludwigsfelde und des VEB Feuerlöschgerätewerk in Luckenwalde.

nete Organe und andere Wirtschaftsbereiche argumentierten ähnlich. Aus wirtschaftlichen Gründen entfiel nun die Haubenvariante ganz. Die Nutzlast wurde 1963 auf 5 t angehoben, die Bezeichnung entsprechend in W 50 geändert. Zunächst kam der modifizierte Wirbelkammer-Diesel des S 4000-1 mit 110 PS zur Verwendung.

Mit einer geplanten Stückzahl von jährlich 20 000 Fahrzeugen war das Werk Werdau überfordert. Es konnte nur die Hälfte realisieren und eine Werkserweiterung war nicht möglich. Daraufhin beschloss die DDR-Regierung, die Serienfertigung des neuen Lkw ins Industriewerk Ludwigsfelde südlich von Berlin zu verlagern. Dort, auf dem Gelände einer ehemaligen Daimler-Flugmotorenfabrik, nutzte man den Standort zum Aufbau eines neuen Autowerks. 1963 wurde die damals gewaltige Summe von fast zwei Milliarden DDR-Mark für dieses Vorhaben bereitgestellt. Es handelte sich um die bis dahin größte Investition in den DDR-Automobilbau. Damit begann für die DDR-Volkswirtschaft ein gigantischer Kraftakt, zumal nahezu zeitgleich große Investitionen für den Großschlepper ZT 300 zu tätigen waren. Die Entwicklung des W 50 erfolgte bis 1964 in Werdau – daher das „W" in der Typenbezeichnung. Im Zuge der Vorbereitungen zur Serienfertigung wurde diese von Ludwigsfelde wei-

tergeführt. Im April 1963 begannen die Arbeiten für die Bauten und Fertigungseinrichtungen in Ludwigsfelde. Im Zuge des Ausbaus entstand eine riesige Montagehalle für die Pressenstraße, den Karosseriebau und die Wagenfertigmontage. Am 17.7.1965 begann auf diesen modernen Anlagen der Serienanlauf des W 50, zunächst als Pritschen-Lkw. Das neu entstandene Unternehmen firmierte nun unter VEB IFA-Automobilwerke Ludwigsfelde.

Mit dem IFA W 50 entstand eine völlig neue Lkw-Generation in der DDR. Den Lastwagen gab es mit Hinterrad- und Allradantrieb. Ab März 1966 kamen auch die ersten Bauvarianten hinzu. 1967 stieg die Motorleistung auf 125 PS. Gleichzeitig erfolgte die Umstellung des Dieselmotors vom Wirbelkammerverfahren auf Direkteinspritzung nach dem M-Verfahren der MAN. Hierfür hatte der Zulieferer, der VEB IFA-Motorenwerke Nordhausen, eine Lizenz erworben. Im Laufe der Zeit wurde das W 50-Programm zwar ständig erweitert und die Konstruktion schrittweise verbessert, trotzdem musste der Lkw vom Gesamtkonzept her rund 25 Jahre praktisch unverändert in der Produktion bleiben. Zahlreiche stärkere, verbesserte Prototypen mit sehr fortschrittlichen Konstruktionsmerkmalen wurden zwar entwickelt, nur – gebaut werden durften sie nicht. So blieb es bei dem technisch immer mehr ins Hintertreffen geratenden W 50. Zum Schluss gab es von ihm etwa 100 Aufbauvarianten. Dazu zählten auch Feuerwehrfahrzeuge. Bis zum Jahr 1990 liefen insgesamt 571 800 W 50-Lastwagen, davon ein großer Teil für den Export vor allem in Entwicklungsländer, vom Band. Entsprechend groß waren Verbreitung und Bedeutung in der gesamten DDR.

Von jetzt an wurden, mit Ausnahme verschiedener Importmodelle, alle Großfahrzeuge alternativlos auf dem IFA W 50 L/LA gebaut. Die Steigerung der Fertigungszahlen führte allerdings dazu, dass für den Bau von Sonderfahrzeugen, wie es noch beim S 4000-1 der Fall war, keine Produktionskapazitäten vorhanden waren. Mit einem LF 16-TS 8 begann im Jahr 1968 der Bau von Feuerwehrfahrzeugen auf W 50. Die viertürigen Kabinen lieferte anfangs noch der VEB Feuer-

löschgerätewerk Luckenwalde, später der VEB IFA Karosseriewerk Wilsdruff. Noch im gleichen Jahr folgte eine hydraulische DL 30 und im darauffolgenden Jahr das TLF 16. Mit diesen drei Fahrzeugtypen war die Zahl der von den Feuerwehrherstellern serienmäßig gefertigten Modelle schon erschöpft. Alle anderen W 50-Feuerwehrfahrzeuge kamen aus der zivilen Produktion und wurden entsprechend angepasst. Mit Einführung des neuen Frontlenkers W 50 stand den Feuerwehren eine einfache, robuste und zuverlässige Plattform zur Verfügung, mit der eine wesentliche Verbesserung der Einsatzmöglichkeiten erreicht werden konnte. Höhere Nutzlast und Leistung sowie die Bremskraftverstärkung waren Neuerungen, auf die man lange hatte warten müssen.

Zur Zeit der Einführung stand der W 50 technisch durchaus auf der Höhe und entsprach den Erfordernissen. Im Laufe seiner Einsatzzeit wurden die zu schwache Motorleistung und zu geringen Leistungsreserven und die begrenzten Zuladungsmöglichkeiten zu einem echten Manko. Trotzdem kann bis heute auf zahlreiche Fahrzeuge besonders bei kleineren Wehren nicht verzichtet werden.

Einsatzfahrzeuge vor der Hauptfeuerwache Karl-Marx-Stadt gegen Ende der 1980er-Jahre . Auf dem Bild sind allein fünf Fahrzeuge auf W 50 L-Basis zu erkennen. Der Fahrzeugbestand der gesamten Wehr betrug zu diesem Zeitpunkt lediglich 16 Fahrzeuge – für eine Stadt mit rund 240 000 Einwohnern eine nur sehr bescheidene Ausstattung.

Ein LF 16-TS 8 der Feuerwehr Riesa von 1976. 1989 gehörte das Fahrzeug noch zum Einsatzbestand dieser Feuerwehr.

Löschfahrzeug LF 16-TS 8 auf IFA W 50 L

Mit dem Löschfahrzeug LF 16-TS 8 begann 1968 der Bau von Feuerwehrfahrzeugen auf dem W 50 L. Dabei war die Auflage der Hauptabteilung Feuerwehr des Innenministeriums zu berücksichtigen, nach der Aufbau und Kabine getrennt ausgeführt werden mussten. Da der Hersteller in Ludwigsfelde den Bau verlängerter Fahrerhäuser ablehnte, plante der VEB Feuerlöschgerätewerk Luckenwalde unter Beibehaltung des serienmäßigen Fahrerhauses zunächst einen Aufbau mit integriertem Mannschaftsraum. Bereits in der Planungsphase fand diese formal wenig ansprechende Lösung kaum Gegenliebe. Die daraufhin in Luckenwalde probeweise hergestellte Gruppenkabine hinterließ einen guten Eindruck und führte dazu, dass der Feuerwehrausrüster den Bau der verlängerten Gruppenfahrerhäuser selbst übernahm. Diese sehr geräumige Kabine war erstmals in Ganzstahlbauweise ausgeführt, während dem Geräteaufbau die traditionelle Gemischtbauweise erhalten blieb. Die Aufteilung der Geräteräume erfolgte in der beim Vorgänger bewährten Art, sodass sich die Löschtrupps bei der Geräteentnahme nicht gegenseitig behinderten. Aufgrund der höheren Nutzlast konnte die Ausrüstung aber erweitert werden. Beim Öffnen der Türen schaltete sich automatisch die Geräteraumbeleuchtung ein. Vorne links befand sich die Tragkraftspritze TS 8/8, die gegen eine Lenzpumpe, einen tragbaren Leichtschaumgenerator LSG 4/400 T oder auch zehn weitere B-Druckschläuche ausgetauscht werden konnte. Über der Hinterachse befanden sich ein 200 l-Löschwassertank und 200 l Schaumbildner. Hinzu kamen noch vier Reservekanister zu je 20 l Schaumbildner, die sich oberhalb der Pumpe befanden. Sechs Druckluft-Atemgeräte mit zwölf Reserveflaschen, ein benzingetriebenes Elektro-Notstromaggregat mit 0,5 kW Leistung, ein Hochverschäumungsrohr, Motorkettensäge und weitere Gegenstände erweiterten die Einsatzmöglichkeiten ganz beträchtlich. Die Feuerlöschkreiselpumpe des

Das LF 16-TS 8 aus Riesa in einer Heckansicht. Gut zu erkennen ist der leicht gewölbte Gerätekoffer, der in dieser Form bis 1979 gebaut wurde. Das Fahrzeug besitzt noch eine fahrbare Schlauchhaspel mit Holzrad.

Typs FPH 22/8 mit einer Nennleistung von 2200 l / min befand sich am Heck und verfügte über eine automatische Zumischvorrichtung mit gesonderter Schaummittelpumpe. Bis 1969 war stattdessen ein Pumpenvormischer installiert. Seit 1977 wurden zwei Zumischvorrichtungen eingebaut. Der Aufstieg auf die begehbare Dachfläche erfolgte über zwei an der Rückwand montierte Leitern. Hier lagerten sperrige Ausrüstungsgegenstände wie Saugschläuche, die dreiteilige Schiebleiter, vier Steckleiterteile und das Schaumgießgestänge.

Gegenüber dem LF 16-TS 8 der Vorgängergeneration hatten die neuen Frontlenker auch verbesserte Fahreigenschaften. Da Feuerwehrfahrzeuge stets beladen und damit belastet sind, verfügten die für diesen Zweck vorgesehenen Fahrgestelle über eine härtere Federung. Ein Hilfsluftbehälter sicherte eine Bremsbereitschaft von unter 20 s. Um eine einwandfreie Motorschmierung bei großen Belastungen, in Steigungen und bei Betrieb im oberen Drehzahlbereich zu gewährleisten, kam eine größere Ölwanne zum Einbau. Die auf 300 mm vergrößerte Bodenfreiheit, der

Technische Daten

Bauzeit	1968–1990
Verwendung	Löschfahrzeug LF 16-TS 8
Fahrgestell	IFA W 50 L
Motor	4-Zylinder- / 4-Takt-Reihen-Direkteinspritz-Diesel mit M-Mittenkugel-Verbrennungsverfahren und Wasserumlaufkühlung
Hubraum	6560 cm^3
Leistung	125 PS
Drehzahl	2300 U / min
Getriebe	5/1 Gänge
Antrieb	auf die Hinterräder
Aufbauhersteller	VEB Feuerlöschgerätewerk Luckenwalde
Art des Aufbaus	Gruppenkabine mit geschlossenem Gerätekoffer
Pumpe	2200 l/min Tragkraftspritze TS 8/8
Löschmittelvorrate	200 l Wasser, 280 l Schaumbildner, davon 80 l in Kanistern
Besatzung	1 + 8 Mann

recht kurze Radstand von 3700 mm und ein großer Überhangwinkel erhöhten zwar die Manövrierfähigkeit, führten jedoch auch zu einer hohen Schwerpunktlage und erhöhter Neigungsgefahr im schnellen Fahrbetrieb. Der Motor ließ eine Höchstgeschwindigkeit von 75 km/h zu.

Bis zur Fertigungseinstellung im Jahr 1990 baute der VEB Feuerlöschgerätewerk Luckenwalde insgesamt 977 LF 16-TS 8 auf IFA W 50 L. Hinzu kamen dann noch 243 Ersatzkofferaufbauten. Als 1979 die Stellmacherei von Luckenwalde nach Wurzen verlegt wurde, führte das zu einer sichtbaren Vereinfachung des Gerätekoffers mit nunmehr rechtwinkligen Ecken und Kanten.

Ein 1986 an das Kommando Feuerwehr Dresden ausgeliefertes und im Juli 1989 fotografiertes LF 16-TS 8 (Bild oben) dokumentiert den letzten Entwicklungsstand dieses Löschfahrzeugtyps in der DDR. Die Farbgebung entspricht den Anfang 1987 erlassenen Richtlinien: roter Aufbau, schwarze Felgen, weißer Stoßfänger und weiße „Bauchbinde".

Heckansicht des Dresdner Fahrzeugs (Bild unten). Gut sichtbar ist die neue, glatte, kantige Form des Aufbaus. Die aus Stahlblech gefertigte fahrbare Schlauchhaspel besitzt Luftbereifung.

Dieses 1983 gebaute allradgetriebene TLF 16 auf IFA W 50 LA mit dem neueren, kantigen Aufbau dient der Feuerwehr Hüpstedt als Traditionsfahrzeug.

Tanklöschfahrzeug TLF 16 auf IFA W 50 LA

I m Jahr 1969 begann im VEB Feuerlöschgerätewerk Luckenwalde der Serienbau des TLF 16 auf dem neuen IFA W 50 LA-Frontlenker. Um das Fahrzeug auch im Gelände einsetzen zu können, war für das TLF 16 Allradantrieb vorgeschrieben. Ein im Vorjahr gefertigtes und erfolgreich erprobtes Baumuster war der Serienfertigung vorausgegangen. Gegenüber seinen Vorgängern zeichnete sich das TLF durch erhöhte Leistung und deutlich erweiterte Einsatzmöglichkeiten aus. Der eingebaute Löschwassertank hatte ein Fassungsvermögen von 2000 l und war zylinderförmig ausgebildet, was den Wasserschlag während der Fahrt verringern sollte. Dazu war ein Tank mit 500 l Schaumbildner eingebaut. Vom Fahrgetriebe abgeleitet war ein schwerer Nebenabtrieb für die im Heck installierte, zweistufige 2200 l/min-Feuerlöschkreiselpumpe FPH 22/8. Ein leichterer

■ Technische Daten	
Bauzeit	1969–1984
Verwendung	Tanklöschfahrzeug TLF 16
Fahrgestell	IFA W 50 LA
Motor	4-Zylinder-/4-Takt-Reihen-Direkteinspritz-Diesel mit M-Mittenkugel-Verbrennungsverfahren und Wasserumlaufkühlung
Hubraum	6560 cm³
Leistung	125 PS
Drehzahl	2300 U/min
Getriebe	5/1 Gänge + Vorgelege
Antrieb	Allrad
Aufbauhersteller	VEB Feuerlöschgerätewerk Luckenwalde
Art des Aufbaus	Staffelkabine mit abgesetztem Gerätekoffer
Pumpe	2200 l/min
Löschmittelvorräte	2000 l Wasser 500 l Schaumbildner
Besatzung	1 + 3 Mann

Nebenabtrieb führte zur Zumischpumpe des Schaumbildners. Anfangs besaß das TLF einen Pumpenvormischer, der ab 1976 durch zwei Zumischeinrichtungen mit separaten Schaummittelpumpen ersetzt wurde. Die für sechs Einsatzkräfte ausgelegte Fahrer- und Mannschaftskabine war in Ganzstahlbauweise gefertigt, während der abgesetzte Gerätekoffer weiterhin als Gemischtbau erstellt wurde. Die Standardbesatzung betrug 1 + 3 Mann. Auf dem Kabinendach befand sich ein Wendestrahlrohr, das zum Einsatz durch pneumatischen Druck um 40 cm ausgefahren wurde. Mit diesem Strahlrohr konnte auch während der Fahrt Wasser gegeben werden. Während mit Wasser eine Wurfweite von maximal 64 m erreicht wurde, waren es bei Schaum 40 m. Für den Sofortangriff war das TLF 16 mit einer Schnellangriffseinrichtung mit 30 m Hochdruckschlauch bestückt. Ferner befanden sich im Aufbau drei Druckluft-Atemgeräte mit sechs Reserveflaschen.

Bis 1984 wurde vom TLF 16 auf W 50 LA die gewaltige Stückzahl von etwa 1130 Einheiten gebaut. Dazu kamen weitere 190 Ersatzkoffer. Die hohe Produktionszahl erlaubte es, neben den Kommandos Feuerwehr der großen Städte auch die meisten größeren örtlichen und betrieblichen Feuerwehren mit diesen Fahrzeugen auszustatten. Aufgrund zahlreicher Korrosionsprobleme an Kabinen und besonders an den Aufbauten dürften die Tanklöschfahrzeuge dieser Ausführung heute im regulären Einsatz nur noch selten anzutreffen sein.

Ein TLF 16 auf IFA W 50 LA der Feuerwehr Glashütte. Dass Fahrzeug besitzt noch den bis 1979 in Luckenwalde gefertigten Aufbau mit leicht gewölbten Seiten. Zur Dachbeladung gehören zwei Steckleiterteile.

Ein nachträglich auf Niederdruckbereifung umgerüstetes TLF 16 auf IFA W 50 LA

Ein 1986 entstandenes TLF 16 GMK der Betriebsfeuerwehr Leuna-Werke AG. Die Aufnahme entstand kurz nach der Wende, daher die bereits geänderte Unternehmensform.

Tanklöschfahrzeug TLF 16 (GMK) auf IFA W 50 LA

Dieses TLF 16 GMK wurde 1989 der Feuerwehr in Leinefelde zugeteilt.

Bereits 1984 wurde vom VEB Feuerlöschgerätewerk Luckenwalde das TLF 16 GMK (Ganzmetallkoffer) entwickelt, das dann im darauf folgenden Jahr in Serienfertigung ging. Als es in Serie ging, war es das erste völlig in Ganzstahlbauweise gefertigte Feuerwehrfahrzeug in der DDR. Gegenüber dem noch in Gemischtbauweise gebauten Vorgängermodell trat es optisch durch die Aluminium-Rollläden des Aufbaus hervor. Aber auch im Inneren des Gerätekoffers hatte sich durch die erweiterte Beladung manches geändert. Sie bestand aus einem Mittelschaumrohr MSR 4/100, zwei Wärmestrahlenschutzanzügen, weiteren B- und C-Schläuchen, CMP-Strahlrohr mit Durchflussverstellung mittels Pistolengriff, einer Sprühdüse 600 sowie einem Propangas-Auftaubrenner zum Auftauen eingefrorener Hydranten. Der Löschwassertank wurde auf 2200 l vergrößert, während die Schaumbildnermenge mit 500 l gleich blieb. Änderungen gab es an der jetzt an der rechten Fahrzeugseite in einem separaten Kasten angeordneten Schnellangriffseinrichtung und am Wendestrahlrohr, das zu einem kombinierten Zwillings-Wasser-Schaum-Wendestrahlrohr mit Umschalteinrichtung erweitert worden war. Vorn am TLF konnte jetzt ein Leichtschaumgerät LSG 4/400 auf einem Trag- und

Ein Fahrzeug des Kommando F Dresden, das im Frühjahr 1988 nach einem Elbe-Hochwasser oberhalb der Brühl-schen Terrassen vom Fluss abgelagerten Schlamm am Ufer beseitigte. Gut sichtbar sind das kombinierte Wende-strahlrohr für Wasser- und Schaumabgabe, die dazugehörige Dachluke sowie das gewölbte Dach des Geräte-koffers.

Schwenkarm angebracht werden. Der für die Wasserversorgung des LSG nötige C-Druckstutzen befand sich unterhalb der Stoß-stange. Die zweiteilige Steckleiter war jetzt innerhalb des Aufbaus untergebracht und ermöglichte eine leichtere Entnahme. Unver-ändert blieb die zweistufige FPH 22/8-Feuerlöschkreiselpumpe mit einer Förderleistung von 2200 l/min, die mit den Zumisch-einrichtungen für Schaumbildner verbunden war.

Das TLF 16 GMK erreichte mit 640 bis zum Jahr 1990 gefer-tigten Einheiten – davon ging etwa ein Drittel in den Export – eine erstaunlich hohe Stückzahl während dieses kurzen Produktionszeitraums. Hinzu kamen noch 252 Ersatzkoffer, die im Rahmen von Grundüberholungen auf ältere, vor 1985 ent-standene W 50-Fahrgestelle gesetzt wurden. Solche mit Aus-tauschkoffer versehenen Fahrzeuge sind zumeist an dem älte-ren, einteiligen Wendestrahlrohr zu erkennen.

Für den Geländeeinsatz, wie es auf vielen NVA-Truppen-übungsplätzen und im Braunkohletagebau der Fall war, konnte das untermotorisierte Fahrzeug bei voller Ausrüstung kaum er-folgreich eingesetzt werden.

Eine gewisse Verbesserung brachte die erstmals im Auftrag der NVA realisierte Umrüstung auf Niederdruckbereifung in Verbindung mit einer Reifendruckregelanlage sowie einer ge-änderten Achsübersetzung. Diese ab 1986 von Luckenwalde in offenbar nur fünf Einheiten gefertigte Bauvariante wurde als TLF 16.01 bezeichnet. Die 1990 mit der Firma Ziegler vorge-nommenen Modernisierungsversuche blieben ohne Erfolg.

■ Technische Daten ■

Bauzeit	1985–1990
Verwendung	Tanklöschfahrzeug TLF 16 GMK
Fahrgestell	IFA W 50 LA
Motor	4-Zylinder-/4-Takt-Reihen-Direkteinspritz-Diesel mit M-Mittenkugel-Verbrennungsverfahren und Wasserumlaufkühlung
Hubraum	6560 cm³
Leistung	125 PS
Drehzahl	2300 U/min
Getriebe	5/1 Gänge + Vorgelege
Aufbau-hersteller	VEB Feuerlöschgerätewerk Luckenwalde
Art des Aufbaus	Staffelkabine mit abge-setztem Ganzmetall-Gerätekoffer
Pumpe	2200 l/min
Löschmittel-vorräte	2200 l Wasser 500 l Schaumbildner
Besatzung	1 + 3 Mann

Diese 1968 gebaute DL 30 auf W 50 L/DL wurde zuerst dem Kommando Feuerwehr Dresden zugeteilt. Nach einer Grundüberholung, bei der auch die Kabine ersetzt wurde, gelangte das Fahrzeug zur Feuerwehr Riesa und löste dort die alte DL 30 auf Magirus M 145 ab. Nachdem die Feuerwehr 1995 eine fabrikneue Metz-Drehleiter erhalten hatte, ging die DL 30 auf W 50 zur Restaurierung an die AG Feuerwehrhistorik Riesa.

Drehleiter DL 30 auf IFA W 50 L / DL

Der seit 1965 für die DL 25 auf S 4000-1 verwendete und überarbeitete Leitersatz bildete die Grundlage für den Bau der neuen Drehleiter DL 30 auf IFA W 50 L/DL-Fahrgestell mit 3700 mm Radstand. Das erste Baumuster wurde 1968 fertiggestellt. Die auch beim TLF 16 verwendete geräumige, viertürige Fahrer- und Mannschaftskabine bot Platz für sechs Einsatzkräfte. Der Leiteraufbau bestand aus Drehturm mit Aufrichterahmen, dem vierteiligen Leitersatz und war auf einer mit Aluminiumblechen belegten Podiumsplattform aufgebaut. Unter der Plattform befanden sich zwei Gerätekästen für feuerwehrtechnische Beladung. Der aus Stahlrohren und Spezialprofilen hergestellte Leitersatz war am unteren Ende mit einer Hilfsleiter zum Aufsteigen und einer herausschiebbaren, 2 m langen Korrekturleiter an der Leiterspitze ausgestattet. Der Leiterantrieb erfolgte über einen Nebenabtrieb vom Fahrzeugmotor aus. Die Leiter ließ sich in vier Bewegungsrichtungen steuern: Aufrichten, Ausziehen um 360°, Drehen und Einziehen. Für das Ausrichten der Leiter von 0° bis 75°, für das Ausfahren auf 30 m Länge und Schwenken und um 90° benötigte die Hydraulik nur 35 s. Die im Drehturm eingebauten vier Hydraulikgetriebe gewährleisteten eine feinfühlige und stufenlose Regulierung der Leiterbewegungen. Die Steuerung erfolgte von einem zentralen Schaltpult aus und gewährleistete eine einfache und schnelle Handhabung. Daneben war ein Anzeigegerät angebracht, das den Maschinisten jederzeit über die vorhandene Leiterlänge und den Aufrichtewinkel informierte. Bei Störungen in der Hydraulik verhinderten automatisch in Tätigkeit tretende Sicherungseinrichtungen jegliche unkontrollierte Leiterbewegungen. Auf gleiche Weise wurde die Leiter gegen Kippgefahr und Beschädigungen beim Anstoßen geschützt. Auf unebenem Untergrund stellte sich der Leitersatz automatisch in eine lotrechte Lage, sofern er mehr als 30° aufgerichtet worden war. Die Standfestigkeit der Leiter wurde durch eine pneumatische Verriegelung der Hinterachse, die den Fahrgestellrahmen mit der Achse starr verband, sowie vier manuell zu betätigende Schraubspindelabstützungen erreicht. Erst wenn diese Sicherheitsvorgänge ausgeführt waren, wurde die Blockierung für die Leiterbewegungen aufgehoben.

Mit einer zusätzlichen Vorrichtung am Leiterpark konnte die Drehleiter als Hilfskran zum Heben von Lasten bis zu 1 t verwendet werden. Ferner bot sich die Einsatzmöglichkeit als Schlauchbrücke. Am Leiterende befanden sich zwei Aufsteckvorrichtungen zur Anbringung von Scheinwerfern, wenn die DL als Lichtmast benutzt werden sollte. An der gleichen Stelle konnte auch ein Wendestrahlrohr montiert werden. Ein Tierhebegerät und Anschlagmittel gehörten auch zur Ausrüstung.

Zwischen 1986 und 1990 baute Luckenwalde insgesamt 864 Drehleitern. Abgesehen von 214 Drehleitern, die an inländische Feuerwehren ausgeliefert wurden, gingen 565 und damit fast 70 % in den Export, allerdings überwiegend in Länder des Ostblocks. In westlichen Augen war die DL 30 nur eine „Einfachleiter" und daher kaum gefragt. Nur in Einzelfällen gab der Preis den Ausschlag. Leider zwang die geringe Tragfähigkeit des Fahrgestells zu einer leichten Konstruktion und bot keine Alternativen zu einer verstärkten Ausführung.

Im Laufe ihrer langen Fertigungszeit wurde die DL 30 ständig fortentwickelt. Ab 1974 lösten hydraulische Abstützungen die bisherigen manuellen Fallspindelabstützungen ab. 1977 musste die Drehkranzkonstruktion geändert werden; dies als Folge einer Staatsplanauflage zur „Störfreimachung von NSW-(Nicht sozialistisches Wirtschaftssystem)Importen". Die bislang aus Dortmund bezogenen Kugeldrehverbindungen kamen nun vom VEB Kranbau Eberswalde. Seit 1979 befand sich am Drehturm ein Schlauchmagazin mit 35 m C-Druckschlauch, das beim Ausziehen der Leiter mit ausgezogen werden konnte.

Mit dieser Drehleiter war ein zur damaligen Zeit durchaus konkurrenzfähiges Fahrzeug in übersichtlicher und einfacher Konstruktion entstanden. Die hohen Exportzahlen sagen mehr als viele Worte, dass diese Leiter „Made in GDR" auch im Ausland durchaus geschätzt wurde.

◼ Technische Daten	
Bauzeit	1968–1990
Verwendung	Drehleiter DL 30 mit hydraulischem Antrieb
Fahrgestell	IFA W 50 L / DL
Motor	4-Zylinder-/4-Takt-Reihen-Direkteinspritz-Diesel mit M-Mittenkugel-Verbrennungsverfahren und Wasserumlaufkühlung
Hubraum	6560 cm³
Leistung	125 PS
Drehzahl	2300 U / min
Getriebe	5 / 1 Gänge
Antrieb	auf die Hinterräder
Aufbauhersteller	VEB Feuerlöschgerätewerk Luckenwalde
Art des Aufbaus	Drehleiteraufbau mit 30 m Steighöhe u. Staffelkabine
Besatzung	1 + 1 Mann

W 50 L/DL
Kraftfahrdrehleiter

Sehr schmucklos wirkt dieses Werbeblatt für die DL 30 auf IFA W 50 L/DL.

Diese DL 30 K zählte 1989 zum Fahrzeugbestand der Feuerwehr Eisenach. Gut erkennbar sind sowohl die Anordnung des Einmannkorbs als auch die hydraulisch ausklappbaren Stützen, die für eine verbesserte Standsicherheit sorgten.

Drehleiter DL 30 K auf IFA W 50 L / DL

S eit 1982 wurde die DL 30 auf W 50 mit einem Arbeits- und Rettungskorb angeboten, deren Typenbezeichnung DL 30 K lautete. Der zwischen Fahrer- und Mannschaftskabine und Leiterdrehturm an der Unterleiter befestigte Korb musste zum Einsatz abgenommen und an der Leiterspitze eingehängt werden. Der Arbeits- und Rettungskorb war zwar ein Schritt in die richtige Richtung, konnte jedoch wegen der Gewichtsgrenze des für diesen Zweck viel zu schwachen Fahrgestells nur ein Kompromiss werden. Den Zweck eines „echten" Rettungskorbes erfüllte er nicht. Er durfte nur bis maximal 100 kg bzw. mit einer Person mit Ausrüstung belastet werden. Wegen der fehlenden Steuerung im Korb musste die darin befindliche Person während der Leiterbewegungen auf dem Notsitz Platz nehmen oder in kniender Stellung verharren. Durch das Gewicht des Korbs verlagerten sich die Kräfte beim Leitereinsatz, sodass die Abstützung von der Spindelausführung auf die klappbare hydraulische Schrägabstützung geändert werden musste. Abgesehen von der Notwendigkeit für die Korbbenutzung gab diese zeitgemäßere Abstützform der Drehleiter eine wesentlich größere Standsicherheit.

Dass diese Konstruktion nicht über den Status des Provisoriums hinausgehen konnte, darf man jedoch den mit der Entwicklung betrauten Technikern aus Luckenwalde nicht anlasten, denn die DDR-Industrie konnte nur das zudem noch untermotorisierte 5-t-Chassis des W 50 zur Verfügung stellen, dessen Gesamtgewicht 10 200 kg nicht überschreiten durfte. Hätte es gewichts- und motorisch stärkere Fahrgestelle gegeben, wie sie zu dieser Zeit den westdeutschen Ausrüstern zur Verfügung standen, hätte auch das DDR-Produkt anders ausgesehen.

Von den insgesamt 88 gefertigten DL 30-K blieben 39 in der DDR, die restlichen 49 Exemplare wurden exportiert.

■ Technische Daten ■

Bauzeit	1982–1986
Verwendung	Drehleiter DL 30 K (mit Korb)
Fahrgestell	IFA W 50 L / DL
Motor	4-Zylinder- / 4-Takt-Reihen-Direkteinspritz-Diesel mit M-Mittenkugel-Verbrennungsverfahren und Wasserumlaufkühlung
Hubraum	6560 cm³
Leistung	125 PS
Drehzahl	2300 U / min
Getriebe	5/1 Gänge
Antrieb	auf die Hinterräder
Aufbauhersteller	VEB Feuerlöschgerätewerk Luckenwalde
Art des Aufbaus	Drehleiteraufbau mit 30 m Steighöhe, Korb und Staffelkabine
Besatzung	1 + 1 Mann

Drehleiter DL 30.01 auf IFA W 50 L / DL

In der Seitenansicht der DL 30.01 werden die durch Wegfall der Staffelkabine vergrößerten Beladungsmöglichkeiten deutlich. Bedient wurde die Leiter von einem links seitlich am Drehturm angeordneten Sitz mit Bedienpult.

Mit dem Fertigungsbeginn einer neu gestalteten und verbesserten DL 30 wurde 1987 die letzte Entwicklungsstufe im Drehleiterbau der DDR eingeleitet. Im Gegensatz zu den bisherigen Ausführungen mit Doppelkabine wurde jetzt das serienmäßige Lkw-Fahrerhaus für zwei Personen verwendet. Das dabei eingesparte Gewicht konnte für zusätzliche Ausrüstungsgegenstände eingesetzt werden. Das betraf vor allem den hinter dem Fahrerhaus befindlichen, durch Rollläden verschlossenen großen Gerätekoffer. Dieser diente zur Aufnahme des aufblasbaren Sprungpolsters SPP 40000, des zu dessen Aufblasen notwendigen tragbaren Leichtschaumgeräts LSG 4/400 T sowie eines 3,3-kW-Stromaggregats und anderer Geräte. Das Sprungpolster diente zur Rettung aus Höhen über 30 m, die über die Auszugslänge des Leitersatzes hinausgingen. In den seitlich unter dem Leiterpodium befindlichen, ebenfalls mit Aluminium-Verschlüssen ausgestatteten Gerätekästen befanden sich Kreissäge, Trennschleifer, Mittelschaumrohre, Scheinwerfer und weiteres Zubehör. Auf dem Leiterpodest war vor dem Drehturm ein Beleuchtungsaggregat von 4 kVA fest installiert. Den Leiterpark selbst hatte man auf fallhakenlosen Betrieb mittels Einzugsseilen umgestellt. Dadurch konnte die Leiter erstmals waagerecht ein- und ausgezogen werden. Der Rettungskorb hingegen war weiterhin nur mit maximal 100 kg belastbar, befand sich nun aber in Transportstellung auf einer Ablage vor dem Fahrerhaus. Das vereinfachte und beschleunigte zwar das Einhängen des Korbes, schränkte aber die Sicht des Fahrers ein. An der Leiterspitze konnten entweder zwei Mittel- oder Schwerschaumrohre angebracht werden, die über ein gesondertes Leitungssystem versorgt wurden. So ließ sich die Leiter auch als Schaummast verwenden. Für den Einsatz als Lichtmast ließen sich drei Halogenscheinwerfer zu je 500 W an der gleichen Stelle montieren.

■ Technische Daten ■	
Bauzeit	1986 – 1990
Verwendung	Drehleiter DL 30.01 (mit Korb)
Fahrgestell	IFA W 50 L / DL
Motor	4-Zylinder- / 4-Takt-Reihen-Direkteinspritz-Diesel mit M-Mittenkugel-Verbrennungsverfahren und Wasserumlaufkühlung
Hubraum	6560 cm³
Leistung	125 PS
Drehzahl	2300 U / min
Getriebe	5/1 Gänge
Antrieb	auf die Hinterräder
Aufbauhersteller	VEB Feuerlöschgerätewerk Luckenwalde
Art des Aufbaus	Drehleiteraufbau mit 30 m Steighöhe und Standard-Lkw-Kabine
Besatzung	1 + 1 Mann

Gut sichtbar bei diesem 1991 im Kreis Brandenburg/Havel fotografierten RTGW sind die seitlichen Klappen der Hochpritsche, hinter denen sich die Gerätefächer befanden.

Rettungsgerätewagen (RTGW) auf IFA W 50 L / BTP

Wegen zu geringerFertigungskapazität musste sich der Bau von Feuerwehrfahrzeugen in der DDR auf Lösch- und Tanklöschfahrzeuge sowie Drehleitern konzentrieren. Für die Herstellung von Sonderfahrzeugen blieb kein Spielraum. Behelfslösungen in Form von Abwandlungen von anderen Fahrzeugen mussten daher reichen. Hiervon war auch der Rettungsgerätewagen (RTGW) betroffen, der auf dem IFA W 50 L/BTP-Chassis mit 3200 mm Radstand seit 1977 im VEB IFA Karosseriewerk Wilsdruff gebaut wurde. In der für zehn Personen ausgelegten Gruppenkabine wurden sieben Einsatzkräfte untergebracht. Auf dem Kabinendach befand sich ein rollengelagertes Gestell zur Ablage der Steckleiterteile, der Klappleiter sowie des Schlauchboots mit Eisschlitten. Infolge fehlender Karosseriebaukapazitäten bestand der Geräteaufbau nur aus einer Kurzpritsche. Der Innenraum des Aufbaus war über Auftritte an der abklappbaren Heckwand zu erreichen.

Die Ausrüstung des neuen RTGW entsprach weitgehend dem des Vorgängers auf IFA S 4000-1. Die Beladung bestand aus einer Vielzahl feuerwehrtechnischer Ausrüstungen: Spezialgeräte und Werkzeug für Rettungs- und Bergungsarbeiten von Menschen und Tieren, für den Gasschutz und für die Wiederbelebung, für den Transport von Verletzten sowie für den Atemschutzeinsatz. Zudem war der RTGW mit Druckluft-Tauchgeräten, Schwimmwesten, einem Außenbordmotor und weiteren Ausrüstungsteilen für Wasserrettungs- und Tauchereinsätze, ferner mit einer Motorkettensäge, dem Sauerstoff-Schneidgerät, Schweißbrenner, Sauerstoff- und Acetylenflaschen, Winden, einem Straßenbahnhebegerät, Scheinwerfern, einem Benzin-Elektro-Aggregat und vielem mehr ausgerüstet.

■ Technische Daten

Bauzeit	1977–1989
Verwendung	Rettungsgerätewagen (RTGW)
Fahrgestell	IFA W 50 L / BTP
Motor	4-Zylinder- / 4-Takt-Reihen-Direkteinspritz-Diesel mit M-Mittenkugel-Verbrennungsverfahren und Wasserumlaufkühlung
Hubraum	6560 cm³
Leistung	125 PS
Drehzahl	2300 U / min
Getriebe	5 / 1 Gänge
Antrieb	auf die Hinterräder
Aufbauhersteller	VEB IFA-Karosseriewerk Wilsdruff
Art des Aufbaus	Gruppenkabine und kurze Hochpritsche mit Plane und Spriegeln
Besatzung	1 + 6 Mann

Dieses 1980 als SW 30 C entstandene Wechselladerfahrzeug wurde 1989 beim Kommando Feuerwehr Eisenach fotografiert. Bis 1986 wurden etwa 65 solcher Schlauchcontainer gefertigt, die noch lange nach der Wende im Einsatz waren.

Wechselladerfahrzeug auf IFA W 50 L/KC

A bgesehen von den drei in größeren Stückzahlen gebauten Typen LF 16, TLF 16 und DL 30 mussten für andere Spezialfahrzeuge einfache, improvisierte Lösungen gefunden werden. Dies geschah oft durch Anpassung von Aufbauten, die sich bereits für die Wirtschaft in der Fertigung befanden, wie etwa die in den 1970er-Jahren eingeführten Wechselladerfahrzeuge auf dem Fahrgestell des IFA W 50 L/KC. Sie waren mit einer hydraulischen Wechselladereinrichtung versehen, mit der die Container gekippt und abgesetzt werden konnten. Das Aufziehen und Ablassen der auf Teleskopschienen gelagerten Behälter erfolgte durch Seilzug. Dieses Container-System eröffnete auch den Feuerwehren zahlreiche Nutzungsmöglichkeiten, da die Container mit unterschiedlichen Inhalten beladen und bei Bedarf rasch ausgetauscht werden konnten. Die Container stammten aus dem VEB (K) Rationalisierung der Öffentlichen Versorgungswirtschaft (ÖVW) Dessau.

Die verbreitetste Ausführung war die Variante als Schlauchwagen. Der unter der Bezeichnung SW 30 C seit 1979 gefertigte Schlauchwagen trat die Nachfolge des SW 14 auf IFA S 4000-1 an. Dabei wurde ein genormter Wechselcontainer mit einem speziellen Innenausbau versehen und auf ein W 50 L/KC-Chassis gesetzt. Als Grundlage diente ein 6 m³ fassender Schuttbehälter, der angepasst wurde. Dazu gehörten zwei seitlich öffnende Heckklappen und ein Verdeck mit Spriegeln. In diesem Behältnis befanden sich 3000 m in Buchten gelagerter B-Druckschlauch, 600 m gerollter B-Druckschlauch, 100 m C-Druckschlauch sowie weiteres Zubehör und Armaturen. Die Verlegung von ein oder zwei Druckschlauchleitungen konnte bei langsamer Fahrt von maximal 5 km/h vom Fahrzeug aus erfolgen. Darüber hinaus gab es bei der Feuerwehr noch andere Nutzungsmöglichkeiten der Container wie zum Transport von Schaumbildner, Kraftstoffen oder Geräten.

■ Technische Daten ■	
Bauzeit	1979–1986
Verwendung	Wechselladerfahrzeug / Schlauchcontainer SW 30 C
Fahrgestell	IFA W 50 L/KC
Motor	4-Zylinder- / 4-Takt-Reihen-Direkteinspritz-Diesel mit M-Mittenkugel-Verbrennungsverfahren und Wasserumlaufkühlung
Hubraum	6560 cm³
Leistung	125 PS
Drehzahl	2300 U/min
Getriebe	5/1 Gänge
Antrieb	auf die Hinterräder
Aufbauhersteller	VEB (K) ÖVW Dessau
Art des Aufbaus	Wechselladerfahrzeug mit Standard-Lkw-Kabine und Container
Besatzung	1 + 1 Mann

Der auf IFA W 50 L entstandene Gerätewagen (GW 80) gehörte Ende der 1980er-Jahre zum Fahrzeugbestand auf der Hauptfeuerwache des Kommando F Leipzig.

Werkstatt-, Geräte- und Taucherwagen auf IFA W 50 L oder LA

Dieser 1980 entstandene Werkstattwagen (WstW) befindet sich in der Obhut der AG Feuerwehrhistorik Riesa.

Aus den seit den 1970er-Jahren im VEB Karosseriewerk Aschersleben in Stahlleichtbauweise hauptsächlich für die Belange des Handels gefertigten standardisierten Kofferaufbauten konnten auch die Feuerwehren einen Nutzen ziehen. Der voluminöse begehbare Koffer bot mit seinen knapp 21 m³ Ladevolumen viel Platz für die Unterbringung der vielfältigsten Geräte und Ausrüstungsgegenstände. Er besaß eine Doppeltür am Heck und eine Einstiegstür an der rechten Seite. Die für den Aufbau des Koffers benötigten Bauelemente waren miteinander verschraubt und konnten bei Unfallschäden leicht ausgetauscht werden.

Auf dieser Basis gab es zunächst den Gerätewagen GW 80, wobei die Zahl auf sein erstes Erscheinungsjahr 1980 hinwies. Er löste das entsprechende Modell auf S 4000-1 ab. Seine Ausrüstung erlaubte Einsätze bei der Erstversorgung von Verletzten, technische Hilfeleistungen, Rettung von Menschen und Tieren, Heben und Senken von Lasten, Fahrzeugbergung nach Verkehrsunfällen und vieles mehr. Zur sehr umfangreichen Ausrüstung gehörten u. a. mehrere Scheinwerfer, zwei Motorkettensägen, eine Handkreissäge, zwei Sauerstoff-

Schneidegeräte, Trennschleifer, Katastrophen-Schneidbrenner, ein Dreibock-Flaschenzug mit bis zu 1000 kg Hubkraft, verschiedene Winden, Heber, Anschlagmittel sowie zahlreiches Werkzeug. Bis auf das von außen an der linken Fahrzeugseite zugängliche Benzin-Elektro-Aggregat mit 3,5 kVA befand sich die gesamte Ausrüstung im Kofferaufbau. Vom Gerätewagen entstanden bis 1988 etwa 20 Einheiten, die größeren Feuerwehr-Kommandos und Betriebsfeuerwehren zugeteilt wurden. Einige Gerätewagen wurden nach 1989 – je nach Erfordernis – zu Straßenbahn-Gerätewagen GW-S mit den den jeweiligen örtlichen Straßenbahntypen und Spurweiten angepassten Aufgleis- und Hebegeräten sowie Winden umgebaut.

Für Fälle, wo bei größeren Einsätzen oder Katastrophen Reparatur- und Wartungsarbeiten an Fahrzeugen und Technik erforderlich werden konnten, standen ab dem Jahr 1955 Werkstattwagen (WstW), zunächst auf dem Dreiachser-Lkw G 5, in geringem Umfang zur Verfügung. Der Kofferaufbau auf W 50 glich dem des Gerätewagens GW 80, besaß aber im Gegensatz zu diesem mehrere Fenster. Die Beladung entsprach mit seiner umfangreichen Werkstattausrüstung wie Schweißgerät, Schmiedeausrüstung, Wagenheber und 4-kVA-Elektroaggregat den Erfordernissen.

Bei manchen größeren Feuerwehrkommandos und Betriebsfeuerwehren entstanden trotz der zentral verordneten Verwaltungswirtschaft individuelle, den jeweiligen Einsatzzwecken angepasste Fahrzeuglösungen. Doch fast immer musste zur Selbsthilfe gegriffen werden. Zu den etwas häufiger vorkommenden Einzelstücken zählte der Taucherwagen (Taucher-GW). Als sein Basisaufbau eigneten sich meist gebrauchte Koffer aus Aschersleben. Das Kommando Feuerwehr Leipzig verfügte über einen solchen Taucher-GW. Es war ein ehemaliger Werkstattwagen mit Allradantrieb. Ähnliche Fahrzeuge liefen auch in Dresden, Potsdam und bei der Ostberliner Feuerwehr. An Bord befanden sich alle unentbehrlichen Ausrüstungsgegenstände und Gerätschaften, um Menschen und Tiere aus Wassernot zu bergen.

Ein Unikat war dieser als Ersatzlösung für einen unbrauchbar gewordenen Rettungsgerätewagen (RTGW) auf IFA S 4000-1 entstandene RTGW der Betriebsfeuerwehr des VEB Chemische Werke Buna Schkopau. Die Beladung des in den eigenen Werkstätten ausgerüsteten Fahrzeugs bestand vorwiegend aus Atemschutzausrüstungen; der RTGW war aber auch mit zahlreichem anderem Gerät bestückt, sodass er bei schweren Unfällen aller Art zum Einsatz kommen konnte. 1983 wurde der RTGW in Dienst genommen und 1992 ausgesondert.

■ Technische Daten ■

Bauzeit	1980 – 1988
Verwendung	Werkstatt-, Geräte- und Taucherwagen
Fahrgestell	IFA W 50 L oder LA
Motor	4-Zylinder-/4-Takt-Reihen-Direkteinspritz-Diesel mit M-Mittenkugel-Verbrennungsverfahren und Wasserumlaufkühlung
Hubraum	6560 cm³
Leistung	125 PS
Drehzahl	2300 U/min
Getriebe	5/1 Gänge oder 5/1 Gänge + Vorgelege
Antrieb	auf die Hinterräder oder Allrad
Aufbauhersteller	VEB Karosseriewerk Ascherleben oder Eigenumbau
Art des Aufbaus	geschlossener Kofferaufbau mit Standard-Lkw-Kabine
Besatzung	unterschiedlich

Abgebildet ist hier das von dem Institut der Feuerwehr, Heyrothsberge bei Magdeburg, auf einem W 50-Drehleiterchassis aufgebaute AGLF mit sowjetischem MIG 15-Strahltriebwerk aus dem Jahr 1980. Auf der Plattform erkennt man die beiden Kerosinbehälter mit je 450 l Fassungsvermögen (Bild gegenüber).

Abgas-Löschfahrzeug (AGLF) auf IFA W 50 L / DL oder LA

D as Abgaslöschverfahren war ein in der DDR probeweise eingeführtes, patentrechtlich geschütztes Löschverfahren. Mit dieser seit den 1970er-Jahren vom Institut der Feuerwehr (IdF) in Heyrothsberge auch Aerosol-Löschverfahren genannten, neu entwickelten Technologie war es möglich, das herkömmliche Löschmittel „Wasser" bei bestimmten Bränden wirkungsvoller einzusetzen. Unter dem Begriff „Aerosol" ist in diesem Fall eine Vermischung der von einem Flugzeugstrahltriebwerk erzeugten Verbrennungsabgase mit Wasser zu verstehen, das dabei unter hohem Druck zerstäubt und in den Brandherd geblasen wird. Hierdurch kann entweder der Brand gänzlich gelöscht oder giftige Dämpfe und Brandrauch können soweit niedergeschlagen werden, um Einsatzkräften der Feuerwehr den Zugang zur Brandstelle zu erleichtern. Dieses Verfahren war besonders zum Ablöschen brennender Erdölquellen oder Erdgasfelder und Ähnlichem vorgesehen. Die technische Umsetzung dieses Verfahrens erfolgte 1980 auf einem W 50 L / DL-Drehleiterfahrgestell mit aufgesetzter Truppkabine, das mit einer sowohl horizontal als auch vertikal schwenkbaren Triebwerkskabine eines ausgemusterten MIG 15-Jagdflugzeugs bestückt wurde. Das für den Strahlturbinenantrieb notwendige Kerosin befand sich in zwei Tanks mit jeweils 450 l Inhalt, die auf der Plattform des Abgas-Löschfahrzeuges (AGLF) gelagert waren. Als mobiler Wasserlieferant diente in der Regel ein Großtanklöschfahrzeug.

Das Abgas-Löschfahrzeug wurde erfolgreich bei der Bekämpfung brennender Hochdruckgassonden und Gasfackeln, beim Niederschlagen von Gaswolken und der Verringerung der Konzentration giftiger und brennender Gase eingesetzt und erprobt. 1984 hatten auch westliche Teilnehmer einer Fachtagung in Dresden Gelegenheit, dieses Vorzeigeobjekt der

DDR in Aktion zu erleben. Zwei Jahre später wurde das Fahrzeug allerdings bereits demontiert.

Ein zweites Fahrzeug entstand 1984 für die Betriebsfeuerwehr des VEB Gaskombinat „Schwarze Pumpe", dem weltgrößten Braunkohleveredelungsbetrieb in der Nähe von Spremberg. Hier suchte man nach einem wirkungsvollen Löschverfahren für die Brandbekämpfung an den neu errichteten Produktionsanlagen. Ein Neuererkollektiv baute unter Berücksichtigung der Erfahrungen beim IdF ein weiteres Abgas-Löschfahrzeug, das auf das IFA W 50 LA/ADK-Fahrgestell eines Autodrehkrans gesetzt wurde. Die Wahl fiel auf ein stärkeres Strahltriebwerk des sowjetischen Jägers MIG 17, das man schwenkbar auf einem Drehkranz anbrachte. In den durch die Turbine erzeugten Abgasstrahl konnte die gewaltige Menge von bis zu 10 000 l Wasser pro Minute unter hohem Druck aufgenommen und zerstäubt werden. Der hochwirksame Aerosolstrahl war bis zu 70 m Höhe bzw. 130 m horizontaler Entfernung wirksam. Auf der Ladefläche zwischen Fahrerhaus und Turbine befand sich ein Kerosin-Treibstofftank. Weiterer Nachschub in Form von 2700 l Flugzeugtreibstoff konnte mit einem W 50-Containerfahrzeug herangeführt werden. Die Gesamtmenge war für einen 80-minütigen Turbinenbetrieb ausreichend.

Auch dieses weiter verbesserte Fahrzeug bewährte sich nach ausführlicher Erprobung hervorragend. Nach der Wiedervereinigung durfte das Fahrzeug nach Überwindung zahlloser, teilweise völlig unsinniger bürokratischer Hürden bis zum Sommer 2000 von dem Nachfolgebetrieb, der Lausitzer Braunkohle AG (LAUBAG), weiter genutzt werden. Da sich das Verfahren bewährt hatte, wurde die komplette Anlage anschließend auf ein 1993 erstmals zugelassenes MAN 17.232 FA-Chassis umgesetzt. Das Fahrzeug wird heute noch bei dem jetzt zum Energiekonzern Vattenfall gehörenden Betrieb eingesetzt.

■ Technische Daten ■	
Bauzeit	1980 und 1984
Verwendung	Abgas-Löschfahrzeug (AGLF)
Fahrgestell	IFA W 50 L/DL (1980) IFA W 50 LA/ADK (1984)
Motor	4-Zylinder-/4-Takt-Reihen-Direkteinspritz-Diesel mit M-Mittenkugel-Verbrennungsverfahren und Wasserumlaufkühlung
Hubraum	6560 cm³
Leistung	125 PS
Drehzahl	2300 U/min
Getriebe	5/1 Gänge (1980) 5/1 Gänge + Vorgelege (1984)
Antrieb	auf die Hinterräder (1980) Allrad (1984)
Aufbauhersteller	Institut f. Feuerwehr (1980) Energiekombinat „Schwarze Pumpe" (1984)
Art des Aufbaus	Staffelkabine mit aufmontierter Strahlturbine (1980); mit Fahrerhaus eines Autodrehkrans (1984)
Löschmittelvorräte	900 l Kerosin
Besatzung	1 + 1 Mann

Sonderkonstruktionen auf IFA W 50

Obwohl es für den Frontlenker W 50 für alle Wirtschaftsbereiche in der DDR ein umfangreiches Typenprogramm mit zahllosen Aufbauvarianten gab, waren es im Feuerwehrbereich bekanntlich nur deren drei. Die Fertigung war auf große Stückzahlen ausgerichtet. Für den Bau von Sonderfahrzeugen gab es, im Gegensatz zu früheren Zeiten, keine freien Kapazitäten mehr. Solche Aufbauten mussten daher aus dem bereits vorhandenen Aufbauprogramm genommen und durch Umbauten den neuen Verwendungszwecken angepasst werden. Ließ sich auf dieser Basis ein Bau nicht verwirklichen oder war kein geeigneter Aufbau vorhanden, musste – wie besonders häufig bei den Betriebsfeuerwehren der petrochemischen Industrie geschehen – zur Selbsthilfe gegriffen werden. Hier reichte das weite Spektrum von der Umsetzung von Sonderlöschanlagen oder Aufbauten auf gebraucht erworbene neuere Fahrgestelle über mehr oder weniger umfangreiche Umbauten bis zu kompletten Neuauf- oder Ausbauten. Diese Arbeiten erfolgten fast immer in Eigenleistung, allenfalls unter Zuhilfenahme von Spezialbetrieben.

Die Feuerwehr Schildow konnte ein erst 1990 gebautes NVA-Fahrzeug mit „leicht absetzbarem Koffer" (LAK) auf IFA W 50 LA/A übernehmen. Das Fahrzeug wurde für die Feuerwehr zu einem Gerätewagen mit am Heck angebrachtem Lichtmast umgebaut. Die großvolumige Niederdruckbereifung mit Reifendruckregelanlage gewährleistete eine gute Geländegängigkeit.

Wesentlich ungünstiger gestaltete sich die Situation für die zahllosen kleinen Feuerwehren. Es ist kein Geheimnis, dass bis zum Ende der DDR der Bedarf an Feuerwehrfahrzeugen zu keinem Zeitpunkt vollständig gedeckt werden konnte. Die Leidtragenden waren fast immer die kleinen Wehren in der Provinz. Außerdem waren Lastkraftwagen in der DDR zu allen Zeiten knapp, sodass die Fahrzeuge weit über die normale Nutzungsdauer hinaus gefahren werden mussten. Wurden doch ein-

Die Leuna-Werke „Walter Ulbricht" bauten 1980 diesen Rettungsgerätewagen. Als Plattform stand ein IFA W 50 L/BTP (Bautruppwagen-Post) zur Verfügung. Während man die Gruppenkabine einschließlich der Dachgalerie weiter nutzte, wurde der Pritschenaufbau entfernt und stattdessen ein völlig neuer, geschlossener, über eine Hecktür begehbarer Kofferaufbau erstellt. Das Fahrzeug war eine Kombination von Rettungs- und Atemschutzgerätewagen.

mal Fahrzeuge ausgesondert, erfolgte die Weitervermittlung über ein zentrales Verkaufskontor. Ein relativ großes Reservoir waren die Fahrzeugbestände der Nationalen Volksarmee (NVA) und der Volkspolizei (VP). Besonders bei Modellwechsel konnten die Wehren gebrauchte Fahrzeuge erhalten. Beliebt und begehrt waren Fahrzeuge mit NVA-Einheitskofferaufbauten wie Werkstattwagen, mit Plane und Spriegeln ausgerüstete Mannschaftstransportwagen (MTW), Trinkwasser- und Kraftstofftankwagen, aber auch jedes andere Fahrzeug. Nach kompletter Revision des Fahrgestells erfolgte nach Bedarf der Um- oder Ausbau für Feuerwehrzwecke. Die Aufbauten bestanden fast immer aus gebraucht erworbenen oder bereits vorhandenen Baukomponenten. Geduld, Erfindungsgabe und Improvisationstalent waren unbedingte Voraussetzungen, um bei diesen Arbeiten zum Ziel zu gelangen.

Nicht wenige Fahrzeuge entstanden auch in den ersten Nachwendejahren. Die einst so knappen und so begehrten DDR-Lastwagen aus Ludwigsfelde oder Zittau wollte, trotz niedrigster Preise, nun fast niemand mehr haben. Hinzu kamen die großen, teilweise fast neuen und gut instand gehaltenen Fahrzeugbestände der aufgelösten bewaffneten Organe, wie Armee, Polizei, Staatssicherheit, Betriebskampfgruppen oder Zivilverteidigung, die zu Tausenden quasi über Nacht ausgesondert auf Halden stehend, einem ungewissen Schicksal – meist war dies die Verschrottung – entgegensahen. Angesichts der bevorstehenden Vernichtung dieser gewaltigen Sachwerte wussten zahlreiche

Beim VEB Bohr- und Schachtbau (BUS) Welzow entstand 1971 dieses Tanklöschfahrzeug TLF 8/35 in Eigenleistung auf einem W 50 LA-Chassis mit Niederdruckbereifung. Die Fahrerkabine wurde verlängert und ein Löschwassertank mit 3900 l Inhalt aufgesetzt. Die am Heck installierte 800 l/min-Feuerlöschkreiselpumpe stammte von einem LF 8 auf Robur LO.

Wehren – von der kleinen freiwilligen Ortsfeuerwehr bis hin zur Berufs- und Werksfeuerwehr – die Gunst der Stunde zu nutzen und organisierten sich die passenden Modelle. Der Nachholbedarf war gewaltig, und die jahrzehntelang geübte, für die Lebensverhältnisse in der DDR unerlässliche Improvisationskunst erlebte bei vielen dieser Umbauten noch einmal eine große Blüte. Die nun folgenden Bildbeispiele von Fahrzeugumbauten aus DDR-Zeiten und danach verdeutlichen dies.

Ein ehemaliger NVA-Lkw IFA W 50 LA/A, ausgerüstet mit großvolumigen Niederdruckreifen, diente der Flughafenfeuerwehr Leipzig-Halle in Schkeuditz als Basis für den Umbau zu einem CO_2-Löschfahrzeug. 1974 wurde die aus 16 Flaschen zu je 30 kg CO_2 bestehende, auf einem G 5-Dreiachser befindliche Löschanlage in Eigenleistung auf das Armeechassis umgesetzt. Auch die beim Vorgänger vorhandene Schneepfluganbauplatte wurde installiert, um bei Bedarf auf dem Flughafen Winterdienst zu leisten.

Kleinlöschfahrzeuge und Feuerwehr-Pkw

Im Juni 1961 wurde mit dem Fertigungsbeginn eines völlig neu entwickelten Transporters bei den VEB Barkas-Werken in Karl-Marx-Stadt eine neue Ära im Fahrzeugbau der DDR eingeleitet. Es handelte sich um den Schnelltransporter Barkas B 1000. Dieses Fahrzeug wurde von dem auch im Wartburg-Pkw verwendeten Dreizylinder-Zweitakt-Vergasermotor mit 992 cm³ und 42 PS angetrieben. Ab 1972 erhöhte sich die Leistung auf 45 PS. Es war zugleich eine neue Generation eines in Großserie gefertigten Frontlenker-Transporters, der damit seinen Vorgänger, den leistungsschwächeren Barkas/Framo V 901, ablöste.

Der neue Transporter wurde zunächst nur als Kastenwagen hergestellt. Es war ein Fronttriebler mit mittig zwischen Fahrer- und Beifahrersitz eingebautem und von dort über eine abnehmbare innere Motorhaube oder über einen kleineren Servicedeckel zugänglichem Antriebsaggregat. 1964 folgte der Achtsitzer-Kombi, ein Jahr später der Prit-

Ein 1981 von der Betriebsfeuerwehr des VEB Chemische Werke Buna Schkopau in Eigenleistung zu einem Befehlskraftwagen umgebauter Barkas B 1000

schenwagen sowie weitere Bauvarianten. Die Karossen wurden in Karl-Marx-Stadt hergestellt, die Endmontage erfolgte im Werk Hainichen. Ab 1963 gab es auch ein Kleinlöschfahrzeug mit eingeschobener Tragkraftspritze (KLF-TS 8) auf B 1000, dessen Ausbau und Ausrüstung vom VEB Feuerlöschgerätewerk Görlitz erfolgte. Die Erstzulassung des 1962 gefertigten und an die Feuerwehr Weixdorf gelieferten Baumusterfahrzeugs erfolgte im November 1963. Zwischen den Jahren 1963 und 1990 wurden insgesamt 2475 KLF-TS 8 auf Barkas B 1000 hergestellt.

Der in Details laufend weiterentwickelte, im Wesentlichen aber unverändert weitergebaute Barkas B 1000 zeichnete sich durch reichliche Belastbarkeit und Geräumigkeit aus, blieb aber bis 1989 auf den Zweitaktmotor des Wartburg angewiesen. Alle Entwicklungsprojekte des Werkes hinsichtlich modernerer Antriebs- und Aufbautechnik scheiterten und wurden, wie der 1972 mit dem Viertaktmotor des Moskwitsch 412 mit 75 PS und 1,3 t Nutzlast fertiggestellte Prototyp B 1100, aus den bekannten Grün-

Prospekttitelseite des vom VEB Feuerlöschgerätewerk Görlitz ausgebauten Kleinlöschfahrzeugs KLF-TS 8 auf Basis des B 1000. Auf dem Dach sind die zur Ausrüstung zählenden vier Saugschläuche in Halterungen gelagert. Das Fahrzeug ist mit einem obligatorischen Schlauchhaspelnachläufer ausgerüstet.

den mit einem Baustopp belegt. Ab Herbst 1989 wurde der Barkas B 1000-1 schließlich noch mit dem 58 PS starken, bei den Barkas-Werken in Lizenz gefertigten VW-Viertaktmotor des Wartburg 1.3 ausgerüstet. Die wenigen B 1000 mit VW-Motor wurden mit der alten Karosserieform ausgeliefert. Im April 1991 musste die Produktion jedoch eingestellt werden.

Bei seiner Einführung 1961 fiel der B 1000 durch die damals ungewöhnlich hohe Zulademöglichkeit von 1 t bei gleichzeitig niedriger Ladehöhe angenehm auf. Aufgrund seiner

einfachen Bauart war er sehr robust und zuverlässig und entsprach zu Beginn der 1960er-Jahre formal und technisch durchaus dem Stand auch westlicher Technik. Erst im Laufe der Jahre verlor der B 1000 gegenüber den weiterentwickelten westeuropäischen Transportern den Anschluss. Vom B 1000 wurden bis 1991 genau 175 740 Fahrzeuge, davon viele für den Export, gebaut. Auch heute ist er aus dem Straßenbild noch nicht völlig verschwunden.

Für den Feuerwehreinsatz insbesondere als Führungsfahrzeuge unentbehrlich waren schon seit jeher Pkw. Anfangs gab es viele unterschiedliche Bezeichnungen dieser, überwiegend aus der Serienfertigung entnommenen Fahrzeuge, wie Kommando-, Brandmeister-, Vorfahr-, Aufklärungs- oder Dienst-Pkw. Die DDR-Feuerwehren machten da natürlich keine Ausnahme, wobei aufgrund des Fahrzeugmangels alle Typen verwendet wurden, die zur Verfügung

Dieser Wartburg-Kübelwagen Typ 311-4 stammte aus den Beständen der Volkspolizei und wurde von der AG Feuerwehrhistorik Pasewalk restauriert.

standen. Die lange Palette begann mit dem IFA F 8 über IFA F 9, EMW 340-2, Wartburg 311, Trabant bis zu den neueren Wartburg-Modellen 353, 353 W und Wartburg 1.3. Anfangs waren auch zahlreiche Vorkriegsmodelle darunter. Nicht wenige Kübelwagen kamen von den bewaffneten Organen der DDR, oder es handelte sich um Importfahrzeuge aus den Ostblockländern.

Während bei den westdeutschen Feuerwehren diese Baugröße seit Langem als Einsatzleitwagen (ELW) 1 festgelegt wurde, war das entsprechende DDR-Pendant der Ausrückedienstwagen (ADW). Dieser Begriff wurde mit Erscheinen des Typs Wartburg 353 etwa Mitte der 1960er-Jahre eingeführt. Die zu ADW auszurüstenden serienmäßigen Limousinen erhielten Sondersignaleinrichtung, Funktechnik und teilweise auch Lautsprecher.

Ein IFA P 3-Geländewagen von 1962, den die Feuerwehr Gohlis 1990 als Zughilfsfahrzeug für ihren Tragkraftspritzenanhänger übernehmen konnte. Im Jahr 2008 musste das Fahrzeug wegen eines Motorschadens außer Dienst gestellt werden.

Neben seiner Funktion als KLF wurde der B 1000 als Sonderfahrzeug für unterschiedliche Zwecke bei der Feuerwehr eingesetzt. So gab es den Atemschutzkontrollwagen (ASKW), Nachrichtengerätewagen, Werkstatt- und Gerätewagen, Versorgungs- und Transportfahrzeuge, Fahrzeuge für den Mannschaftstransport oder Vorausfahrzeuge, wie dieser umgerüstete B 1000.

Feuerwehrfahrzeuge auf Barkas B 1000

Im Jahr 1963 wurde das auf der Basis des Kastenwagens Barkas B 1000 entstandene Kleinlöschfahrzeug KLF-TS 8 vorgestellt. Es sollte den Feuerschutz in kleinen Gemeinden und Betrieben gewährleisten. Außerdem konnte das KLF zur Gefahrenbeseitigung und kleineren technischen Hilfeleistungen eingesetzt werden. Das Fahrzeug wurde mit einer Tragkraftspritze TS 8/8, drei Druckatemgeräten, C-Schlauchhaspel und einem Gerätekasten für B- und C-Schlauchmaterial, Strahlrohren, Kübelspritze, Handfeuerlöscher und anderen Ausrüstungsgegenständen bestückt. Auf dem Dach befanden sich Halterungen für vier Saugschläuche von jeweils 2,5 m Länge. Mit Erscheinen der zweiten Bauserie mit zweitem Seitenfenster wurde ab 1972 diese auch als Mehrzweckkastenwagen bezeichnete Bauvariante verwendet. 1985 erfolgte der Einbau einer Schiebetür anstelle der Seitentür für den Geräteraumzugang auf der rechten Fahrzeugseite. Ein Schlauchhaspel-Nachläufer mit 80 m B-Schlauch für die Wasserförderung erweiterte die Einsatzmöglichkeiten. Das KLF auf Barkas B 1000 wurde bis 1990 nahezu unverändert in 2475 Einheiten hergestellt.

◼ Technische Daten

	Barkas B 1000	Barkas B 1000	Barkas B 1000-1
Bauzeit	1961–1971	1972–1989	1989–1991
Verwendung	Kleinlöschfahrzeug (KLF-TS 8)		
Fahrgestell	Barkas B 1000	Barkas B 1000	Barkas B 1000-1
Motor	3-Zylinder-/2-Takt-Reihenvergasermotor mit Wasserumlaufkühlung	3-Zylinder-/2-Takt-Reihenvergasermotor mit Wasserumlaufkühlung	4-Zylinder-/4-Takt-Reihenvergasermotor mit Wasserumlaufkühlung
Leistung	42 PS	45 PS	58 PS
Hubraum	992 cm³	992 cm³	1272 cm³
Drehzahl	4000 U/min	4000 U/min	5500 U/min
Getriebe	4/1 Gänge		
Antrieb	Frontantrieb		
Aufbauhersteller	VEB Feuerlöschgerätewerk Görlitz		
Art des Aufbaus	geschlossener Kastenaufbau		
Pumpe	Tragkraftspritze TS 8/8		
Besatzung	1 + 4 Mann		

Dieser 1957 gebaute P 2 M-Kübelwagen diente als Zugfahrzeug für einen hier nicht abgebildeten einachsigen Pulverlöschanhänger P 250 HA. Das Fahrzeug wurde in den 1970er-Jahren von der Betriebsfeuerwehr des Krankenhauses Altscherbitz-Schkeuditz übernommen.

Zughilfsfahrzeug auf Kübelwagen P 2 M und P 3

Während in den 1950er-Jahren die meisten Armeen des Ostblocks den russischen GAS 69 als Führungs- und Funkfahrzeug verwendeten, entwickelte die DDR für die Vorläuferin der NVA, der Kasernierten Volkspolizei (KVP), einen eigenen Gelände-Pkw. Es war der Typ P 2 M, der vom VEB Barkas-Werke im Fahrzeugwerk Karl-Marx-Stadt ab 1954 in die Serienfertigung ging. Es war gleichzeitig der erste serienmäßige Kübelwagen der DDR-Fahrzeugindustrie. Das Fahrzeug mit seinen markanten eckigen vorderen Kotflügeln besaß den leistungsreduzierten Sechszylindermotor der Limousine Sachsenring P 240, ein Vierganggetriebe sowie ganze 2170 kg zulässiges Gesamtgewicht.

Nach Produktion von mehr als 2000 Fahrzeugen wurde die Fertigung 1957 eingestellt. Nach Aussonderung bei der NVA wurden einige P 2 M in den Feuerwehrdienst überführt. Dort leistete der geländegängige, gut motorisierte Wagen überwiegend Vorspanndienste für Tragkraftspritzenanhänger. Feuerwehraufbauten auf dem P 2 M gab es allerdings nicht.

Der Nachfolger des P 2 M war der P 3, der zu Beginn der 1960er-Jahre im Fahrzeugwerk Zwickau entwickelt worden war. Die Serienproduktion wurde 1962 im Fahrzeugwerk Ludwigsfelde aufgenommen. Von seinem Vorgänger unterschied er sich durch seine etwas größeren Abmessungen, das auf 2570 kg gestiegene Gesamtgewicht sowie eine höhere Motorleistung. Er galt als zuverlässig und geländetüchtig und war serienmäßig mit Niederdruckreifen ausgestattet. Eine Nutzlast von 700 kg sowie eine Anhängelast von 750 kg konnten dem Fahrzeug zugemutet werden. Ähnlich wie der P 2 M war auch der P 3 bei der NVA als Führungs- und Fernmelde-, Sanitäts-, Instandsetzungs- und Feuerlöschtrupp-Kfz eingesetzt. Viele dieser Geländefahrzeuge kamen nach Aussonderung bei der NVA in die Feuerwehrdienste. Durch sein großes Sitzplatzangebot für sieben Personen eignete sich der P 3 auch als Mannschaftstransportfahrzeug.

■ Technische Daten		
	Kübelwagen P 2 M	**Kübelwagen P 3**
Bauzeit	1954–1957	1962–1968
Verwendung	Zughilfsfahrzeug	
Fahrgestell	Lkw 0,4 t P 2 M	Lkw 0,7 t P 3
Motor	6-Zylinder-/4-Takt-Reihenvergasermotor mit Wasserumlaufkühlung	
Leistung	65 PS	75 PS
Hubraum	2407 cm³	
Drehzahl	3500 U/min	3750 U/min
Getriebe	4/1 Gänge + Vorgelege	
Antrieb	Allrad	
Art des Aufbaus	offener Kübelwagen mit Allwetterverdeck	

Der 1983 gebauter Wartburg 353 gehörte als Ausrückedienstwagen zum Betriebsfeuerwehrkommando des VEB Chemische Werke Buna Schkopau.

Pkw und Ausrückedienstwagen (ADW) auf Wartburg 311, 353, 353 W

Eine 1958 gebaute Wartburg 311-Limousine als Feuerwehr-Dienst-Pkw. Der Wagen besitzt den Zweitakt-Dreizylindermotor mit 900 cm³ Hubraum. Seine Leistung beträgt 37 PS und die Höchstgeschwindigkeit betrug 115 km/h.

N ach Beginn der eigenen Pkw-Fabrikation im Jahr 1949 bevorzugte man für diese Zwecke die Modelle IFA F 8 und F 9 und EMW 340. Seit 1956 war es der Wartburg 311, der in größeren Stückzahlen Eingang in Feuerwehrdienste fand. Er wurde für Einsatzleiter, für Brandschutzkontrollen sowie für Instrukteure eingesetzt. Obwohl die meisten dieser Fahrzeuge Feuerwehrlackierung mit Sondersignaleinrichtung erhielten, gab es auch solche in ziviler Lackierung. Hinzu kamen verschiedene, speziell für die Volkspolizei entwickelte viertürige, mit Planenverdeck und abklappbarer Frontscheibe vom VEB Automobilwerke Eisenach (AWE) ausgerüstete Kübelwagen. Die Karosserie dieser Wagen wurde vom VEB Karosseriewerk Halle zur Verfügung gestellt. Diese bedingt geländegängigen Fahrzeuge rangierten unter der Bezeichnung Wartburg 311-4 und entstanden in größeren Stückzahlen. Bei den Feuerwehren der Großstädte waren sie häufig zu finden. Mit Einführung des Wartburg-Modells 353 wurde für diese Fahrzeuge die einheitliche Bezeichnung des Ausrückedienstwagens (ADW) eingeführt. Seither konzentrierte sich die zukünftige Beschaffung dieser Fahrzeuggattung auf Wartburg-Modelle. Dieser Fahrzeugtyp sowie der ab 1975 gefertigte, leistungsstärkere Nachfolger Wartburg 353 W waren wohl mit Abstand die bei den DDR-Feuerwehren am häufigsten für diesen Einsatzzweck verwendeten Fahrzeuge. Selbst bei größeren Freiwilligen Feuerwehren waren Wartburg 353 bzw. 353 W als ADW anzutreffen.

	Wartburg 311	Wartburg 353	Wartburg 353	Trabant 601
Bauzeit	1956–61/1962–65	1966–74	1975–89	1963–90
Verwendung	Pkw und Ausrückedienstwagen (ADW)			
Fahrgestell	Wartburg 311 Wartburg 311/1000	Wartburg 353	Wartburg 353	Trabant 601
Motor	3-Zylinder-/2-Takt-Reihen vergasermotor mit Thermosyphonkühlung	3-Zylinder-/2-Takt-Reihen vergasermotor mit Wasserumlaufkühlung	dto.	2-Zylinder/2-Takt-Reihenvergasermotor mit Axialkühlgebläse
Leistung	37 PS (1956–61) 45 PS (1962–65)	45 PS	50 PS	26 PS
Hubraum	900 bzw. 992 cm³	992 cm³	992 cm³	595 cm³
Drehzahl	4000 U/min (bis 1961) 4250 U/min	4250 U/min	4250 U/min	4000 U/min
Getriebe	4/1 Gänge			
Antrieb	Frontantrieb			
Art des Aufbaus	serienmäßige Limousinen; Kombi- und Kübelaufbauten			

Die Dachaufbauten mit Sondersignaleinrichtung, Rundumkennleuchten, Lautsprecher und Sirenen wurden mehrfach geändert. Die letzte Ausführung bestand aus einem mittig auf dem Dach installierten Brückenaufbau, bei dem an beiden Außenseiten jeweils eine vom VEB Fahrzeugelektrik Ruhla gelieferte Dreispiegelleuchte sowie zwei von einer AKA-Sirene eingerahmte Lautsprecher zu finden waren. Das zwischen 1988 und 1991 gebaute Nachfolgemodell Wartburg 1.3 mit Vierzylindermotor wurde offiziell nicht mehr für die Feuerwehren beschafft.

Dennoch gelangten in der Umbruchzeit der Wendejahre manche Exemplare dieses Fahrzeugs in Feuerwehrdienste.

Ein Wartburg-Kübelwagen Typ 311-4 aus den Beständen der Volkspolizei, der für die Feuerwehr umgerüstet wurde.

Der Trabant war als Dienstwagen bei den Feuerwehren viel seltener zu finden. Als Einsatzfahrzeug wurde er zwar nicht beschafft, was aber nicht heißt, dass er bei den Feuerwehren nicht vorhanden war. So gab es bereits vor 1989 einige Wehren, die diesen Wagen bevorzugt als Kombi, aber auch als Limousine für Einsatzleitzwecke in Dienst stellten. Sie unterschieden sich vom Serienfahrzeug eigentlich nur durch die Lackierung.

Auch der mehr als drei Millionen Mal gebaute Trabbi darf hier nicht fehlen. Diese kurz nach der Wende fotografierte, als Einsatzleitwagen genutzte Limousine befand sich bei einer Wehr im Kreis Marienberg im Einsatz.

Fahrzeuge auf Importfahrgestellen

1974 lieferte der österreichische Ausrüster Rosenbauer zwei PLF 6000 auf Tatra T 148 in die DDR. Die Pulverlösch-anlagen sowie die löschtechnische Ausrüstung mit der 3000 l/min Normal- und Hochdruckpumpe von Rosen-bauer entsprachen im Wesentlichen denen der Vorgängermodelle auf Tatra T 138. Darüber hinaus verfügte das Fahrzeug über wasser- und schaumtechnische Löschausrüstung, wie Pumpe, Zumischer und Wendestrahlrohr.

Von Anfang an wurden auch ausländische Nutzfahr-zeuge in der DDR eingesetzt, wenn auch zunächst in bescheidenem Umfang. In den Aufbaujahren nach Kriegsende kamen die Fahrgestelle aus der Sowjet-union. Sie wurden von den in der SBZ bzw. DDR an-sässigen Feuerwehrausrüstern mit Aufbauten verse-hen. Dies waren etwa mehrere Tanklöschfahrzeuge auf sowjetischen ZIS-Fahrgestellen. Darüber hinaus wurde auch der 2,5-Tonner GAZ 51 mit Feuerwehr-

aufbauten versehen. Neben der Bedarfsdeckung für die Besatzungsstreitkräfte erfolgten Fahrzeugliefe-rungen an die unter sowjetischer Verwaltung stehen-den Betriebe (SAG) wie den Uranbergbau der Wis-mut, aber auch an die bewaffneten Organe der DDR.

Infolge der Spezialisierungsbestrebungen inner-halb des RGW (Rat für gegenseitige Wirtschafts-hilfe/COMECON) war eine Fertigung von Nutzfahr-zeugen mit mehr als 5 t Gesamtgewicht in der DDR seit Beginn der 1960er-Jahre nicht mehr erlaubt. Daher mussten Fertigung und Weiterentwicklung des Schwerlast-Lkw H 6 und einige Jahre später des Militär-

Bei der Betriebsfeuerwehr des VEB PCK Schwedt/Oder befand sich dieser aus einem 1962 gebauten Skoda 706 RT-Sprengwagen entstandene Schaummittel-träger SMT 5500 im Einsatz. Sein Umbau erfolgte 1971 in Eigenregie. Es war ein reines Zubringerfahrzeug ohne Feuer-löschpumpe und mit einem Schaum-Wasser-Werfer und Wendestrahlrohren ausgerüstet.

Für die extremen Geländeverhältnisse in den Geländen des Braunkohletagebaus wurden ab 1974 Feuerwehrfahrzeuge auf sowjetischen ZIL-131-Dreiachs-Fahrgestellen beschafft. Diese Tanklöschfahrzeuge besaßen eine Reifendruckregelanlage, sechs Mann Besatzung, einen 2450 l-Wassertank, einen Schaummitteltank mit 150 l Inhalt, eine 2400 l/min-Feuerlöschkreiselpumpe mit Pumpenvormischer sowie ein Wendestrahlrohr.

Lkw G 5 aufgegeben werden. Seither war die DDR gezwungen, ihren Bedarf an schweren Fahrgestellen hauptsächlich aus dem Typenprogramm der Firmen Tatra und Škoda aus der CSSR zu decken. Im Zuge des Aufbaus oder der Erweiterung von Industrieanlagen in den 1960er-Jahren waren davon im besonderen Maße die Betriebsfeuerwehren dieser Werke betroffen. Während seit den 1950er-Jahren die einheimischen Feuerlöschgerätewerke eifrig bestrebt waren, den Grundbedarf an Standardlöschfahrzeugen zu decken, tat sich bei Spezialfahrzeugen, die vielfach neben dem Sonderaufbau auch schwerere Fahrgestelle verlangten, eine immer größere Lücke auf. Von der Motorleistung und vom Fahrgestell her waren die Löschfahrzeuge der DDR aus Eigenproduktion auf eine Pumpenleistung von 1600 l/min begrenzt. S 4000-1- oder W 50-Fahrgestelle reichten für die Brandbekämpfung speziell in der petrochemischen Industrie, aber auch auf Flughäfen nicht aus. Da die CSSR-Hersteller aus Konkurrenzgründen nicht bereit waren, Fahrgestelle für den Bau von Feuerwehrfahrzeugen in die DDR zu liefern, mussten die schweren Sonder-Tanklöschfahrzeuge komplett von dort importiert werden. Bis 1990 kamen dabei Tatra-Dreiachs-Fahrgestelle der Typen T 138, T 148 und T 815 in größeren Stückzahlen für Industrie, Flugplätze und NVA zum Einsatz. Auf Tatra T 815 wurden Ende der 1980er-Jahre zwei 28 t-Feuerwehr-Kranwagen des Herstellers CKD mit vorgehängter Fahrerkabine für die Feuerwehrkommandos Leipzig und Ost-Berlin beschafft. Umbauten und Anpassung an die jeweils herrschenden Einsatzbedingungen waren bei manchen importierten Fahrzeugen an der

Das auf einem Magirus-Deutz F Mercur 125 A-Chassis aufgebaute FLF 25 V wurde an die Flughafenfeuerwehr des Zentralflughafens Berlin-Schönefeld geliefert. Das Fahrzeug verfügte über 2000 l Wasser, 250 l Schaummittel und eine 180 kg-CO_2-Löschanlage.

Tagesordnung. Ganz anders gestaltete sich das Anforderungsprofil für jene Löschfahrzeuge, die im Braunkohletagebau verwendet werden sollten. Da ihr Einsatz zumeist auf unbefestigten Zufahrtswegen erfolgte, mussten die hier benötigten Fahrzeuge extrem geländegängig sein. Nachdem sich auch der allradgetriebene W 50 als ungeeignet erwiesen hatte, beschaffte man dreiachsige Tanklöschfahrzeuge auf ZIL-131 aus der Sowjetunion.

War der Fahrzeugimport aus den Ostblockstaaten schon schwierig genug, war die Beschaffung von Fahrzeugen aus dem Westen ein fast unüberwindbares Hindernis. Obwohl Westimporte, speziell aus der Bundesrepublik, nicht erwünscht waren, kam man in Einzelfällen um die Beschaffung einiger weniger Sonderfahrzeuge nicht herum. Diese meist auf der Embargoliste gegen die DDR befindliche Speziallöschtechnik wurde teilweise über Drittländer geordert. Die bekanntesten Fahrzeuge sind einwandfrei das Magirus-Flugplatzlöschfahrzeug für den Zentralflughafen Berlin-Schönefeld und die DL 52 auf einem Krupp Tiger-Fahrgestell für die Feuerwehr in Ost-Berlin.

Das 1967 gebaute Tanklöschfahrzeug TLF 32 auf Tatra T 138 war auf dem Flughafen Leipzig-Halle stationiert. Auf der von hinten begehbaren Aufbauplattform über den Löschmittelbehältern waren hintereinander zwei schwenkbare Wendestrahlrohre montiert. Die Plattform diente gleichzeitig zur Lagerung von A-Saugschläuchen, Steckleiterteilen und Einreißhaken. Auf beiden Seiten hinter dem Fahrerhaus befand sich ein zentraler Bedienstand, hinter dem sich die zweistufige Feuerlöschkreiselpumpe FPM 32/8 befand.

Feuerwehrfahrzeuge auf Tatra T 138

D ie tschechische Firma Tatra mit Sitz in Kopřivnice gehört weltweit zu den ältesten Automobilherstellern. Neben der Fertigung luftgekühlter, vielfach stromlinienförmiger Pkw trat das Unternehmen durch den Bau von Lastwagen hervor. Alle Tatra-Lkw hatten luftgekühlte V-Motoren, Stirnrad-Differenzialgetriebe, einen zentralen Rohrrahmen, Allradantrieb und Pendelachsen. Am Rahmen waren die Querträger für die Vorder- und Hinterachse befestigt sowie Motor und Getriebe angeflanscht. Diese Konstruktion verhalf den Fahrzeugen zu einer o-beinigen Radstellung, aber auch zu ausgezeichneter Geländegängigkeit. Seit 1960 wurden nur noch Schwerlastwagen ab 10 t hergestellt. Der Dreiachs-Lkw Tatra T 138 für 12 t Nutzlast entstand 1959 und ging dann 1961 in Serie. Durch ihn wurde das bisherige Modell Tatra T 111 abgelöst. Von dem nicht in Serienfertigung gegangenen Modell 137 wurden die elegant verrundete Motor-

■ Technische Daten ■	
Bauzeit	1961–1972
Verwendung	Tanklöschfahrzeug TLF 32 und andere
Fahrgestell	Tatra T 138 PP
Motor	V 8-Zylinder- / 4-Takt-Direkteinspritz-Diesel mit Luftkühlung
Hubraum	11 762 cm³
Leistung	180 PS
Drehzahl	2000 U / min
Getriebe	5 / 1 Gänge + Zweigang-Zusatzgetriebe
Antrieb	Allrad
Aufbauhersteller	Karosa n. p. Vysoké Myto und andere
Art des Aufbaus	geschlossener, begehbarer Kofferaufbau und Truppkabine
Pumpe	3200 l / min
Löschmittelvorräte	6000 l Wasser 600 l Schaummittel
Besatzung	1 + 2 Mann

haube, das Fahrerhaus sowie der V 8-Direkteinspritz-Dieselmotor übernommen. Er war schwingelastisch aufgehängt und mit dem Getriebe über eine Kardanwelle verbunden. Die Vorderachse konnte elektropneumatisch zugeschaltet werden. Für Sonder- und Spezialaufbauten gelangte das mit einem Nebenabtrieb für Einbauaggregate wie z. B. Feuerlöschkreiselpumpen ausgerüstete Fahrgestell Tatra T 138 PP zur Verwendung. Die Vorderachse war mit Drehstabfederung, die Hinterachsen dagegen mit Halbelliptik-Blattfedern ausgerüstet. Für den schweren Wagen war eine hydraulische Lenkhilfe vorhanden. Die Geländegängigkeit war für ein Fahrzeug dieser Baugröße sehr gut. Neben dem mechanischen Fünfganggetriebe war ein Zweigang-Zusatzgetriebe eingebaut. 1962 entstand unter der Bezeichnung ASC der erste Prototyp eines Tanklöschfahrzeugs bei dem Feuerwehrausrüster Karosa, das mit einer 3200 l/min-Feuerlöschkreiselpumpe bestückt war. Die Beladung der Standardausführung bestand aus 6000 l Löschwasser und 600 l Schaummittel. Das zulässige Gesamtgewicht betrug 22 300 kg. Bis 1972 wurden vom Tatra T 138 insgesamt 48 222 Einheiten in unterschiedlichen Ausführungen, vorzugsweise aber für das Baugewerbe, produziert und in rund 40 Länder exportiert. Die DDR erhielt seit 1964 insgesamt 20 TLF 32 für Feuerwehrzwecke, sieben weitere gingen an die staatliche Fluggesellschaft Interflug und eine unbekannte Zahl an die Nationale Volksarmee (NVA).

Durch Zusammenarbeit der beiden westdeutschen Firmen Bachert und Total entstanden 1971 zwei Pulverlöschfahrzeuge TroLF 6000 (PLF 6000) als Spezi-allöschfahrzeuge für die chemische Industrie. Ein Fahrzeug ging an den VEB Chemische Werke Buna Schkopau. Die Pulveranlage bestand aus zwei zylindrischen Druckbehältern mit jeweils 3000 kg Löschpulver und der Treibgasflaschenbatterie. Die bis über das Fahrerhaus verlängerte Plattform bildete den Standplatz für die Werferbedienung.

Dieses PLF 6000 auf Tatra T 138 mit eingebauter Pumpe lieferte Rosenbauer aus Linz 1967 an die Betriebsfeuerwehr des VEB Leuna-Werke „Walter Ulbricht". Die Löschanlage von Minimax bestand aus zwei kugelförmigen PLA 3000, in dem das Löschpulver drucklos gelagert war. Der Pulverausstoß erfolgte durch eine sogenannte Expansionsschockanlage, die mithilfe einer Stickstoff-Treibgasanlage betrieben wurde.

Schaumlöschfahrzeug SLF 8500 des Linzer Feuerwehrausrüsters Rosenbauer, geliefert 1976 für die Betriebsfeuerwehr der VEB Leuna-Werke auf einem Tatra T 148-Chassis. Seine Beladung bestand aus 3000 l Wasser und 5500 l Schaummittel. Die Feuerlöschkreiselpumpe besaß eine Förderleistung von 3200 l/min.

Feuerwehrfahrzeuge auf Tatra T 148

Der Tatra T 148 war eine Weiterentwicklung des Typs T 138. Wesentliche Entwicklungsziele waren die Erhöhung der Nutzlast auf 15 200 kg, ein etwas hubraumstärkeres Antriebsaggregat mit nun 12 667 cm³ sowie die Steigerung der Motorleistung auf 232 PS. Äußerlich unterschied er sich von seinem Vorgänger durch die geänderte Gestaltung der Motorhaube. Der optische Gesamteindruck des Fahrzeugs blieb aber fast unverändert. Die ersten Fahrzeuge dieses Typs wurden bereits 1969 gebaut, die volle Serienproduktion begann aber erst 1972, nachdem die Fertigung des Typs T 138 ausgelaufen war. Im Jahr 1971 hatte der RGW beschlossen, das Tatra-Werk auf die Produktion von ge-

■ Technische Daten ■	
Bauzeit	1969–1982
Verwendung	Tanklöschfahrzeug TLF 32 und andere
Fahrgestell	Tatra T 148 PP
Motor	V 8-Zylinder-/4-Takt-Direkteinspritz-Diesel mit Luftkühlung
Hubraum	12 667 cm³
Leistung	232 PS
Drehzahl	2200 U/min
Getriebe	5/1 Gänge + Zweigang-Zusatzgetriebe
Antrieb	Allrad
Aufbauhersteller	Karosa n. p. Vysoké Myto und andere
Art des Aufbaus	geschlossener, begehbahrer Kofferaufbau und Truppkabine
Pumpe	3200 l/min
Löschmittelvorräte	6000 l Wasser 600 l Schaummittel
Besatzung	1 + 2 Mann

ländegängigen Lkw ab 12 t Nutzlast zu spezialisieren. Als Konsequenz daraus wurden zwischen 1972 und 1982 in Kopivnice und anderen Städten der CSSR neue Fertigungsstätten errichtet. Das Ziel bestand in der Steigerung der Produktionskapazitäten, die auch erreicht wurde. Bis 1982 entstanden vom T 148 insgesamt 113 647 Einheiten aller Bauvarianten.

Das Tanklöschfahrzeug TLF 32 wurde in fast unveränderter Form auf dem neuen Fahrgestell durch den Feuerwehrausrüster Karosa n. p. weitergebaut. Abgesehen von der Bestückung der Wendestrahlrohre mit Schwerschaumrohren sowie der Ausstattung der Schnellangriffseinrichtungen mit einem Schwerschaumrohr blieb die feuerwehrtechnische Ausrüstung nahezu unverändert. Vom TLF 32 wurden zwischen 1974 und 1980 21 Stück für DDR-Feuerwehren geordert. Die Interflug erhielt weitere sechs und darüber hinaus die NVA 24 dieser Fahrzeuge.

Ein 1978 auf Tatra 148 gebautes TLF 32 des Flughafens Leipzig-Halle in Schkeuditz mit Blick auf den begehbaren Aufbau, von dem auch die Monitore bedient wurden.

Dieses 1982 gebaute TLF 32 war auf dem Flughafen Dresden-Klotzsche stationiert. Auf dem vorderen Wendestrahlrohr befindet sich ein Schwerschaumrohr.

Dieses bei der Betriebsfeuerwehr der VEB Leuna-Werke in Eigenleistung entstandene Industrielöschfahrzeug war ein Einzelstück. Das Kohlendioxid-Löschfahrzeug LF-CO$_2$ wurde 1982 in Dienst gestellt. Für den Aufbau nutzte man ein Tatra T 148-Fahrgestell von 1977. Die Beladung bestand aus einem Druckbehälter mit 1200 kg flüssigem CO$_2$.

Dieses 1986 von Rosenbauer für die Chemiebetriebe in Schwedt/Oder gelieferte SLF 8500 beförderte 5000 l Wasser und 3500 l Schaummittel. Die im Heck eingebaute zweistufige Normaldruckpumpe leistete 5000 l/min. Das Wasser-Schaum-Wendestrahlrohr mit manueller Bedienung verfügte über eine Leistung von 1600 l/min. Dieses Fahrzeug gehörte zu den leistungsfähigsten Löschfahrzeugen, die in der DDR vertreten waren.

Feuerwehrfahrzeuge auf Tatra T 815

Der RGW hatte 1971 festgelegt, den Tatra-Werken den ausschließlichen Bau schwerer geländegängiger Nutzfahrzeuge zu übertragen. Daraufhin erfolgten nicht nur umfangreiche Modernisierungsmaßnahmen, sondern es wurde auch mit der Entwicklung einer neuen Fahrzeugreihe, des Tatra T 815, begonnen. Die ersten Prototypen entstanden 1976. Zwischen 1977 und 1981 wurde der Bau einer erweiterten Nullserie vorgenommen. Nach zufriedenstellenden Erprobungen begann dann 1982 die Serienproduktion. Die Fahrzeuge der Baureihe T 815 basierten auf dem bewährten, für Tatra typischen Zentralrohrrahmen mit innen liegenden Antriebswellen. Sie wurden im Baukastensystem aus vereinheitlichten, austauschbaren Komponenten als 2-, 3- und 4-Achser gefertigt. Der Übergang zur modernen Frontlenkerbauweise mit um 60° hydraulisch kippbarem Fahrerhaus war die äußerlich gravierendste Änderung. Dieses war aus Ganzmetall gefertigt und verfügte über vier Sitz-

Ein TLF 32 auf Tatra T 815 aus dem Jahr 1988 auf der Hauptfeuerwache des Feuerwehr-Kommandos Dresden.

plätze. Der tschechische Hersteller Karosa n. p. baute auch auf das neue Fahrgestell T 815 PR 2 mit drei angetriebenen Achsen das schwere Tanklöschfahrzeug TLF 32. Gleichzeitig wurde die Aufteilung des feuerwehrtechnischen Aufbaus geändert und die Pumpe von der Fahrzeugmitte an das Heck verlegt. Das in voll ausgerüstetem Zustand 22 400 kg schwere Fahrzeug wurde von einem Zwölfzylinder-V-Diesel mit 19 000 cm³ Hubraum und 320 PS Leistung angetrieben. Der Löschwassertank fasste 8200 l. Die darin installierte Heizung konnte die Einsatzbereitschaft bis minus 20 °C sicherstellen. Weiterhin befanden sich zwei Kunststoffbehälter mit zusammen 800 l Schaummittel auf dem Fahrzeug. Die Feuerlöschkreiselpumpe leistete 3200 l/min. Die Zumischung des Schaumbildners zum Löschwasser erfolgte mittels eines elektronisch geregelten Pumpenvormischers. Das erste TLF 32 kam 1985 zum Feuerwehr-Kommando Ost-Berlin. Danach kam es zu weiteren Beschaffungen, die hauptsächlich den Feuerwehren großer Industriebetriebe, auf Flughäfen sowie den Kommandos F von Großstädten zugeteilt wurden. Für Feuerwehren wurden zwischen 1985 und 1988 38 Stück, für die NVA 29 und für die Interflug fünf weitere Fahrzeuge geordert. Das bis zu 100 km/h schnelle TLF 32 auf Tatra 815 war das zu der Zeit modernste Löschfahrzeug in der DDR und noch lange nach der Wende bei Feuerwehren, vorzugsweise in ausgedehnten Wald- und Heidegebieten, im Einsatz.

■ Technische Daten	
Bauzeit	seit 1982
Verwendung	Tanklöschfahrzeug TLF 32 und andere
Fahrgestell	Tatra T 815 PR
Motor	V 12-Zylinder-/4-Takt-Direkteinspritz-Diesel mit Luftkühlung
Hubraum	19 000 cm³
Leistung	320 PS
Drehzahl	2200 U/min
Getriebe	5/1 Gänge mit Vorschaltgruppe
Antrieb	Allrad
Aufbauhersteller	Karosa n. p. Vysoké Myto und andere
Art des Aufbaus	geschlossener Kofferaufbau und Truppkabine
Pumpe	3200 l/min
Löschmittelvorräte	8200 l Wasser 800 l Schaummittel
Besatzung	1 + 2 Mann

Noch 1989 wurden zwei Tatra T 815 PJ mit vorgehängter, tief liegender Kabine als Kranwagen mit 28 t Krananlage des CSSR-Herstellers CKD für die Feuerwehren Ost-Berlin und Leipzig beschafft (Bild links).

Das im Jahr 1980 auf dem Tatra T 813 (8 x 8)-Militärfahrgestell von Rosenbauer gelieferte Schaumlöschfahrzeug SLF 18 000 war seinerzeit das größte Löschfahrzeug in der DDR (Bild unten).

Dieser als Traditionsfahrzeug erhaltene ADK 125-1 wurde 1978 dem Kommando Feuerwehr Erfurt zugeteilt.

Autodrehkran ADK 125-2

Im engeren Sinne kein echtes Importfahrzeug ist der Autodrehkran ADK 125-2, der im Jahr 1977 das einzige Kranfahrzeug der DDR-Feuerwehren, den viel zu schwachen KW 5 mit 5 t Hubkraft, 90 PS Motorleistung und 42 km/h Höchstgeschwindigkeit, endlich ersetzte. Dieses wesentlich stärkere Modell war ein ebenfalls handelsüblicher, hydraulischer Teleskop-Kranwagen mit 12,5 t Hubkraft, den der VEB Schwermaschinenbau „Georgi Dimitroff", Magdeburg, unter der Typenbezeichnung ADK 125 entwickelt hatte. Seit 1975 wurde der Kranwagen im VEB Lokomotivbau „Karl Marx" in Potsdam-Babelsberg gebaut. Seit dem Jahr 1977 wurde dort der ADK 125-1 hergestellt, der aber bereits im folgenden Jahr durch den geringfügig modifizierten ADK 125-2 ersetzt wurde. Die Kranwagen waren sämtlich mit dem von dem IFA-Motorenwerk Schönebeck gefertigten Sechszylinder-Diesel 6 VD 14,5/12-1SRW mit 190 PS ausgerüstet. Dieses Aggregat war eine Weiterentwicklung der in den Lastwagen H 6 und G 5 installierten Motoren. Der zweiachsige Kranunterwagen wurde von dem ungarischen, mit MAN-Lizenz arbeitenden Kooperationspartner RABA in Györ geliefert, mit dem es aber ständig Probleme aller Art gab. Der mit einem dreiteiligen Teleskopausleger konstruierte Autodrehkran (ADK) verfügte über eine maximale Hubkraft von 12,5 t. Der Ausleger war um 360° drehbar. Unter Verwendung eines zusätzlichen Ausschubteils ließ sich der Teleskopausleger von 7,28 auf dann maximal 15,26 m verlängern. Lasten bis zu 9 t konnten bei einer Ausladung von 3 m mit einer maximalen Geschwindigkeit von 3 km/h verfahren werden. Der ADK 125-2 besaß Allradantrieb, einen Steuerplatz für beide Fahrtrichtungen sowie eine Besatzung von zwei Mann. Eine Seilwinde war allerdings nicht vorhanden. Das Gesamtgewicht dieses 8463 mm langen Fahrzeugs betrug 18 900 kg, die Höchstgeschwindigkeit auf der Straße lag bei 70 und im Gelände bei 38 km/h. Die ständigen Probleme mit dem ungarischen Partner RABA gaben den Ausschlag zur 1987 erfolgten Produktionseinstellung.

Technische Daten

Bauzeit	1977–1987
Verwendung	Autodrehkran
Fahrgestell	RABA-Allrad-Chassis
Motor	6-Zylinder-/4-Takt-Reihen-Wirbelkammer-Diesel mit Wasserumlaufkühlung
Hubraum	9840 cm³
Leistung	190 PS
Drehzahl	2300 U/min
Getriebe	5/1 Gänge + Vorgelege
Antrieb	Allrad
Aufbauhersteller	VEB Maschinenbau „Karl Marx"
Besatzung	1 + 2 Mann

Fahrzeuge auf sowjetischen Fahrgestellen

Dieses 1951 vom VEB Feuerlöschgerätewerk Jöhstadt auf ZIS-150 aufgebaute LF 15 mit Vorbaupumpe wird als Traditionsfahrzeug von der Feuerwehr Raschau erhalten. Es stand von 1961 bis 1974 dort im Einsatz.

Das TLF 24 auf einem von den Lichatchow-Werken in Moskau gefertigte Allradfahrgestell wurde von einem V 8-Zylinder-Motor mit 6960 cm³ Hubraum angetrieben.

Der ehemalige Wismut-Tanker TLF 15 wurde auf einem 1947 gebauten sowjetischen 2,5-Tonner GAZ 51-Lkw-Fahrgestell in Jöhstadt montiert.

Den 5000 l-Trinkwassertankwagen aus NVA-Beständen auf einem Ural 375 D konnte sich eine Wehr im Raum Bad Liebenwerda nach der Wende sichern.

Dieser 1964 gebaute und umgerüstete GAZ-69 M aus NVA-Beständen ist mit einem 1959 entstandenen Tragkraftspritzenanhänger unterwegs.

IFA

Lastkraft-wagen

Garant, Granit und Multicar

Start mit Vorkriegsmodellen

Auf Lastwagen der Vorkriegszeit – im Bild ein Opel Blitz-Dreitonnen-Lkw – konnte die DDR bis zu ihrem Ende niemals ganz verzichten.

Die Lastkraftwagen der Vorkriegszeit zählten über viele Jahre zum gewohnten Alltagsbild auf den Straßen der DDR. Als der Staat 1949 gegründet wurde, waren dies praktisch die einzigen Fahrzeuge, auf die sich der Straßentransport des ausgebluteten Landes stützen konnte. Denn die eigene Produktion von Lastkraftwagen war noch nicht angelaufen. Aber auch nachdem man diese mühsam in Gang gebracht hatte, konnte auf die Mehrzahl der Vorkriegsmodelle noch auf lange Zeit nicht verzichtet werden. Zu sehr mangelte es der DDR-Wirtschaft an Transportraum. Die zunehmend älter werdenden Veteranen wurden repariert, umgebaut, anfangs teilweise sogar noch völlig neu karossiert, weil in der Gewichtsklasse einfach nichts anderes vorhanden war, und wenn wirklich gar nichts mehr ging, buchstäblich bis zur letzten Schraube ausgeschlachtet. Gerade in den ersten Jahren spielten sie in der DDR eine

Die Aufnahme des hier gezeigten, im Bezirk Leipzig zugelassenen 3 t-Opel Blitz entstand im Sommer 1981. Sein Fahrer datierte das Baujahr auf 1940. 1948 wurde der Wagen mit allerlei Fremdteilen wieder hergerichtet. Die geteilte Frontscheibe weist auf ein während des Krieges zivil genutztes Fahrzeug hin.

ausschlaggebende Rolle. Ohne ihr Vorhandensein hätten die Transportanforderungen wohl kaum gelöst werden können und die Startbedingungen wären ungleich schwerer gewesen.

Wie sah die Situation in Deutschland nach dem Ende des Zweiten Weltkrieges aus? Anfangs herrschten in allen vier Besatzungszonen, ganz gleich ob in Ost oder West, ähnlich schlechte, geradezu trostlose Startbedingungen. Hierin eingeschlossen war natürlich auch der straßengebundene Güterkraftverkehr, der unter überaus bescheidenen Voraussetzungen mühsam wieder ins Laufen gebracht werden musste. Neben zahllosen anderen Aufgaben galt es in erster Linie, die zusammengebrochene Versorgung der Bevölkerung mit Lebensmitteln und anderen elementaren Dingen des täglichen Bedarfs zu sichern. Die Infrastruktur und Wirtschaft lag darnieder und musste fast bei null wieder beginnen.

Einsatzfähige Lastwagen waren Mangelware, Treibstoff und Reifen häufig noch knapper. Die Mehrzahl der im Durchschnitt 15 Jahre alten Fahrzeuge war zerstört oder infolge ständiger Überlastung während der Kriegsjahre stark reparaturbedürftig. Jene Fahrzeuge, die einigermaßen unbeschadet den Krieg überstanden hatten, rissen sich oftmals die Besatzungsmächte unter den Nagel. Die Spediteure und Fuhrleute mussten sich mit dem behelfen, was Krieg und Besatzer übrig gelassen hatten. Ohne die vielen verlassen herumstehenden früheren Wehrmachtsfahrzeuge hätte es noch um einiges schlechter ausgesehen. Durch Improvisation und großes Engagement bemühten sich provisorisch instand gesetzte Werkstätten und Kraftfahrer, die Fahrzeuge überhaupt zum Laufen zu bringen. Das bedeutete fast

Dieser im August 1979 in Karl-Marx-Stadt fotografierte Opel Blitz-1,5-t-Kleinlastwagen von 1938 gehörte einem privaten Fuhrunternehmer.

immer, aus noch brauchbaren Teilen verschiedener Fahrzeuge nach und nach wieder ein fahrbereites Vehikel zu machen. In der Regel wurden die beschädigten Lastwagen und Anhänger mit einfachsten Mitteln und viel handwerklichem Geschick zunächst behelfsmäßig wieder hergerichtet. Aus akutem Spritmangel wurden manche Fahrzeuge mit Holzgasgeneratoren ausgerüstet. Erschwerend hinzu kamen die durch die kaum überschaubare Fahrzeug- und Typenvielfalt entstehenden Ersatzteilprobleme.

Nach der Währungsreform von 1949 kamen Wirtschaft und damit auch die Nutzfahrzeugproduktion in den drei westlichen Besatzungszonen rasch wieder in Fahrt. In der DDR war das nicht der Fall. Hier gab es trotz einer nicht minder unermüdlichen Aufbauarbeit zunächst kein sichtbares Wirtschaftswunder. Der mitteldeutsche Landesteil wurde von der sowjetischen Besatzungsmacht noch über Jahre hinaus durch Demontagen und Sachleistungen aller Art geradezu ausgeplündert. Durch Kriegszerstörungen und Demontagen reduzierte sich die industrielle Gesamtsubstanz der DDR um mindestens 50 Prozent.

Auch nachdem der Serienbau eigener Lkw angelaufen war, konnten sich die Fahrzeugbestände des Landes – auch wegen des hohen Exportanteils – nur sehr langsam und schleppend vergrößern. Dies betraf in besonderem Maße die schwereren Nutzlast-

klassen, deren Bedarf nur in ganz geringem Umfang durch Eigenproduktionen gedeckt werden konnte. Daher war der Anteil an Vorkriegslastwagen, vor allem in privaten Betrieben, bis weit in die 1960er-Jahre recht groß. Konkrete Unterlagen stehen leider nicht zur Verfügung. Als verlässlicher Ausgangspunkt ist die Zahl der im Jahr 1950 in der DDR insgesamt zugelassenen 96 796 zivilen Nutzfahrzeuge überliefert. Hiervon entfielen mindestens 90 000 Einheiten auf Modelle aus der Zeit vor 1945. Dieser Anfangsbestand nahm nur langsam ab. Erst in den 1980er-Jahren begannen die letzten, mittlerweile schon fast in einem biblischen Alter befindlichen Lastwagen, aus dem Straßenbild der DDR zu verschwinden und zu Raritäten zu werden.

Welche Marken und Modelle aus dieser Epoche waren nun in der DDR vertreten? Kurz gesagt: Es waren Fahrzeuge – teilweise Einzelstücke und Exoten – aus aller Herren Länder, oftmals Beutefahrzeuge, die es bei Kriegsende nach Mitteldeutschland verschlagen hatte.

Nach dem Stand von 1938 erreichten die Marktanteile der wichtigsten deutschen Nutzfahrzeugher-

Ein Unikat ist dieser Opel Blitz-3-t-Möbelkoffer-Sattelzug, der von dem privaten Speditionsbetrieb Hoffert bis zum Ende der 1980er-Jahre eingesetzt wurde. Während das Zugfahrzeug 1939 entstand, wurde der Auflieger zwei Jahre zuvor von der Karosseriefirma Drettmann in Bremen hergestellt. In ihm konnte eine Nutzlast von knapp 4 t befördert werden.

steller folgende Werte: Opel – 36,5 %, Ford – 16,8 %, Hansa-Lloyd-Goliath – 12,4 %, Daimler-Benz – 9,5 %, Büssing – 5,3 %, Magirus – 3,5 %, Krupp – 2,9 % und MAN – 2 %. Der Gesamtbestand der zivilen Liefer-, Lastwagen und Zugmaschinen im Deutschen Reich betrug rund 360 000 Fahrzeuge. Hinzu kamen rund 130 000 bis 1945 gefertigte Opel Blitz-Dreitonner. Aufgrund der hohen Stückzahlen kann man davon ausgehen, dass Opel-Lastwagen aus dieser Epoche die häufigsten waren. Eine gewisse Sonderstellung nahmen die Lastwagen des in Plauen ansässigen Herstellers Vomag ein. Es waren hauptsächlich Schwerlastwagen, die man – gemessen an ihrer geringen

Stückzahl – in der DDR verhältnismäßig häufig antreffen konnte. Dies war nicht nur durch die Nähe zum Herstellerwerk begründet. Man hatte die Vomag verpflichtet, sich überwiegend auf den Bau von Lastkraftwagen mit Holzgasgeneratoren für die „Heimatfront" zu konzentrieren, die nicht im Fronteinsatz verwendet wurden. Geschätzt sollen sich selbst Ende der 1980er-Jahre etwa ein Dutzend Fahrzeuge dieser Marke noch im täglichen Einsatz befunden haben. Sicherlich ein Zeichen überdurchschnittlich guter Qualität und findiger Kraftfahrer.

Die Frage des wirtschaftlichen Einsatzes solcher Oldtimer, also die des altersbedingt erhöhten Reparatur- und Instandhaltungsaufwands, konnten sich deren Besitzer nur höchst selten stellen. Die anfallenden Transportaufgaben hatten immer Vorrang und mussten irgendwie bewältigt werden. So wurden weder Mühe noch Aufwand gescheut, um diese Veteranen, die im Westen schon lange in den Schrott gewandert waren, einsatzfähig zu halten. Bei dieser Vorgehensweise konnte es nicht ausbleiben, dass ein nicht unerheblicher Teil der wirtschaftlichen Res-

Ein Kohlenhändler im Berliner Stadtteil Altglienicke nannte diesen 1939 gebauten Opel Blitz 3 t sein Eigen. Zum Zeitpunkt der Aufnahme war der Veteran genau 40 Jahre alt.

sourcen des Landes durch eine überproportional große Fertigung von Ersatzteilen absorbiert wurde. War die Ersatzteilversorgung schon für Fahrzeuge aus DDR-Produktion nicht gerade einfach, so konnte sie für einen Vorkriegsoldtimer zu einem echten Problem werden. Die Fahrzeugbesitzer wussten das und hatten sich mit Ersatzteilen – und sei es auch nur als Tauschobjekt – so gut es eben ging eingedeckt. Schließlich bekam man so schnell kein neues Fahrzeug. Das ging letztendlich so weit, dass immer häufiger DDR-Teile, also Motoren, Achsen oder Fahrerkabinen aus der Eigenproduktion, implantiert und angepasst wurden, ja, ganze Neuaufbauten oder Generalüberholungen auf den total überalterten Fahrgestellen. So war zum Schluss kaum noch ein alter Lastwagen aus dieser Ära mit seinem originalen Motor unterwegs, sondern hatte – je nach Größe – das Antriebsaggregat eines H 6, S 4000-1 oder eines anderen Nutzfahrzeugmotors erhalten. Nicht selten entstanden dabei sehr eigenwillige, fantasievolle Einzelstücke, bei denen die Haubenform der Größe des Motors angepasst werden musste.

Auf den folgenden Seiten werden einige noch in den späten 1970er-Jahren in der DDR vorhandene Oldtimer-Lkw aus der Zeit vor 1945 vorgestellt.

Opel

Die 1868 in Rüsselsheim gegründeten Adam Opel-Werke fertigten 1899 den ersten Motorwagen. Seit 1909 kam ein von der Reichsregierung subventionierter Regellastwagen mit 3,5 t Nutzlast hinzu, der sich auch für militärische Zwecke eignete. In den 1920er-Jahren wurde auf die bewährte Konstruktion zurückgegriffen und die Fahrzeuge wurden für den zivilen Einsatz adaptiert. Durch die Weltwirtschaftskrise geriet das Unternehmen Ende der 1920er-Jahre in finanzielle Schwierigkeiten. Wie schon zuvor die

Dieser 1979 in Berlin-Ost abgelichtete Bierwagen des Typs Opel Blitz 3 t war mit Baujahr 1936 ein besonders altgedienter Veteran. Im Laufe seiner langen Einsatzzeit wurde das Fahrerhaus durch ein solches vom Robur Garant 30 K ersetzt. Die wattierte Kälteschutzdecke sorgte dafür, dass der wassergekühlte Motor keinen Frostschaden erleiden konnte.

Ford-Werke, sicherte sich nun auch der US-Autokonzern GM durch Opel eine eigene Produktionsstätte und damit den Einstieg in den deutschen und europäischen Markt. Die amerikanische Einflussnahme führte schnell zu einer Rationalisierung des Fertigungsprogramms. 1931 begann der Bau eines neuen 2,5-Tonners, der unter dem einprägsamen Namen Blitz angeboten wurde. Der ungestümen Aufwärtsentwicklung waren die Rüsselsheimer Baukapazitäten nicht gewachsen. 1935 wurde in Brandenburg an der Havel der Grundstein für die damals größte und modernste Nutzfahrzeugfabrik Europas gelegt. Nach nur 190 Tagen Bauzeit war das Werk fertig, sodass die Lkw-Produktion komplett nach Brandenburg verlegt werden konnte. Das sehr effiziente Fließbandverfahren konnte bis zu 150 Fahrzeuge pro Tag ausstoßen. 1936 erschien der neue Dreitonner Opel Blitz S. Es wurde die mit Abstand bekannteste Blitz-Variante und das Erfolgsmodell Opels schlechthin. Im darauffolgenden Jahr erhielt das große Blitz-Modell einen neuen

Noch weitgehend im Originalzustand befand sich dieser 1939 mit geteilter Frontscheibe ausgelieferte Opel Blitz 3 t, der zu DDR-Zeiten dem Fuhrbetrieb Otto Hoffert in Burg gehörte.

Auch er hatte irgendwann ausgedient: ein Opel Blitz S im September 1978 im Erzgebirge.

Kurzhubmotor mit 75 PS. Dieser Lastwagen wurde bis August 1944 in großen Stückzahlen gebaut, darunter auch in einer Allradausführung als Typ 6700 A. Darüber hinaus baute Opel seit 1934 einen 1 t-Schnelllastwagen, dessen Nutzlast ab 1938 auf 1,5 t aufgelastet wurde. Der mit einem 55 PS starken

Bis nach der Wende lief dieser ML 4500 S von 1942 als Kipper bei einem Fuhrunternehmer in Rötha bei Leipzig im Baustellenverkehr. In den 1990er-Jahren wurde das Fahrzeug an einen Sammler abgegeben und restauriert (Bild rechts).

Ein 1943 gebauter, hinterradgetriebener MAN-Lastwagen Typ ML 4500 S mit Zweiachsanhänger als Biertransporter im Juli 1978 auf der Schönhauser Allee in Ostberlin (Bild unten)

Sechszylindermotor bestückte Blitz-Lkw wirkte wie eine verkleinerte Ausführung des Dreitonners und bewährte sich ebenso gut wie dieser.

MAN

Dieser bekannte Hersteller begann 1915 mit dem lizensierten Bau von schweizerischen Saurer-Lastkraftwagen. 1924 stellte die Maschinenfabrik Augsburg-Nürnberg AG den ersten in einem Lkw installierten Direkteinspritz-Dieselmotor vor. Bis zum Ende der 1930er-Jahre fertigte man nach dem Baukastensystem konstruierte Lastwagen zwischen 2,5 und 6,5 t Tragfähigkeit. Seit 1937 waren die Lkw-Modelle mit neu entwickelten Direkteinspritzmotoren mit kugelförmigen Brennräumen ausgerüstet. Ab Kriegsbeginn durften gemäß der Bestimmungen des Schell-Typenbegrenzungsplanes nur noch Lastwagen in den Gewichtsklassen 3 und 4,5 t gebaut werden. Besonders erfolgreich war der seit 1940 in Serie hergestellte 4,5-Tonner ML 4500, der auch als Allradwagen angeboten wurde. Unter der kurzen Haube dieses sehr robusten Lkw arbeitete ein Diesel mit 110 PS.

Daimler-Benz

Die durch Fusion aus den beiden Firmen Daimler und Benz im Jahr 1926 entstandene Daimler-Benz AG konnte auf eine lange Tradition auf dem Gebiet der Nutzfahrzeugfertigung zurückblicken. So stellte Gottlieb Daimler bereits 1896 seine ersten 4 PS-Lastwagen auf die Räder, die immerhin schon 1500 kg Nutzlast befördern konnten. 1932 entstand der erste Zweitonner mit Dieselantrieb. Seither wurden die sogenannten, gegenüber den Vergaseraggregaten deutlich wirtschaftlicheren Rohölmotoren verstärkt im Nutzlastbereich eingesetzt. Umfasste das Verkaufsprogramm bis Ende der 1930er-Jahre noch eine Bandbreite von 1 bis 10 t Nutzlast, so war seit den Anordnungen des Schell-Planes dieser Hersteller nur noch für die Nutzlastklassen 3, 4, 5 und 6 t zuständig. Während des Krieges wurde vor allem der mit einem Vierzylinder-Vorkammer-Diesel mit 75 PS ausgerüstete Dreitonner L 3000, der seinem Mitbewerber Opel Blitz in manchen Punkten unterlegen war, in großen Stückzahlen gebaut. Der große Sechszylinder L 4500 mit 112 PS konnte hingegen durch Solidität und Zuverlässigkeit zu überzeugen.

Büssing-NAG

Bekannt geworden sind die Braunschweiger Büssing-NAG-Werke vor allem durch ihre schweren, grundsoliden Lkw-Typen, die sich bei den Fernfahrern einer großen Wertschätzung erfreuten. Büssing war auch Vorreiter im Omnibusbau. Bereits 1933 erschien der erste Trambus, ein Frontlenker mit neben dem Fahrer stehend angeordnetem Motor. Diese Bauweise gab neue Impulse, zumal die Folgemodelle

Dieser von der Spedition Heinz Gerloff in Schwanebeck restaurierte Mercedes-Benz L 3000 aus dem Jahr 1937 war einst auf den Straßen der DDR unterwegs.

durch Einbau der Antriebsmaschine in Unterflurbauweise weitere Nutzraumverbesserungen in Anspruch nehmen konnten. Im Lastwagenbereich bot Büssing zur gleichen Zeit ein komplettes Programm, beginnend beim kleinen 1,5-Tonner bis zum dreiachsigen Neuntonner. Der Schell-Typenbegrenzungsplan wies den Büssing-Werken die Fertigung eines Lkw mit 4,5 t Nutzlast zu. Es war das mit einem 105 PS starken Sechszylinder-Diesel ausgerüstete Modell 4500 S, kurz 105er-Büssing genannt, das es mit Hinterrad- und Allradantrieb gab. Dieser robuste Lastwagen bewährte sich ausgezeichnet und war in der DDR häufig im inländischen Fernverkehr anzutreffen.

Hanomag

Die in Hannover-Linden ansässigen Hanomag-Werke unternahmen zu Beginn des 20. Jahrhunderts die ersten Schritte in Richtung des Lastwagenbaus. Seit den frühen 1930er-Jahren kam die Fabrikation von Lastwagen- und vor allem Zugmaschinen hinzu. Das berühmteste und zugleich stärkste Zugpferd war zweifelsohne die sehr unverwüstliche, von 1936 bis 1942 gebaute Zugmaschine Gigant SS 100, ausgerüstet mit einem volumenstarken 100 PS-Sechszylinder-Vorkammer-Diesel. Während in Friedenszeiten vor allem Trans-

Dieser im Bezirk Schleiz zugelassene 105er-Büssing von 1939 gehörte einem Privatbetrieb.

Als diese Hanomag Gigant SS 100-Zugmaschine mit Doppelkabine im Oktober 1977 im Norden Berlins mit ihren zwei Kippanhängern HW 60.11 unterwegs war, gehörten solche Fahrzeuge auch im Straßenbild der DDR schon zu den Seltenheiten.

portunternehmen, aber auch Schausteller und Zirkusbetriebe diese Fahrzeuge zu schätzen wussten, kamen die Zugmaschinen während des Krieges in großen Stückzahlen bei allen Waffengattungen, so etwa als Flugzeugschlepper, zum Einsatz.

Vomag

Die Vogtländische Maschinenfabrik AG (Vomag) war ein bedeutendes, auch international anerkanntes Unternehmen in Plauen. Während des Ersten Weltkriegs kam zu der Produktion von Strick- und Druckmaschinen der Lkw-Bau hinzu. Die Weltwirtschaftskrise und ein zersplittertes Bauprogramm waren die maßgeblichen Gründe dafür, dass das Unternehmen 1932 in Konkurs ging. In den 1930er-Jahren gelang es einer Auffanggesellschaft, die Lage wieder zu verbessern. Schwerpunkt der Lkw-Fertigung blieben die schweren Modelle, wobei ein Dreiachser mit 150 PS das Flaggschiff im Programm darstellte. Der Typenbegrenzungsplan von 1940 führte zu einer radikalen Verringerung der Modelle. Im Lkw-Bereich war die

Der ganze Stolz eines privaten Fuhrunternehmers aus dem Vogtland war noch Anfang der 1980er-Jahre dieser kapitale Vomag-Lkw des Typs 4,5 LHG 6 von 1942.

Vomag gehalten, sich hauptsächlich auf von Vierzylindermotoren angetriebene Generatorfahrzeuge für die „Heimatfront" zu spezialisieren. In die bis 1942 gebauten 4,5-Tonner hatte man die Imbert-Anlage in die Fahrerhäuser mit einbezogen. In den letzten Kriegsjahren wurde das Werk vollkommen auf den Bau von Panzerfahrzeugen umgestellt. Nach Einmarsch der Sowjets wurde dieser Betrieb komplett demontiert. Damit war jede Chance vertan, dieses Werk für die Lastwagenfertigung in der DDR weiter zu nutzen.

Dreiräder

Diese vor allem in den Vor-, aber auch in den Nachkriegsjahren von verschiedenen Herstellern angebotenen Fahrzeuge wurden bevorzugt bei Kleinunter-

Dieses 1937 von der Fahrzeug-fabrik Willy Oster in Dresden hergestellte OD-Dreirad des Typs Rex 3 mit 5 PS Motorleistung, war noch im Sommer 1981 bei einer Gärtnerei in Dippoldiswalde im Einsatz.

nehmen und Handwerksbetrieben wie Schreinern, Dachdeckern, Gartenbaube-trieben, aber auch von Obst- und Gemü-sehändlern, Bäckern, Metzgern und ande-ren Gewerbetreibenden gerne eingesetzt. Ein erschwinglicher Anschaffungspreis und geringe Unterhaltungskosten, verbunden mit einem hohen Nutzeffekt, machten die Dreiräder zu einer sehr wirtschaftlichen Investition. Das war im Osten nicht anders als im Westen. Während aber Vorkriegs-modelle in den 1980er-Jahren in West-deutschland aus dem Alltagsbetrieb schon lange verschwunden waren, konnte man in der DDR mit etwas Glück noch so manche dieser Raritäten beobachten. Auch hier waren es Kleinbetriebe, die froh waren, auf-grund der Unterversorgung mit derartigen Fahrzeugen einen dieser betagten Vetera-nen ihr Eigen nennen zu können.

In Spremberg registriert war dieses DKW-Dreirad mit Prit-sche aus dem Jahr 1938. Es war mit einem Einzylinder-Zweitaktmotor ausgerüstet und hatte eine Leistung von 6,5 PS (Bild oben).

Ein 1935 gebautes Tempo-Dreirad E 400 in der Nähe der Dresdner Elbbrücken. Es besaß einen 12,5 PS-Motor und konnte 0,75 t Nutzlast bei 60 km/h Höchstgeschwin-digkeit befördern.

Kleinlaster, Transporter und Arbeitsgeräte

In diese Gruppe der Kleinfahrzeuge fallen die zahlreichen, zur Erfüllung der Transportaufgaben in jeder Volkswirtschaft wichtigen Modelle. Am Anfang steht die allerkleinsten Baugröße, die sogenannte Diesel-Ameise, ein langsamer, nicht für den Straßenverkehr gedachter Kleintransporter mit offenem Fahrerstand. In den frühen 1960er-Jahren ging aus ihm das Multicar hervor. Der 1964 erstmals vorgestellte Typ Multicar 22 wurde im VEB Fahrzeugwerk Waltershausen produziert und war aufgrund von Motorleistung und Geschwindigkeit immer noch ein überwiegend für innerbetriebliche Zwecke einsetzbares Arbeitsgerät. Das änderte sich ab 1974, nachdem das weiterentwickelte, erheblich stärkere Multicar 24 in Serie ging. Mit ihm und seinen ständig verbesserten, ab 1984 auch mit Allradantrieb erhältlichen Nachfolgern gelang es, die An- und Aufbaumöglichkeiten auszudehnen und dem kleinen, wendigen Fahrzeug zahllose neue Einsatzbereiche zu erschließen. Mit diesem Fahrzeug verfügte die DDR über ein modernes, vielseitig

Ein gut restaurierter Barkas V 901 Pritschenwagen aus dem Jahr 1961

Ein Multicar M 21 mit mechanischer Arbeitsleiter. Die Leiter besaß eine Auszugslänge von 10 m.

einsetzbares, später auch in einer Allrad-variante erhältliches Mehrzweckfahrzeug, das in zahllosen Bereichen der Kommunalwirtschaft eingesetzt wurde. Das Multicar deckt nach wie vor eine von den großen Herstellern international kaum genutzte Marktlücke, wodurch – ebenso wie durch eine flexible Vermarktungsstrategie – dem Unternehmen als einzigem DDR-Fahrzeugproduzenten das Überleben bis zum heutigen Tag gesichert wurde.

Als nächste Baugröße wären die Framo-Kleinlaster aus Hainichen zu nennen. Dort gab es noch die weitgehend vom Krieg und den Nachkriegsfolgen verschont gebliebenen Framo-Werke. Hier konnte der Fahrzeugbau trotz einiger Demontagen aus eigener Kraft wieder anlaufen. Die dort seit 1949 produzierten Modelle hatten zwar noch Konstruktionen aus den Vorkriegsjahren zum Vorbild, waren aber schon ausgewachsene Kleintransporter, die es in verschiedenen Ausführungen – vom Pritschenwagen bis zum Kleinbus – zu kaufen gab. Bis 1961 blieb der kleine Haubenwagen im Programm und wurde dann von dem modernen Frontlenker-Transporter Barkas B 1000 abgelöst. Da für diese Baugröße nur Zweitaktmotoren zur Verfügung standen, musste auch bei diesem ansonsten sehr modern konzipierten Frontantriebs-Transporter dieses Aggregat verwendet werden. Der in den folgenden

Ein Barkas B 1000 als Kleinbus mit seitlicher Schiebetür

Jahren zwar detailverbesserte, im Grundaufbau aber bis zum Ende der DDR rund 30 Jahre lang weitergebaute Schnelltransporter entstand in mehr als 170 000 Exemplaren und war für die heimische Wirtschaft, aber auch für das lebenswichtige Exportgeschäft ein unverzichtbares Transportmittel.

Der Barkas B 1000 in der Ausführung als Hochdach-Notarzt- und Rettungswagen (SMH-3) für die „Schnelle Medizinische Hilfe" der DDR

Die Diesel-Ameise war ein überaus wendiger Diesel-Transportkarren mit großer Nutzlast, aber gewöhnungsbedürftiger Fußtrittlenkung.

Diesel-Ameise DK 2003

Die sogenannte Diesel-Ameise, ein langsamer Kleintransporter für den innerbetrieblichen Transport, entstand als Dieselkarren (DK) und Lastenträger bereits 1951. Es war ein Fahrzeug in der Art eines Elektrokarrens, das mit einer etwas gewöhnungsbedürftigen Fußtrittlenkung ausgerüstet war. Trotz der geringen Abmessungen und einer Leistung von nur 6,5 PS war die Tragkraft mit rund 2000 kg von Beginn an außergewöhnlich hoch. Die Fertigung übernahm zunächst der aus dem ehemaligen OD-Werk Willy Ostner entstandene VEB Brand-Erbisdorf. Wohl aus Kapazitätsgründen wurde die Produktion der Diesel-Ameise DK 2002 im Jahr 1953 in das Industriewerk Ludwigsfelde bei Berlin verlagert. Nach Fertigung von rund 1000 Einheiten wurde im Jahr 1956 der Weiterbau dem VEB Fahrzeugwerk Waltershausen übertragen. Das war für diesen Hersteller der Grundstein für den Bau kleiner Spezialfahrzeuge. Neben dem bisherigen wassergekühlten Vorkammer-Dieselaggregat aus dem VEB Motorenwerk Kamenz stand als Antrieb alternativ ein geringfügig stärkeres luftgekühltes Einzylinder-Dieselaggregat der Robur-Werke in Zittau zur Verfügung. Nach der Ausrüstung mit einem hydraulischen Kippantrieb als Dreiseiten- oder Muldenkipper bot man das in manchen weiteren Details abgeänderte Fahrzeug als DK 2003 an, wovon in den nächsten zwei Jahren immerhin 1522 Einheiten das Werk verließen.

■ Technische Daten	
Fahrgestell	Diesel-Ameise DK 2003
Verwendungszweck	Diesel-Transportkarren
Bauzeit	1956–1958
Motor	1-Zylinder-/4-Takt-Vorkammer-Diesel mit Luftkühlung
Hubraum	795 cm³
Leistung	6,5 PS
Drehzahl	1500 U/min
Getriebe	3/1 Gänge
Radstand	1640 mm
Höchstgeschwindigkeit	15 km/h
Antrieb	auf die Hinterräder
Nutzlast	2000 kg
zulässiges Ges.-gewicht	2935 kg

Multicar M 21

Mit der Bezeichnung Multicar
erhielt die Diesel-Ameise einen
einprägsameren Namen. Hier
die Ausführung als Dreiseitenkipper DK 2004 / 3.

Schon auf der Leipziger Herbstmesse des Jahres 1957 stellte das Fahrzeugwerk Waltershausen mit dem Modell DK 2004 eine weitere Ver-
sion der Diesel-Ameise der Öffentlichkeit vor. Der vorn befindliche
Fahrstand war jetzt bis zur Taillenhöhe teilverkleidet. Zudem gab es im
Zubehörprogramm gegen Aufpreis einen manuell bedienbaren 500 kg-
Drehkran. Seit 1959 stand dann auch eine elektrische Startanlage zur Verfügung. Immer noch fehlte dem Fahrzeug ein einprägsamer und zugleich
werbewirksamer Markenname. Zu diesem Zweck wurde Ende der 1950er-
Jahre ein innerbetrieblicher Wettbewerb ausgeschrieben, der als Ergebnis
den Namen „Multicar" hervorbrachte. Diesen Namen sollten auch alle
nachfolgenden Modelle bis in die Gegenwart behalten. Bei der weiteren
Bezeichnung für das erste als „M 21" geführte Modell stand das M für
„Multicar", „2" für 2 t Nutz-
last und „1" für erste Baureihe. Die Namensänderung
war Anlass für etliche Detailverbesserungen. So stieg
die Motorleistung gering-
fügig auf 7 PS, Abgasanlage
und Fahrzeugelektrik wur-
den weiterentwickelt, und
auch ein Reserverad war
jetzt vorhanden. Die serienmäßig vorhandene Vorglüh-
und Anlassanlage erleich-
terte den lästigen Handstart.
Hinzu kamen weitere Auf-
bauvarianten, sogar eine
Ausführung als Sattelauflie-
ger mit Nachläufer. Bis 1964
entstanden von allen Aus-
führungen 12 514 Exemplare
bei einem Exportanteil von
28 Prozent.

Technische Daten	
Fahrgestell	Multicar M 21
Verwendungs-zweck	Diesel-Transportkarren
Bauzeit	1960
Motor	1-Zylinder- / 4-Takt-Vorkammer-Diesel mit Verdampfungskühlung
Hubraum	653 cm³
Leistung	7 PS
Drehzahl	1500 U / min
Getriebe	3 / 1 Gänge
Radstand	1640 mm
Höchstge-schwindigkeit	15 km / h
Antrieb	auf die Hinterräder
Nutzlast	2000 kg
zulässiges Ges.-gewicht	2930 kg

Multicar M 22

Vorgestellt wurde das Multicar 22 im Jahr 1964. Mit diesem neu konzipierten Modell wurden zahlreiche grundlegende Verbesserungen realisiert. Das bislang kleine Fahrzeug wandelte sich jetzt zu einem echten, auch im Straßenverkehr verwendbaren Kleintransporter und robusten Arbeitsfahrzeug. Neu und wohl als die wichtigste Verbesserung anzusehen war das in Frontlenkerbauweise ausgeführte Einmann-Fahrerhaus mit Tür und einem abnehmbaren Dach. Das Fahrzeug wurde jetzt nicht mehr mit den Füßen, sondern mit einem bei Kraftfahrzeugen üblichen Lenkrad gesteuert. Für den Einsatz in der Landwirtschaft und dem Bauwesen waren Differenzialsperre und Geländereifen erhältlich. Infolge der sehr kompakten Abmessungen und des mit 7,20 m sehr kleinen Wendekreises konnte das Fahrzeug im öffentlichen Verkehrsraum in engen Gassen und auf schmalen Wegen und Gehsteigen unkompliziert bewegt werden. Neu war auch der luftgekühlte Zweizylinder-Diesel in V-Bauweise aus dem VEB Motorenwerk Cunewalde, der zunächst 13 PS, ab 1970 dann 15 PS zur Verfügung stellte und gleichzeitig für eine höhere Endgeschwindigkeit sorgte. Bei dem Antriebsaggregat handelte es sich um einen in Lizenz gefertigten Motor des österreichischen Herstellers Warchalowski. Das Vierganggetriebe war jetzt vollsynchronisiert, es besaß einen Nebenantrieb und ein Vorgelege. Serienmäßig vorhanden war eine Anhängerkupplung für 2500 kg Anhängelast. Pritschenwagen, Dreiseitenkipper und Muldenkipper waren die drei Standardausführungen des Multicar. Bis 1974 verließen 42 579 Fahrzeuge die Werkshallen; der Exportanteil betrug zuletzt beachtliche 57 Prozent, was für DDR-Nutzfahrzeuge ein hoher Antail war.

Technische Daten

Fahrgestell	Multicar M 22
Verwendungszweck	Kleintransporter und Arbeitsfahrzeug
Bauzeit	1964–1974
Motor	2-Zylinder-/4-Takt-Wirbelkammer-Diesel in V-Form mit Luftkühlung
Hubraum	800 cm³
Leistung	13 PS (ab 1970 = 15 PS)
Drehzahl	3000 U / min
Getriebe	4 / 1 Gänge
Radstand	1700 mm
Höchstgeschwindigkeit	23 km / h
Antrieb	auf die Hinterräder
Nutzlast	2000 kg
zulässiges Ges.-gewicht	2985 kg

Multicar M 25

Das Multicar M 25 – hier als Dreiseitenkipper – füllte eine Marktnische. Zwischen 1978 und 1992 betrug die Produktion des Multicar M 25 über 100 000 Einheiten. Der Exportanteil betrug fast 60 Prozent.

Mit dem ab 1978 gefertigten zweisitzigen Grundmodell M 25 erreichte das Multicar seine vorerst letzte Entwicklungsstufe. Mit dem neuen Vierzylinder-Cunewalde-Diesel mit 45 PS wuchsen gleichzeitig auch Größe, Nutzlast und Endgeschwindigkeit des Fahrzeugs, das seither im Stadtverkehr kein Hindernis mehr darstellte. Antriebsstrang und die nach dem Zweikreissystem arbeitende Bremsanlage wurden der weitaus höheren Leistung angepasst, zur noch besseren Zugänglichkeit des Motors wurde ein kippbares Fahrerhaus installiert. Um diese Zeit existierten vom Multicar bereits 15 unterschiedliche Bauvarianten. Bis 1989 wurden von diesem Typ 91 607 Einheiten gefertigt, wobei der devisenbringende Exportanteil mit etwa 60 Prozent außerordentlich hoch war. Das zweisitzige Fahrerhaus war großzügig verglast und bot eine gute Rundumsicht. Eine wichtige Verbesserung gegenüber dem Vormodell waren der auf Wunsch erhältliche längere Radstand, der wahlweise erhältliche Allradantrieb sowie ein mit Kriechgeschwindigkeit ausgerüstetes Getriebe bei Kommunalfahrgestellen. Der Hersteller versuchte, immer neue Arbeitsgeräte für die Kommunen zu entwickeln und dabei deren Anforderungen so gut wie möglich zu berücksichtigen. Praktisch war, dass man die Fahrzeugaufbauten zum Auswechseln eingerichtet hatte. Dieses benötigte eine Umrüstzeit von maximal einer Stunde. Bei dem Modell M 25 kamen nahezu allen Bauteilen wie den Bremsen, der Hydraulik, der Federung und der Lenkung weitere Detailverbesserungen zugute, sodass das technisch ausgereifte Multicar zum Exportschlager wurde und der Hersteller – als einziger ostdeutscher Automobilhersteller – die Vereinigung beider deutscher Staaten überdauern konnte.

■ Technische Daten	
Fahrgestell	Multicar M 25
Verwendungszweck	Frontlenker-Klein-Lkw und Arbeitsgerät
Bauzeit	1978–1991
Motor	4-Zylinder-/4-Takt-Reihen-Wirbelkammer-Diesel mit Wasserkühlung
Hubraum	1996 cm³
Leistung	45 PS
Drehzahl	3000 U/min
Getriebe	4/1 Gänge
Radstand	1970 mm
Höchstgeschwindigkeit	50 km/h
Antrieb	auf die Hinterräder (Allrad auf Wunsch)
Nutzlast	2200 kg
zulässiges Ges.-gewicht	3780 kg

Der Framo V 901/2 Z war ein sehr konventioneller, aber solider Kleintransporter, der in verschiedenen Varianten angeboten wurde.

Framo V 901/2 Z

D ie früheren Framo-Werke GmbH in Hainichen konnten aufgrund der Demontage durch die Sowjets erst im Herbst 1949 wieder mit der Fertigung von Kleinlastwagen beginnen. Das Automobilprogramm begann mit dem Weiterbau des 1943er-Modells Framo 501/2, von dem bis zum Ende des Jahres 1949 insgesamt schon 65 Stück ausgeliefert werden konnten. Es war ein konventionell gehaltener Kleinlaster in Rahmenbauweise und mit freistehenden Scheinwerfern. Ab 1951 gelangte in dem verbesserten Nachfolger V 901 anstelle des reichlich schwachen, nur 17 PS starken Zweizylinder-Zweitaktmotors ein Dreizylinder-Zweitakter des Pkw IFA F 9 mit 24 PS Motorleistung und 900 cm³ Hubraum zum Einbau. Die Höchstgeschwindigkeit stieg gleichzeitig auf 70 km/h. 1954 wurde mit Erscheinen des Zwischentyps V 901/2 Z auch das Äußere des Fahrzeugs etwas überarbeitet und dem Zeitgeschmack angepasst. Hierzu gehörten die in die Kotflügel integrierten Scheinwerfer, die mit einigen Chromleisten verzierte Fahrzeugfront sowie das etwas breitere Fahrerhaus. Mittlerweile gab es neben der Grundausführung als Pritschenwagen auch Kastenwagen, Kombifahrzeuge, Kleinomnibusse und Krankenwagen auf Basis dieses 0,75 t-Transporters.

▪ Technische Daten	
Fahrgestell	Framo V 901/2 Z
Verwendungszweck	Kleintransporter und Lieferwagen
Bauzeit	1954–1956
Motor	3-Zylinder-/2-Takt-Reihen-Vergasermotor- mit Thermosyphon- kühlung
Hubraum	900 cm³
Leistung	24 PS
Drehzahl	3600 U/min
Getriebe	4/1 Gänge
Radstand	2800 mm
Höchstge- schwindigkeit	70 km/h
Antrieb	auf die Hinterräder
Nutzlast	800 kg
zulässiges Ges.-gewicht	1750 kg

Framo / Barkas V 901 / 2

Bis zum Erscheinen des Barkas B 1000 war der Barkas V 901/2 der DDR-Kleinlaster schlechthin, hier in der Ausführung als Kastenwagen.

Im Jahr 1957 wurde das Framo-Werk in VEB Barkas-Werke Hainichen umbenannt, wobei der Name „Barkas" aus dem Phönizischen stammt und so viel wie Blitz oder der Schnelle bedeutet. Barkas war fortan auch die neue Markenbezeichnung der Fahrzeuge. Bereits ein Jahr zuvor hatte man die Motorleistung des auch im Pkw Wartburg 311 arbeitenden Dreizylinder-Zweitakters auf 28 PS erhöht. Die Antriebsaggregate wurden jetzt nicht mehr im Motorenwerk Karl-Marx-Stadt gefertigt, sondern vom Automobilwerk Eisenach geliefert. Bis zur Ablösung dieses Modells durch den neuen Frontlenker-Transporter B 1000 im Jahr 1961 entstanden von allen Framo V 901-Bauvarianten insgesamt 29 378 Fahrzeuge. Der kleine Barkas-Hauber war der Standard-Lieferwagen und Kleintransporter in der frühen DDR. Doch auch hier waren seine Stückzahlen viel zu gering, um vor allem in den vielen kleinen Handwerksbetrieben die noch aus der Vorkriegszeit stammenden Fahrzeuge abzulösen. Spätestens gegen Ende der 1950er-Jahre entsprach das Gesamtkonzept dieses Wagens selbst auf dem Binnenmarkt nicht mehr dem, was man von einem neuzeitlichen Transporter erwarten konnte. Dank seiner einfachen und überschaubaren Technik war es allerdings ein sehr anspruchsloses und zuverlässiges Fahrzeug. Daher befanden sich viele Exemplare noch über Jahrzehnte im Einsatz.

■ Technische Daten	
Fahrgestell	Framo V 901/2
Verwendungszweck	Kleintransporter und Lieferwagen
Bauzeit	1956–1961
Motor	3-Zylinder-/2-Takt-Reihen-Vergasermotor- mit Thermosyphon-kühlung
Hubraum	900 cm³
Leistung	28 PS
Drehzahl	3600 U/min
Getriebe	4/1 Gänge
Radstand	2800 mm
Höchstgeschwindigkeit	72 km/h
Antrieb	auf die Hinterräder
Nutzlast	800 kg
zulässiges Ges.-gewicht	1750 kg

Der Barkas B 1000 war auch als Krankenwagen sehr verbreitet. Die in großer Zahl gefertigte Krankenwagen-Version setzte sich in der DDR flächendeckend als Einheitstyp durch.

Barkas B 1000

Eine relativ lange Vorbereitungs- und Konstruktionszeit von knapp zehn Jahren benötigte der neue Frontlenker-Transporter Barkas B 1000, der im Juni 1961 in Serie ging. Seine Serienfertigung war jedoch sehr unrationell organisiert, denn sie musste an zwei 35 km voneinander entfernt liegenden Standorten erfolgen. Während die Ganzstahl-Karosserie im Werk Karl-Marx-Stadt hergestellt wurde, musste diese zur Lackierung und zur Fahrzeugendmontage nach Hainichen transportiert werden. Hinzu kam, dass die Zulieferung des Motors aus dem 200 km entfernten Eisenach erfolgte. Mit dem neuen B 1000 gelang es den Barkas-Werken, ein technisch wie optisch dem damaligen Entwicklungsstand entsprechendes Fahrzeug auf den Markt zu bringen. Neben einer zeittypischen

▪ Technische Daten ▪

Fahrgestell	Barkas B 1000
Verwendungs-zweck	Frontlenker-Transporter und Kombi
Bauzeit	1961–1972
Motor	3-Zylinder- / 2-Takt-Reihen-Vergasermotor-mit Wasserkühlung
Hubraum	900 cm³ (ab 1/1962 = 991 cm³)
Leistung	28 PS (ab 1/1962 = 42 PS)
Drehzahl	3600 U/min (ab 1/1962 = 4000 U/min)
Getriebe	4/1 Gänge
Radstand	2400 mm
Höchstge-schwindigkeit	95 km/h
Antrieb	Frontantrieb
Nutzlast	1000 kg
zulässiges Ges.-gewicht	2200 kg

Ein Barkas B 1000 als Großraum-Kofferwagen

Formgebung waren der Übergang vom Hinterrad- zum Frontantrieb sowie von der Rahmen- zur selbsttragenden Bauweise die wichtigsten Unterschiede zum überalterten Vorgänger. Der B 1000 war sehr geräumig, für den Fahrer bot er gute Sichtverhältnisse und erlaubte eine Zuladung von einer Tonne. Lediglich der bereits ab Januar 1962 in seiner Leistung auf 42 PS gesteigerte, aber weiterhin als Zweitaktmotor, jetzt mit Wasserkühlung, ausgeführte Dreizylinder entsprach nicht mehr den aktuellen Vorstellungen, die man auf dem internationalen Markt an einen modernen Transporter stellte. Die Serienfertigung lief zunächst mit dem Kastenwagen an und wurde wenig später um eine Kombiausführung erweitert. Letztere fand ab 1962 auch als Krankenwagen Verwendung.

Nach Kastenwagen und Kombi kamen in den folgenden Jahren weitere Bauausführungen hinzu. Daneben wurden laufend Verbesserungen gemacht, sodass die meisten der bisher monierten Kritikpunkte hinfällig wurden. Neben einer zweckmäßigeren, nun in der Fahrzeugmitte angeordneten Knüppelschaltung, die die Lenkradschaltung ersetzte, gab es eine verbesserte Heizung, Schutzleisten im Laderaum, Lichthupe, eine geänderte Regenrinne sowie Spritzschutzbleche zum Schutz des Motors und der elektrischen Anlage. 1964 kamen als neue Varianten der Achtsitzer-Kombi und ein Jahr später der Pritschenwagen, der Kleinbus und der Verkehrsunfall-Bereitschaftswagen hinzu. Aufgrund der selbsttragenden Bauweise war es bei den Fahrgestellen für Pritschenwagen und Kofferaufbauten nötig, einen Hilfsrahmen hinter der Fahrerkabine zu installieren. Er befand sich auf einem Mittelträger. Ab 1972 wurde das Antriebsaggregat des Wartburg 353 in gedrosselter Ausführung verwendet. Auch danach wurde die Modellpflege im Rahmen der bestehenden Möglichkeiten fortgeführt. Lange mussten die Auslieferungsfahrer aber auf eine sehr vermisste seitliche Schiebetür warten, die erst 1985 realisiert wurde. Grundform und Fahrwerksprinzip des B 1000 blieben bis zur Fertigungseinstellung nach der Wende im Wesentlichen unverändert. Der Barkas B 1000 blieb über nahezu 30 Jahre, ganz gleich in welcher Ausführung, der DDR-Transporter schlechthin. Er war wegen seiner Geräumigkeit und Robustheit sehr beliebt und begehrt.

■ Technische Daten	
Fahrgestell	Barkas B 1000
Verwendungszweck	Frontlenker-Transporter
Bauzeit	1965–1990
Motor	3-Zylinder-/2-Takt-Reihen-Vergasermotor- mit Wasserkühlung
Hubraum	991 cm³ (ab 1972 = 992 cm³)
Leistung	42 PS (ab 1972 = 45 PS)
Drehzahl	4000 U/min (ab 1972 = 3500 U/min)
Getriebe	4/1 Gänge
Radstand	2400 mm
Höchstgeschwindigkeit	90–100 km/h
Antrieb	Frontantrieb
Nutzlast	1000–1050 kg
zulässiges Ges.-gewicht	2240–2350 kg

Der B 1000 als Pritschenwagen erschien 1965 als zusätzliche Bauvariante.

Die leichte Nutzklasse

KRAFTFAHRZEUGE „GARANT"

Besonders dem Export und für Messen vorbehalten war das für Nutzfahrzeuge hergestellte Prospektmaterial – im Bild der Garant 30 k als Pritschenwagen.

Diese Klasse umfasst Lastkraftwagen bis zu einer Nutzlast von 3 t. Für ihren Bau waren in der DDR ausschließlich die ehemaligen Phänomen-Werke Gustav Hiller in Zittau zuständig. Die maschinellen Einrichtungen dieses im Krieg nur wenig zerstörten Werks wurden zwar von der Besatzungsmacht demontiert und anschließend in Volkseigentum überführt, die baulichen Anlagen aber blieben unzerstört. 1948 erfolgte die Eingliederung als VEB IFA Werk Phänomen, Zittau, in die IFA Vereinigung Volkseigene Fahrzeugwerke. Ende 1949, im Gründungsjahr der DDR, konnte mit der Produktion des Vorkriegsmodells Granit 27 wieder begonnen werden. Es war ein Lkw mit 1,5 t Nutzlast, die bald darauf auf 2 t heraufgesetzt wurde. Wie für diesen Hersteller seit jeher typisch, besaßen diese und auch alle folgenden Modelle luftgekühlte Motoren. 1953 begann der Serienbau des sowohl mit Vergaser- als auch Dieselmotor erhältlichen, überarbeiteten Typs Granit, der ab 1957 in Robur Garant umbenannt werden musste.

Die Vorstellung des Robur LO 2500, eines damals zeitgemäßen Frontlenker-

Gut restaurierter, in Leipzig beheimateter Garant 30 k mit langem Pritschenaufbau

Robur LO 2500 als Pritschenwagen bei Verladearbeiten auf einem Flugplatz. Im Bild ein von den Sowjets gelieferter, nach Vorbild des Sikorsky S 58 konstruierter mittlerer Transporthubschrauber Mi 4, der sich sowohl bei den Luftstreitkräften der NVA als auch bei der Interflug der DDR im Einsatz befand.

Lkw für 2,5 t Nutzlast, erfolgte anlässlich der 1961 stattfindenden Leipziger Frühjahrsmesse. Parallel hierzu wurde der Frontlenker auch als Allradwagen LO 1800 A überwiegend für NVA und Volkspolizei produziert. Zunächst gab es diese Modelle nur als Pritschenwagen, später aber auch mit zahlreichen anderen Aufbauvarianten. Das Angebot der immer zahlreicher werdenden Sonderaufbauten wurde in Zusammenarbeit mit verschiedenen Herstellern permanent erweitert. Unter der Bezeichnung LD 2500 konnte man ab 1963 das Fahrzeug wahlweise mit Dieselmotor erwerben. Auch bei dieser Typenreihe wurde – in Ermangelung eines aktualisierten Nachfolgemodells – eifrig Produktpflege in Form von Detailverbesserungen und Modifizierungen betrieben.

1973 wurde die Nutzlast des Frontlenkers auf 3 t, die Motorleistung auf 75 PS angehoben. Die Typenbezeichnungen änderten sich in LO 3000 bzw. in LD 3000 bei der Dieselvariante. Eine in den 1970er-Jahren parallel zum Ludwigsfelder Lkw-Modell L 60 entwickelte, sehr modern konzipierte neue Fahrzeuggeneration blieb infolge der gesamtwirtschaftlichen Probleme der DDR auf der Strecke. Daher folgten ab 1985 die nur detailverbesserten Modelle LO/LD 3001 bzw. 3002, die bis 1990 in Serie hergestellt wurden. Die LO-Typen waren zwar überaus robust und zuverlässig, technisch und besonders im internationalen Wettbewerb gerieten sie im Laufe ihrer langen Fertigungszeit immer mehr ins Hintertreffen. Zwischen 1950 und 1990 verließen ungefähr 250 000 Nutzfahrzeuge aller Modelle die Werkstore in Zittau.

Auf diesem Werksbild präsentieren sich drei LO-Bauvarianten auf einer zeittypischen DDR-Autobahn. Eine GAZ 13 Tschaika-Staatslimousine befindet sich auf der Überholspur.

Ein top-restaurierter Granit 27
mit langem Radstand, Baujahr
1950

Phänomen Granit 27

E nde 1949 begann bei den Zittauer Phänomen-Werken anfangs noch in bescheidenem Umfang die Serienfertigung des zunächst als 1,5-Tonner klassifizierten leichten Lkw Granit 27. Anfang 1950 verließen die ersten Neufahrzeuge das Werkstor. Diese frühen Schnelllastwagen besaßen noch ein Ganzstahl-Fahrerhaus aus den vorhandenen Beständen. Die spätere Serienausführung musste aus Materialmangel in Gemischtbauweise, also mit Eschenholzrahmen und Stahlblechbeplankung, kunststoffbezogenen Dächern und aus Holz gefertigten Rückwänden gefertigt werden. Das Lastwagenmodell entsprach praktisch dem bereits während des Krieges gebauten, häufig als Sanitätskraftwagen bei der Wehrmacht verwendeten Modell Granit 1500 S. Wie alle Phänomen-Lkw war auch dieser mit einem luftgekühlten Motor ausgerüstet. Probleme bereitete allerdings die schlechte Kraftstoffqualität, um die geplante Leistung zu erreichen. Neben dem Vierzylinder-Ottomotor mit 50 PS konnte später auch ein neu entwickelter, ebenfalls luftgekühlter 52-PS-Dieselmotor eingebaut werden. 1950 wurde die Nutzlast des Wagens

In Anbetracht seines Alters ein gut gepflegter Granit 27 mit kurzem Radstand im Juli 1978 in Ost-Berlin

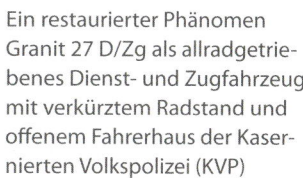

Ein restaurierter Phänomen Granit 27 D/Zg als allradgetriebenes Dienst- und Zugfahrzeug mit verkürztem Radstand und offenem Fahrerhaus der Kasernierten Volkspolizei (KVP)

Einen omnibusähnlichen Sonderaufbau hat dieser Bestattungswagen des Beerdigungsinstituts der Bezirksverwaltung Schwerin.

■ Technische Daten

Fahrgestell	Phänomen Granit 27
Verwendungszweck	Schnelllastwagen in Haubenbauweise
Bauzeit	1950–1953
Motor	4-Zylinder-/4-Takt-Reihen-Vergasermotor mit Luftkühlung
Hubraum	2678 cm³
Leistung	50 PS
Drehzahl	2800 U/min
Getriebe	4/1 Gänge
Radstand	3270 oder 3770 mm
Höchstgeschwindigkeit	80 km/h
Antrieb	auf die Hinterräder
Nutzlast	2000 kg
zulässiges Ges.-gewicht	4070 kg

mit 2 t klassifiziert. Das Fahrzeug gab es als Pritschenwagen mit zwei verschiedenen Radständen sowie als Typ Granit 27 A mit Allradantrieb für die Kasernierte Volkspolizei (KVP) und andere Polizeiorgane in der DDR. In diesem Fall erwies sich die Motorleistung des Vierzylinders als etwas zu schwach dimensioniert. Als weitere Bauvarianten kamen noch Kastenwagen, Krankentransporter mit einer Sonderfederung, Omnibusaufbauten sowie ein mit einem Spezialaufbau ausgestatteter Landpostwagen hinzu.

Werksfoto eines Garant 30 k mit Kipppritsche

Phänomen Granit 30 k
Robur Garant 30 k

Anlässlich der Leipziger Herbstmesse 1953 wurde der Phänomen Granit mit einer abgeänderten, und so

Technische Daten	
Fahrgestell	Phänomen Granit 30 k
	Robur Garant 30 k
Verwendungs-zweck	Leichter Hauben-Lkw
Bauzeit	1953–1961
Motor	4-Zylinder-/4-Takt-Reihen-Vergasermotor mit Luftkühlung
Hubraum	3000 cm³
Leistung	50 PS (ab 1954 = 60 PS)
Drehzahl	2600 U/min (ab 1954 = 2800 U/min)
Getriebe	4/1 Gänge
Radstand	3270 oder 3770 mm
Höchstge-schwindigkeit	85 km/h
Antrieb	auf die Hinterräder
Nutzlast	2000 kg
zulässiges Ges.-gewicht	4170 kg

moderner wirkenden Frontpartie, der Öffentlichkeit vorgestellt. Die neue, kantigere Ausführung mit in die Fahrzeugfront integrierten Scheinwerfern und waagerech-

IFA Phänomen Granit 30 k als Kipper mit kurzem Radstand von 1954

ten Zierleisten entsprach viel eher dem Bild eines „richtigen" Lastwagens und ging Ende 1954 in Serie. Diese Maßnahme sollte das Fahrzeug vor allem für das wichtige Exportgeschäft aktualisieren. Eine bedeutsame, äußerlich nicht sichtbare Änderung betraf den Motor. Dieser hatte nicht nur mehr Hubraum und Leistung erhalten, sondern er war von der bisherigen Seitensteuerung auf Kopfsteuerung umgestellt worden. Das neue Antriebsaggregat mit zunächst 55, ab 1954 dann 60 PS wurde in der Fahrzeug-Typenbezeichnung durch ein angefügtes „k" kenntlich gemacht. Dieser nach dem Baukastenprinzip gefertigte Motor brachte neben der höheren Leistung vor allem ein besseres Drehmoment, einen geringeren Kraftstoffverbrauch und eine etwas höhere Endgeschwindigkeit. Kurze Zeit später war auch ein kopfgesteuerter, 52 PS starker Dieselmotor erhältlich, der in das Modell Granit 32 installiert wurde. Ab Juli 1956 musste das Werk nach einer Klage der enteigneten Besitzer der ehemaligen Phänomen-Werke den Modellnamen „Granit" in „Garant" ändern. Ab 1957 änderte sich auch der Werksname in VEB Robur-Werke, Lastkraftwagen und Motoren, Zittau. Der Begriff „Robur" stammt aus dem Lateinischen und hat verschiedene Bedeutungen. Er kann mit „Steineiche" oder „Stark-, Hart- oder Eichenholz" sinngemäß übersetzt werden, wobei die letzteren Begriffe wohl am ehesten der Intention für einen Lastwagen gerecht werden würde. Der Schriftzug „Robur" wurde optisch sehr geschickt in Form einer Kurbelwelle gestaltet, und dieser mit dem Wort „Garant" an der Front gekennzeichnete Lkw wurde fortan

zum wichtigsten Nutzfahrzeug in der leichten Gewichtsklasse in der DDR. Es gab ihn als Pritschenwagen, Dreiseitenkipper, Kasten- und Kofferfahrzeug, als Krankenwagen und als Kleinomnibus mit 18 Sitzplätzen und darüber hinaus auch mit zahlreichen Sonderaufbauten, wie als Löschfahrzeug LF 8 sowie als Arbeitsleiter mit bis zu 12 m Auszugslänge. Bis zur Ablösung durch die neuen LO-Frontlenker wurden zwischen 1953 und 1961 genau 49 823 Fahrzeuge der Baureihen Granit und Garant ausgeliefert. Durch den großen Mangel an Fahrzeugen mussten auch diese Modelle sehr lange im Einsatz bleiben. Ihre letzte Station vor der Ausmusterung waren fast immer private Betriebe.

Ein mit einer Arbeitsleiter von 12 m Auszugslänge 1979 in Dresden eingesetzter Robur Garant 30 k. Die Drehleiter hatte einen elektrischen Antrieb (Bild oben).

Im VEB Karosseriewerk Halle erfolgten die Aufbauten als Kastenwagen (Bild unten).

KAUFHAUS OWEÇO

WEHRMANN &CO

HALLE
VEB KAROSSERIEWERK

KASTENWAGEN „TYP GARANT"

Ein auf Basis des Mehrzweck-Kastenwagens zu einem Übertragungswagen ausgebauter, im Bezirk Dresden zugelassener Garant 30 k, aufgenommen1981

Die im Zivildienst eingesetzten Fahrzeuge erhielten nun den längeren Radstand von 3770 mm als Standardmaß. Beim Krankenwagen und bei den Allradfahrzeugen hielt man weiterhin an der kürzeren Ausführung fest. Deutliche Unterschiede gab es aber zwischen dem zivilen Krankenwagen und der allradgetriebenen Sanitätsausführung der Armee. Wäh-

Das in Szene gesetzte Werksfoto eines Robur Garant 30 k in der Ausführung als Landpostwagen der Deutschen Post in der DDR

◼ Technische Daten ◼	
Fahrgestell	Phänomen Granit 32 Robur Garant 32
Verwendungszweck	Leichter Hauben-Lkw mit Dieselantrieb
Bauzeit	1953–1961
Motor	4-Zylinder-/4-Takt-Reihen-Wirbelkammer-Diesel mit Luftkühlung
Hubraum	3181 cm³
Leistung	52 PS
Drehzahl	2600 U/min
Getriebe	4/1 Gänge
Radstand	3270 oder 3770 mm
Höchstgeschwindigkeit	79 km/h
Antrieb	auf die Hinterräder
Nutzlast	2000 kg
zulässiges Ges.-gewicht	4390 kg

Werksaufnahme eines Robur Garant 30 k AW/zg als allradgetriebenes Zughilfsfahrzeug der NVA. Man beachte die zwecks einer besseren Geländefähigkeit nur einfach bereifte Hinterachse. Diese Fahrzeuge dienten zum Mannschafts- und Materialtransport, ferner als Zugmittel für leichte Geschütze.

rend die Fahrzeuge für die NVA wegen möglicher Geländeverwindungen einen separaten Kofferaufbau besaßen, hatte die zivile Ausführung Hinterradantrieb und war vom serienmäßigen Kastenwagen abgeleitet.

Der Robur Garant 30 k A als allradangetriebener und somit geländegängiger Sanitätskraftwagen (Sankra) der Nationalen Volksarmee (NVA)

▪ Technische Daten ▬▬▬▬	
Fahrgestell	Phänomen Granit 30 k A
	Robur Garant 30 k A
Verwendungszweck	Leichter Hauben-Lkw mit Allradantrieb
Bauzeit	1953–1961
Motor	4-Zylinder- / 4-Takt-Reihen-Vergasermotor mit Luftkühlung
Hubraum	3000 cm³
Leistung	55 PS (ab 1954 = 60 PS)
Drehzahl	2600 U / min (ab 1954 = 2800 U / min)
Getriebe	4 / 1 Gänge mit Verteilergetriebe
Radstand	3270 mm
Höchstgeschwindigkeit	80 km / h
Antrieb	Allrad
Nutzlast	1000 kg
zulässiges Ges.-gewicht	3775 kg

Werksfoto des LO 2500-Koffer-
wagens an einer Laderampe.
Gut erkennbar sind die hinten
angeschlagenen, sehr unfall-
trächtigen Türen der ersten
Bauserie.

Robur LO 2500 / LD 2500

Bis auf das Jahr 1953 reichten die Planungen für einen neuen Frontlenker-Lkw als Nachfolge des Robur Garant 30 k zurück. Als auf der
Leipziger Frühjahrsmesse 1961 der neue leichte Frontlenker-Lkw
Robur LO 2500 vorgestellt wurde, gehörte das Fahrzeug zu den unbestrit-
tenen Höhepunkten der Messe. Es war ein komplett neu entwickeltes
Frontlenker-Chassis, bei dem tatsächlich alles neu war. Das äußere Kenn-
zeichen war das Ganzstahl-Fahrerhaus mit fischmaulförmigem Kühler-
grill, unter dem sich der Motor verbarg. Es war das erste in der DDR in
geschweißter Ganzstahlbauweise gefertigte Lkw-Fahrerhaus.
Aber auch bei den äußerlich nicht sichtbaren Baukomponenten hatte sich einiges getan. Das Fahrgestell war verstärkt wor-

■ Technische Daten ■

Fahrgestell	Robur LO 2500
Verwendungs-zweck	Leichter Frontlenker-Lkw
Bauzeit	1961–1967
Motor	4-Zylinder- / 4-Takt-Reihen-Vergasermotor mit Luftkühlung
Hubraum	3346 cm³
Leistung	70 PS
Drehzahl	2800 U / min
Getriebe	5 / 1 Gänge
Radstand	3025 mm
Höchstge-schwindigkeit	85 km / h
Antrieb	auf die Hinterräder
Nutzlast	2600 kg
zulässiges Ges.-gewicht	5200 kg

Der allradgetriebene LO 1800 A, erkennbar an seinem fisch-
maulartig geformten Lüftungsgitter, als geländegängiger
Sankra mit Kofferaufbau für die bewaffneten DDR-Streitkräfte

den, sodass die Nutzlast nun 2,5 t betrug. Der luftgekühlte Vierzylinder-Vergasermotor hatte an Hubraum gewonnen, und die Leistung war auf 70 PS angehoben worden. Eine wichtige Neuerung war auch das bis auf die erste Gangstufe vollsynchronisierte, gut abgestufte Fünfganggetriebe. Achsen und Bremsen waren verstärkt. Mit dieser Fahrzeuggeneration hatte man den verloren gegangenen technischen Anschluss im internationalen Vergleich wieder hergestellt. Dabei muss allerdings berücksichtigt werden, dass diese Konstruktion aus wirtschaftlichen Gründen auf möglichst viele Bauvarianten und Verwendungszwecke ausgelegt werden musste und überdies noch mit einem geringen Aufwand abgewandelt werden sollte. Das zwang verschiedentlich zu Kompromissen.

1963 begann dann die Serienfertigung der ebenfalls luftgekühlten Dieselvariante LD 2500. Um die gleiche Leistung des Vergaseraggregats zu erreichen, musste der Motor aufgebohrt werden. Die hierdurch entstandenen thermischen Probleme konnten nur durch Einbau einer stärkeren Ölpumpe sowie eines Ölkühlers beseitigt werden. Das war auch der Grund, weshalb der Dieselmotor nicht früher die Serienreife erlangte. Eine mechanische Gebläseaufladung ließ sich vor allem aus Kostengründen nicht realisieren. Die Dieselausführung war etwas langsamer, und das Mehrgewicht des Aggregats verringerte die Nutzlast ein wenig. Darüber hinaus gab es sowohl LO 2500 als auch LD 2500 jeweils in einer Allradvariante. Im Frühjahr 1965 erhielt die Baureihe vorn angeschlagene Fahrerhaustüren. In den Fahrgestellen für geschlossene Aufbauten wurde der Motor um 440 mm nach vorn verlegt, wodurch die Abschmierintervalle erheblich verlängert werden konnten. Die LO-Modelle gab es bald in einer immer größeren Zahl von Aufbauten und Varianten. Pritschenwagen, Kofferwagen, Kastenwagen, Mehrzweckwagen und Omnibus waren die Grundmodelle. Zahlreiche Spezialaufbauten kamen hinzu. Die umgangssprachlich „LO" genannten Fahrzeuge entsprachen in den ersten Jahren durchaus dem Stand der Technik, waren einfach in der Konstruktion, wendig, solide und zuverlässig und im Verteilerverkehr unverzichtbar.

■ Technische Daten ■	
Fahrgestell	Robur LD 2500
Verwendungszweck	Leichter Frontlenker-Lkw mit Dieselantrieb
Bauzeit	1963–1967
Motor	4-Zylinder- / 4-Takt-Reihen-Wirbelkammer-Diesel mit Luftkühlung
Hubraum	3927 cm³
Leistung	70 PS
Drehzahl	2600 U / min
Getriebe	5 / 1 Gänge
Radstand	3025 mm
Höchstgeschwindigkeit	80 km / h
Antrieb	auf die Hinterräder
Nutzlast	2525 kg
zulässiges Ges.-gewicht	5400 kg

Der Robur LO 2500 mit hinten angeschlagenen Türen als Pritschenwagen mit Plane und Spriegeln

Ein perfekt restaurierter Robur LO 2002 A der ehemaligen Volkspolizei. Beachtenswert sind die aus fertigungstechnisch einfacheren und zudem leichteren Kunststoffplatten gefertigten Bordwände sowie die lichtdurchlässige Kunststoffplane.

Robur LO 2002 AKF/Typ II A als Sanitätsfahrzeug mit Kofferaufbau für den Export

Robur LO 2002 A

Nach mehreren Jahren Bauzeit war bei den Robur-Frontlenkermodellen eine technische Überarbeitung und Aktualisierung fällig. Im März 1968 wurde die Frontgestaltung vereinfacht, indem das bisherige, in Chrom eingefasste Fischmaul-Kühlergitter sowie der Typenschriftzug ersetzt wurden. Allein durch diese vergleichsweise kleine Änderung wirkte der gesamte Lastwagen moderner. Das Fahrerhaus wurde vereinfacht, sodass sowohl der Einbau einer Links- als auch Rechtslenkung möglich war. Dies war wichtig für mögliche Exporte in Länder, in denen Linksverkehr herrschte. Der bisherige Lenkturm entfiel zugunsten einer starren Befestigung der Lenksäule, die gleichzeitig die Präzision der Lenkung verbesserte. Der Motor wurde in allen Bauausführungen weiter nach vorn verlegt, sodass in der Fahrerkabine mehr Raum zur Verfügung stand. Hinzu kam neben weiteren Detailverbesserungen eine Zweikreis-Bremsanlage, eine Verstärkung der Vorderachse, wodurch die Spurstange hinter die Achse gelegt werden konnte. Aus dem Modell LO 1801 A ging im Jahr 1973 der Allradwagen LO 2002 A hervor, der neben Nutzlasterhöhung auf mehr als 2 t jetzt über einen Vierzylinder-Vergasermotor mit 75 PS verfügte. Die Mehrleistung war das Resultat der höheren Verdichtung, geänderter Absauganlage und eines anderen Vergasers.

■ Technische Daten

Fahrgestell	Robur LO 2002 A
Verwendungs-zweck	Leichter Frontlenker-Lkw mit Allradantrieb
Bauzeit	1973–1990
Motor	4-Zylinder-/4-Takt-Reihen-Vergasermotor mit Luftkühlung
Hubraum	3346 cm³
Leistung	75 PS
Drehzahl	2800 U/min
Getriebe	5/1 Gänge mit Verteilergetriebe
Radstand	3025 mm
Höchstge-schwindigkeit	82 km/h
Antrieb	Allrad
Nutzlast	2150 kg
zulässiges Ges.-gewicht	5500 kg

Ebenso wurde das Fahrerhaus im Detail geändert. Diese Fahrzeuge waren bei NVA und Polizei weit verbreitet. Eine als LD 2202 A bezeichnete, mit Seilwinde bestückte, dieselgetriebene Zivilausführung gab es zwischen 1984 und 1989 vornehmlich für den Export. Gleichwohl war das Robur-Typenprogramm auf rund 100 Bauvarianten enorm angewachsen. Die damit verbundenen Probleme waren angesichts der aus heutiger Sicht höchst vorsintflutlichen Fertigungsmethoden kaum beherrschbar. Robur produzierte an insgesamt 17 verschiedenen Standorten, ganz abgesehen vom viel zu beengt in der Zittauer Altstadt gelegenen Hauptwerk. Ein weiteres Problem des Werks war die viel zu geringe Fertigungskapazität. Es wurden durchschnittlich nur etwa 6000 bis 7000 Fahrzeuge jährlich ausgeliefert. Ohne grundlegende Änderungen und umfassende Investitionen war diesen Problemen nicht beizukommen. Den Verantwortlichen in Ost-Berlin war andererseits aber auch klar, dass die wirtschaftliche Situation der DDR ein vergleichbares Vorhaben wie den aufwendigen Neubau des W50-Werkes in Ludwigsfelde kein zweites Mal zuließ.

Der Robur LO 2002 A als allradgetriebener Pritschenwagen

Ein Robur LD 3000 D mit Thermo-kofferaufbau. Noch Anfang der 1970er-Jahre konnte man die Robur-Frontlenker durchaus als international konkurrenzfähig bezeichnen. Beim LO 3000 und seinen Nachfolgern trat jedoch ein Entwicklungsstillstand ein, der bis zur Wende andauerte.

Robur LO, LD 3000/3000 A

Im Jahr 1973 wurde der LO-Typenreihe des VEB Robur-Werke Zittau eine umfangreichere Überarbeitung zuteil. Zu den wichtigsten Verbes-serungen der seither unter LO 3000 wie üblich mit Hinterrad oder All-radantrieb geführten Modelle zählte die auf 3 t angehobene Nutzlast. Dank einiger Modifizierungen und dem Austausch des Vergasermodells leistete der Vierzylinder-Vergasermotor nun 5 PS mehr. Die Ausführung mit Dieselmotor wurde ersatzlos gestrichen. Neu waren auch die hydrau-lische Bremsanlage mit Unterdruck-Bremskraftverstärker, der Brems-druckregler für die Hinterachse des Pritschenwagens sowie der verstärkte Rahmen mit konstantem Querschnitt. Ferner erhielt die Bau-reihe eine verstärkte Vorderachse sowie eine Kugel-umlauflenkung. Das Erscheinungsbild der Fahrerhäuser blieb bei den 1973 vorgestellten Modellablösungen zwar im Prinzip gleich, doch wurde es in einigen wichtigen Teilen verbessert. Zu erkennen war die im hinteren Bereich gekürzte Kabine an der geänderten Gestaltung der Radausschnitte. Im Zuge des-sen wurden außerdem die Auftrittbügel neu gestaltet. Auch das Kabineninnere wurde in verschiedenen Details geändert.

Erst zum Ende des Jahres 1981 kam auch der Dreitonner mit einem neu entwickelten, 68 PS starken Dieselmotor auf den Markt. Er verdrängte die nicht gerade sparsamen Verga-sermotoren zunehmend. 1986 hatten bereits 84 % aller aus-gelieferten Fahrzeuge einen Dieselmotor. Werksseitig wurde die Lebensdauer des Dieselaggregats gegenüber dem Benzin-motor mit dem doppelten Wert angegeben.

In den letzten Jahren bis zum Ende der DDR wurden noch verschiedene andere Bauausführungen innerhalb der 3000er-Typenreihe entwickelt. Einige davon waren speziell auf die Belange des Exports ausgerichtet, wie etwa eine Rechtslenker-Version für Indonesien, die vor Ort mit Deutz-Motoren aus-gerüstet werden sollte. Dieser Auftrag kam aber nicht zu-

■ Technische Daten	
Fahrgestell	Robur LO 3000
Verwendungs-zweck	Leichter Frontlenker-Lkw
Bauzeit	1973–1985
Motor	4-Zylinder- / 4-Takt-Reihen-Vergasermotor mit Luftkühlung
Hubraum	3346 cm³
Leistung	75 PS
Drehzahl	2800 U / min
Getriebe	5/1 Gänge
Radstand	3025 mm
Höchstge-schwindigkeit	85 km / h
Antrieb	auf die Hinterräder
Nutzlast	3100 kg
zulässiges Ges.-gewicht	5700 kg

Der LO 3000 als Kastenwagen. Vom Grundmodell des Kastenwagens wurden auch verschiedene Sonderformen wie Fisch- oder Fleischwarenverkaufswagen sowie Backwarentransporter abgeleitet.

Ein allradgetriebener Robur LD 3000 AKF 2 / Ki 3 l-Dreiseitenkipper. Im Gegensatz zu der recht durstigen, überwiegend gefertigten Vergaserausführung konnten die Diesel-Lkw viel wirtschaftlicher betrieben werden.

stande. Andere, nach Angola und Nicaragua bestimmte Ausfuhren verlangten anstelle der international nicht mehr gebräuchlichen Diagonalreifen eine Radialbereifung in der 16-Zoll-Größe. Die Reifen mussten jedoch im Westen beschafft werden, sodass die Fahrzeuge nur in das nichtsozialistische Ausland gegen harte Devisen verkauft wurden. Dies waren die zwischen 1983 und 1986 gefertigten Ausführungen LD 3002 und LD 3002 A, die sich zusätzlich durch verschiedene Details wie verbesserte Federung, Bremsanlage, Unterfahrschutz sowie geänderter Übersetzung von den Großserienmodellen unterschieden.

Diese einfachen und robusten Robur-Lastwagen liefen in großen Stückzahlen vom Band und waren das Rückgrat des Nahverkehrs in der späten DDR. Die 3000er-Reihe war die Basis für eine Vielzahl von Sondermodellen und Aufbauvarianten. Die Robur-Lkw waren nicht nur in allen Ostblock-Staaten, sondern auch in vielen überseeischen Ländern im Einsatz. Speziell der Gewinnung neuer Exportmärkte diente das Safari-Programm, das den klimatischen und topografischen Bedingungen der zukünftigen Einsatzländer angepasst wurde. Die Fahrzeuge erhielten eine spezielle Wärmedämmung, intensivere Belüftung und Sonderaufbauten. Ein Großteil dieser Ausfuhren ging an die sozialistisch regierten Staaten Afrikas. Alles in allem, einschließlich aller geringfügig veränderten Folgemodelle, verließen rund 87 000 Wagen das Fertigungswerk in Zittau.

■ Technische Daten	
Fahrgestell	Robur LD 3000
Verwendungszweck	Leichter Frontlenker-Lkw mit Dieselantrieb
Bauzeit	1980 – 1987
Motor	4-Zylinder- / 4-Takt-Reihen-Wirbelkammer-Diesel mit Luftkühlung
Hubraum	3927 cm³
Leistung	68 PS
Drehzahl	2600 U / min
Getriebe	5/1 Gänge
Radstand	3025 mm
Höchstgeschwindigkeit	80 km / h
Antrieb	auf die Hinterräder
Nutzlast	2900 kg
zulässiges Ges.-gewicht	5800 kg

Mittelschwere Lastkraftwagen

Sehr bildwirksam wird auf dieser Prospekttitelseite der H 3 A-Lastwagen präsentiert.

Der Bau solcher Lkw begann in der Sowjetischen Besatzungszone bereits 1946. Den Zwickauer Horch-Werken, die noch größere Bestände von Maybach-Vergasermotoren, Achsen und Getrieben aus der Rüstungsproduktion besaßen, wurde der Bau des 3 t-Lkw H 3 gestattet. Dieser Kurzhauber war nur eine Notlösung, denn nach Aufbrauchen der Vorräte endete die Produktion. Das Nachfolgemodell H 3 A, ausgerüstet mit einem neu entwickelten 80 PS-Dieselmotor, war ein 3,5 t-Hauben-Lkw, der 1949 vorgestellt wurde und ab Mitte 1950 in Serie ging. Ein Jahr später folgte der H 3 A als Sattelzugmaschine mit Tanksattelauflieger. Weitere Ausführungen folgten im Laufe der nächsten Jahre. 1957 wurde aus dem H 3 A der mit einem längeren Radstand ausgebildete H 3 S. Auf der Leipziger Frühjahrsmesse 1958 konnte mit dem vorgestellten Sachsenring-Modell S 4000 die Nutzlast auf 4 t erhöht werden. Bereits zur Herbstmesse folgte dann der S 4000-1 mit 90 statt 80 PS Motorleistung, Synchrongetriebe und Druckluft-Bremsanlage für die Anhängerbremsung. 1960 verlegte man aus Kapazitätsgründen die Fertigung des S 4000-1 von Zwickau in das IFA Kraftfahrzeugwerk Ernst Grube, Werdau. An diesem neuen Standort wurde der Bau des Lkw bis 1967 in insgesamt 19 unterschiedlichen Varianten fortgeführt. Von diesen Haubenwagen entstanden insgesamt mehr als 57 000 Einheiten, von denen allerdings zahlreiche Fahrzeuge in den Export gingen.

Zählt man die in den unterschiedlichsten Ausführungen hergestellten Nutzfahrzeuge bis zirka 3 t Nutzlast zu den Lieferwagen, Kleinlastwagen und Schnelltransportern, so spricht man bei Fahrzeugen ab 3 t von „richtigen" Lastwagen. Die mittelschwere Lkw-Klasse zwischen 3 und 6 t Nutzlast sollte mit den Hauben-Lkw H 3, H 3 A, S 4000 und S 4000-1 und deren Nachfolger, dem in riesigen Stückzahlen gefertigten Frontlenker-Lkw W 50, die zugleich wichtigsten, aber auch typischsten Lastkraftwagen in der DDR werden.

Mit 90 PS Leistung und 4 t Nutzlast war der Sachsenring S 4000 schon Ende der 1950er-Jahre nicht mehr wirklich modern, wurde aber noch bis 1967 als S 4000-1 in Werdau weitergebaut. Bis zur Einführung des W 50 war er der mittelschwere Standard-Lkw in der DDR.

Ein in Werdau zugelassener restaurierter IFA W 50 L als Pritschenwagen mit 3700 mm Radstand, der bereits mit dem gesetzlich vorgeschriebenen Unterfahrschutz ausgerüstet ist.

Gegen Ende 1958 begann im Werk Werdau die Weiterentwicklung des Lkw S 4000-1, denn das Konzept war, trotz verschiedener Verbesserungen, an seine technischen Grenzen gelangt. Zunächst war unter der Typenbezeichnung W 45 ein 4,5 t-Lkw als Hauben- und Frontlenkerfahrzeug als Parallelentwicklung vorgesehen. Die zunächst nur schleppend vorangehenden Arbeiten kamen erst nach der auf dem Bauernkongress 1962 durch Walter Ulbricht gestellten Forderung nach einem 5 t-Lkw richtig in Fahrt. Unter der Bezeichnung W 50 wurde die konzipierte Haubenvariante aus wirtschaftlichen Gründen gestrichen und die Nutzlast angehoben. An seiner Planungsstätte sollte der neue Lkw aber nie in Serie gehen, denn das Werk Werdau war bei den vorgesehenen hohen Stückzahlen hoffnungslos überfordert. Daraufhin entschloss sich die DDR-Regierung, den Serienbau in das südlich von Berlin gelegene Industriewerk Ludwigsfelde zu verlagern und dort eine neue, modernsten Gesichtspunkten entsprechende Produktionsstätte zu errichten.

Mit der damals gewaltigen Summe von fast zwei Milliarden DDR-Mark war dies das bis dahin größte Investitionsvorhaben im DDR-Automobilbau. Für die DDR-Volkswirtschaft begann damit ein gigantischer Kraftakt, zumal nahezu zeitgleich große Investitionen für den modernen Zugtraktor ZT 300 zu tätigen waren. Im Juli 1965 begann der Serienanlauf des W 50 zunächst als Pritschen-Lkw. Mit diesem

zwar einfachen, aber modernen Frontlenker entstand eine völlig neue Lkw-Generation in der DDR. Den Lastwagen gab es mit Hinterrad- und mit Allradantrieb und ab März 1966 in einer steigenden Zahl von Bauvarianten und Aufbauten. Zum Schluss waren es 100. Im Jahr 1967 stieg die Motorleistung des Vierzylinders von 110 auf 125 PS. Gleichzeitig erfolgte die Umstellung des Dieselmotors vom Wirbelkammerverfahren auf Direkteinspritzung nach dem M-Verfahren der MAN. Hierfür hatte der VEB IFA-Motorenwerke Nordhausen als Zulieferer eine Lizenz erworben. Im Laufe der Zeit wurde das W 50-Programm zwar ständig erweitert und die Konstruktion im Rahmen der Modellpflege verbessert, trotzdem blieb der Lastwagen vom Gesamtkonzept her rund 25 Jahre praktisch unverändert in der Produktion. 1987 konnte schließlich das 6 t-Nachfolgemodell L 60 in die Serienproduktion überführt werden. Von ihm entstanden allerdings nur noch kleine Stückzahlen, denn schon bald wurde er durch die politischen Veränderungen überflüssig und ebenso wie der weiter produzierte W 50 fast unverkäuflich. Bis 1990 liefen insgesamt 571 789 W 50 von den Fertigungsbändern in Ludwigsfelde. Davon gingen rund 70 Prozent in den Export. Zahlreich vertreten war der Lkw nicht nur im Ostblock, sondern auch in Afrika, Asien und Lateinamerika. Ein nicht unbedeutender Teil wurde aber auch in den verschiedensten Armeen der Welt eingesetzt.

Dieser 1949 gebaute H 3-Lkw mit Hochpritsche befand sich noch im Sommer 1981 in Karl-Marx-Stadt im Einsatz. Da die meisten Fahrzeuge der Besatzungsmacht zur Verfügung gestellt werden mussten, gelangten nur wenige Einheiten in zivile Hand.

Horch H 3

D ie Fertigung des ersten DDR-eigenen Lkw wurde in den Zwickauer Horch-Werken aufgenommen. Dieser Hersteller hatte zwar seit etwa 20 Jahren keine Lastwagen mehr produziert, aber nach Kriegsende mussten alle nur denkbaren Möglichkeiten genutzt werden. Die Kriegszerstörungen an Gebäuden und Maschinen waren zwar nur gering gewesen, dafür aber hatte der Betrieb einen Verlust von 3800 Maschinen durch Demontage zu beklagen. Noch 1945 erhielt das Werk den hochtrabenden Namen „Sächsische Aufbauwerke GmbH" und war trotz aller Hemmnisse nach der erfolgreichen Beschaffung gebrauchter Werkzeugmaschinen in der Lage, ab Anfang 1947 mit dem Bau eines Lastkraftwagens zu beginnen. Dieses Fahrzeug basierte weitestgehend auf den Konstruktionsunterlagen des 1941 im Werk Siegmar (ehemals Wanderer) der Auto Union entwickelten Lkw AU 1500 mit 1,5 t Nutzlast, der jedoch nicht in Produktion gegangen war, und dem glücklichen Umstand, dass noch große Restbestände an Motoren und anderen Fahrzeugteilen aus der Rüstungsproduktion der mittleren 5 t-Halbkettenzugmaschine (Sd.Kfz.6) der Wehrmacht zur Verfügung standen. So kann man den daraus entstandenen 3 t-Lkw H 3 nur als eine zeittypische Notlösung bezeichnen. Von diesem praktischen, zwar etwas plump aussehenden Halbfrontlenker, dessen laut dröhnender, mit rund 40 l Verbrauch ziemlich durstiger Maybach-Motor zwischen der Sitzbank im Fahrerhaus seine Arbeit verrichtete, entstanden bis 1949 immerhin 852 Einheiten, und zwar fast ausschließlich als Pritschenwagen. Dann waren die alten Motorenbestände aufgebraucht. Da an einen Nachschub aufgrund der deutschen Teilung nicht mehr zu denken war, bedeutete dies das Ende der Serienfertigung.

Der H 3 war zwar überwiegend für den zivilen Einsatz vorgesehen, kam aber auch bei der Volkspolizei und der Kasernierten Volkspolizei der DDR zu Einsatz. Auch bei der sowjetischen Besatzungsmacht gehörte er zum Fahrzeugbestand.

■ Technische Daten	
Fahrgestell	Horch H 3
Verwendungszweck	Mittelschwerer Halbfrontlenker-Lkw
Bauzeit	1947–1949
Motor	6-Zylinder-/4-Takt-Reihen-Vergasermotor mit Wasserkühlung
Hubraum	4198 cm³
Leistung	100 PS
Drehzahl	3000 U/min
Getriebe	5/1 Gänge
Radstand	3000 mm
Höchstgeschwindigkeit	65 km/h
Antrieb	auf die Hinterräder
Nutzlast	3000 kg
zulässiges Ges.-gewicht	6330 kg

Horch H 3 A

Dem H 3 A als offenem Pritschenwagen folgte schon bald eine Variante mit Plane und Spriegeln. Weitere Ausführungen kamen hinzu – bis 1958 sollten es insgesamt 26 Bauvarianten werden. Hier eine frühe Ausführung des H 3 A-Kippers, noch mit Horch-Emblem.

D ie Entwicklung eines H 3-Nachfolgers begann bereits 1948. Zunächst musste aber ein neuer Motor her. Aus wirtschaftlichen Gründen kam nur ein Dieselmotor infrage. Obwohl das neue Fahrzeug auf der Leipziger Frühjahrsmesse 1949 bereits vorgestellt worden war, lag die Serienfertigung noch in weiter Ferne. Denn für das bis auf die Grundmauern demontierte Werk mussten zunächst geeignete Maschinen für die Motorenfabrikation beschafft werden.

Ende 1950 war es dann endlich soweit, dass der Bau des H 3 A, zunächst als Pritschenwagen, anlaufen konnte. Es handelte sich um einen mittelschweren Hauben-Lkw mit einer Nutzlast von 3 t (ab 1952 dann 3,5 t). Der kräftige, verwindungssteife Rahmen bestand aus zwei gepressten U-Trägern aus Stahlblech und ermöglichte dadurch Sonderaufbauten. Der Motor des Baumusters EM 4-20 stammte aus einer Zwei-, Vier- und Sechszylinder-Baukastenreihe, arbeitete nach dem Wirbelkammerverfahren, hatte 6 l Hubraum und leistete 80 PS. Die Kurbelwelle war dreifach gelagert, und die paarweise angeordneten Zylinder trugen zwei Zylinderköpfe, welche die hängenden, von einer schrägverzahnten Nockenwelle betätigten Ventile umschlossen. Das eigenentwickelte Fünfganggetriebe besaß bereits Klauenschaltung, und die Kraftübertragung erfolgte auf die Hinterachse. Das spartanisch mit einer dünn gepolsterten Holzpritsche ausgestattete Fahrerhaus bot drei Personen Platz. Dieses neue Lkw-Modell und seine Folgemuster sollten zu einem der erfolgreichsten DDR-Lastwagen überhaupt werden, der auch noch in den 1980er-Jahren zum Straßenbild gehörte.

Ab 1954 wurde für den Lkw H 3 A ein neues Getriebe mit geänderter Gangabstufung verwendet. Ebenso gab es für den Export nach Afrika die Fahrzeugvariante H 3 S mit Tropenausrüstung, längerem Radstand, Druckluftbremse und einem verstärkten Getriebe. Der auf 3550 mm verlängerte Radstand sollte bald zur Standardausrüstung werden.

Technische Daten	
Fahrgestell	Horch H 3 A
Verwendungszweck	Mittelschwerer Hauben-Lkw
Bauzeit	1950–1958
Motor	4-Zylinder- / 4-Takt-Reihen-Wirbelkammer-Diesel mit Wasserkühlung
Hubraum	6024 cm³
Leistung	80 PS
Drehzahl	2000 U / min
Getriebe	5/1 Gänge
Radstand	3250 (H 3 S = 3550) mm
Höchstgeschwindigkeit	80 km / h
Antrieb	auf die Hinterräder
Nutzlast	3000 kg (ab 1952 = 3500 kg)
zulässiges Ges.-gewicht	6300 kg (ab 1952 = 6800 kg)

Die 1958 gebaute Z 3-Zugmaschine wurde im August 1979 in Karl-Marx-Stadt fotografiert.

Horch Z 3

Zu den zahlreichen Bauvarianten des neuen H 3 A zählte die Ausführung als Zugmaschine Z 3, die mit einem von 3250 auf 2500 mm verkürzten Radstand ausgeführt war. Sie gehörte seit 1952 als Bestandteil zum festen Modellprogramm der Baureihe, wurde aber nur in relativ geringen Stückzahlen gefertigt. Die Übersetzung der Hinterachse war auf höhere Zugkraft ausgelegt. Ein am Motor angeflanschter Kompressor versorgte eine für die Anhängerbremsung notwendige Druckluftbremsanlage. Denn zu dieser Zeit war es noch durchaus üblich, Kohlen, Baustoffe oder andere Massengüter, aber auch Umzüge mit Eil- und Straßenschleppern oder auch Zugmaschinen mit ein oder zwei Anhängern auszuliefern beziehungsweise zu bewerkstelligen. Während des Ladevorgangs brauchte die Zugmaschine nicht vor Ort stehen zu bleiben, sondern konnte anderweitig eingesetzt werden. Auch bei Schaustellerbetrieben waren diese allerdings auf längeren Strecken sehr langsamen Fahrzeuge überaus begehrt. Die Zugmaschine Z 3 konnte bei einer Eigennutzlast von 2 t eine maximale Anhängelast von 14,4 t ziehen. Infolge ihrer geringen Abmessungen war das Fahrzeug sehr wendig, für die Beförderung von zwei beladenen Anhängern aber hoffnungslos untermotorisiert. Trotzdem, und nicht zuletzt wegen ihrer Unverwüstlichkeit, war sie recht beliebt. Nicht wenige Fahrzeuge überdauerten die Zeit bis nach der politischen Wende.

Technische Daten	
Fahrgestell	Horch Z 3
Verwendungszweck	Hauben-Zugmaschine
Bauzeit	1952–1958
Motor	4-Zylinder-/4-Takt-Reihen-Wirbelkammer-Diesel mit Wasserkühlung
Hubraum	6024 cm³
Leistung	80 PS
Drehzahl	2000 U/min
Getriebe	5/1 Gänge
Radstand	2500 mm
Höchstgeschwindigkeit	54 km/h
Antrieb	auf die Hinterräder
Nutzlast	2000 kg
zulässiges Ges.-gewicht	6500 kg

Dieser Sachsenring S 4000 mit Zweiachsanhänger war im Sommer 1978 in Berlin unterwegs. Zu dieser Zeit waren die rund 20 Jahre alten Lastwagen dieser Typenreihe im Straßenbild noch recht verbreitet.

Sachsenring S 4000

Obwohl bereits seit 1958 bei den seit 1957 unter der Bezeichnung VEB Sachsenring Kraftfahrzeug- und Motorenwerk Zwickau firmierenden früheren Horch-Werken an einem Nachfolger für den H 3 A gearbeitet wurde, ließ sich dieses Vorhaben in der Praxis nicht durchführen. Begründet durch fehlende Mittel, wurde die Realisierung immer wieder aufgeschoben. Selbst kleinere Verbesserungen konnten nur mit Mühe in die Serie einfließen. Erst mit dem Modelljahr 1958 gelang es schließlich, in Etappen die längst fällige Nutzlasterhöhung auf 4 t sowie die nötige Leistungssteigerung des Antriebsaggregats in Verbindung mit einem synchronisierten Getriebe in Angriff zu nehmen. Ein kurzes Leben hatte von Mai bis August 1958 das Zwischenmodell Sachsenring S 4000, das sich bei gleicher Motorleistung vom H 3 A hauptsächlich durch die auf 4 t gestiegene Nutzlast unterschied. Hinzu kam der vom H 3 S als Standard übernommene längere Radstand von 3550 mm. Ab September erhielt der Lastwagen den aufgebohrten Einheitsmotor EM 4-22 mit 90 PS, was dann zum S 4000-1 führte. Trotz der kurzen Produktionszeit wurden schätzungsweise 1750 Fahrzeuge des Typs S 4000 gebaut.

Typisch für den Sachsenring S 4000 war das verchromte „S" am Kühlerschutzgitter.

■ Technische Daten ■	
Fahrgestell	Sachsenring S 4000
Verwendungs-zweck	Mittelschwerer Hauben-Lkw
Bauzeit	Mai 1958 – August 1958
Motor	4-Zylinder-/4-Takt-Reihen-Wirbelkammer-Diesel mit Wasserkühlung
Hubraum	6024 cm³
Leistung	80 PS
Drehzahl	2000 U/min
Getriebe	5/1 Gänge
Radstand	3550 mm
Höchstge-schwindigkeit	80 km/h
Antrieb	auf die Hinterräder
Nutzlast	4000 kg
zulässiges Ges.-gewicht	7970 kg

Der Sachsenring S 4000-1 war Ende der 1950er-Jahre ein sehr zuverlässiger und kompakter Viertonner, der für den Export auch mit Rechtslenkung geliefert werden konnte.

Sachsenring S 4000-1

W egen des Produktionsstarts des Kleinwagens Trabant erfolgte zur Bereitstellung der nötigen Baukapazitäten die Zusammenlegung der Firmen Horch und Audi. So entstand am 1. August 1958 der VEB Sachsenring Automobilwerk Zwickau und der Serienbau des Kleinwagens Trabant P 50 konnte anlaufen. Die Lkw-Fertigung des verbesserten Typs Sachsenring S 4000-1 erfolgte zunächst weiterhin in Zwickau. Er hatte den Sachsenring S 4000 ab September 1958 abgelöst. Die Ziffer „1" in der Modellbezeichnung wies auf die erfolgten Verbesserungen hin. Dies war besonders der durch höhere Drehzahl in der Leistung auf 90 PS angehobene Dieselmotor EM 4-22/90 in Verbindung mit dem jetzt synchronisierten Fünfganggetriebe, das gleichfalls in den Lkw-Modellen H 6 und G 5 verbaut wurde. Trotz der höheren Motorleistung war es gelungen, den Kraftstoffverbrauch um vier auf nun 16 l zu senken. Die Leistungssteigerung, die Getriebesynchronisation und die schon zuvor angehobene Nutzlast waren als Verbesserungen längst überfällig gewesen. Auch die Fahrerkabine hatte man überarbeitet, indem man die Bequemlichkeit verbesserte und die Geräuschisolierung des Motors optimierte. Der längere Radstand von 3550 mm blieb weiterhin Standard und sorgte für eine vergrößerte Ladefläche. Die durch Drehmomentabstützung leichtere Lenkung sowie ein Druckluftbremsanschluss für Anhängerbremsung waren weitere Verbesserungen. Für die rund 20 Sonderaufbauten hielt man speziell vorbereitete Sonderfahrgestelle, die teilweise auch als Kurzfahrgestelle ausgeführt waren, bereit.

Ende 1959 lief die Lkw-Fertigung dann in Zwickau aus und wurde in das nahe gelegene Werdau zum VEB Kraftfahrzeugwerk „Ernst Grube" verlegt.

■ Technische Daten ■

Fahrgestell	Sachsenring S 4000-1
Verwendungszweck	Mittelschwerer Hauben-Lkw
Bauzeit	1958–1959
Motor	4-Zylinder- / 4-Takt-Reihen-Wirbelkammer-Diesel mit Wasserkühlung
Hubraum	6024 cm³
Leistung	80 PS (ab 12/1958 = 90 PS)
Drehzahl	2000 U / min (ab 12/1958 = 2200 U / min)
Getriebe	5 / 1 Gänge (synchronisiert)
Radstand	3550 mm (3250 mm als K-Chassis)
Höchstgeschwindigkeit	80 km / h
Antrieb	auf die Hinterräder
Nutzlast	4000 kg
zulässiges Ges.-gewicht	7870 kg

IFA S 4000-1 T

Auch zu DDR-Zeiten war der S 4000-1 T eine seltene Erscheinung auf den Straßen. Hier ein im Bezirk Karl-Marx-Stadt zugelassener Pritschenwagen mit behelfsmäßiger Ladebordwanderhöhung für den Viehfuttertransport.

Bereits seit 1952 hatte man bei Horch in Zwickau vom H 3 A ein spezielles Tiefrahmenfahrgestell H 3 B für Omnibusaufbauten abgeleitet. Auf den Baugruppen des Serienlastwagens basierend, jedoch mit einer eigens zu diesem Zweck gefertigten, tief liegenden Vorderachse und einem über der Hinterachse durchgekröpften Rahmen entstanden sowohl Omnibusse als auch einige wenige Lkw-Aufbauten speziell als Möbel- oder Kofferwagen. Der Motor ragte weit zurückgesetzt in den Fahrerraum hinein. Äußerlich ähnelte der H 3 B seinem Vorgänger, dem Halbfrontlenker H 3. Die von der Waggonfabrik Bautzen auf dem etwas längeren Fahrgestell karossierten Omnibusse blieben Zeit ihres Lebens nicht mehr als ein Provisorium mit vielen Kompromissen. Obwohl der H 3 B von Anfang an stückzahlmäßig ohne Bedeutung war, blieb das mittlerweile optisch und technisch überhaupt nicht mehr zeitgemäße Fahrgestell weiter in der Fertigung und gelangte im Zuge der Produktionsverlagerung sogar noch in das Werk nach Werdau. Überdies bedeutete der Bau dieser Fahrzeuge einen in keiner Weise zu rechtfertigenden Aufwand. Das begann mit der aufwendigen Rahmenkröpfung für die Hinterachse bis hin zu dem weiterhin in Gemischtbauweise in klassisch solider handwerklicher Stellmacherarbeit hergestellten Fahrerhaus. Bekannt geworden sind auch die insgesamt sieben mit Drehleiteraufbauten gefertigten Feuerwehrfahrzeuge. Hauptsächlich als Viehtransporter blieb diese Variante des Halbfrontlenkers aus dem Fahrzeugwerk Wilsdruff noch bis 1964 in der Fabrikation, bis man nach vielen Diskussionen endlich die Staatliche Plankommission von der unwirtschaftlichen Herstellung dieses Fahrzeugs mit Viehtransportaufbau überzeugen konnte.

■ Technische Daten	
Fahrgestell	IFA S 4000-1 T
Verwendungs-zweck	Mittelschwerer Halbfrontlenker-Lkw
Bauzeit	1960–1964
Motor	6-Zylinder- / 4-Takt-Reihen-Wirbelkammer-Diesel mit Wasserkühlung
Hubraum	6024 cm³
Leistung	90 PS
Drehzahl	2200 U / min
Getriebe	5 / 1 Gänge (synchronisiert)
Radstand	3900 mm
Höchstge-schwindigkeit	75 km / h
Antrieb	auf die Hinterräder
Nutzlast	2820 kg (für Viehwagenaufbau)
zulässiges Ges.-gewicht	8000 kg (für Viehwagenaufbau)

Die Pritschenausführung mit 3550 mm Radstand war die Standard-Bauvariante des IFA S 4000-1. Hier ein restauriertes Fahrzeug mit Plane und Spriegeln sowie Zweiachsanhänger aus dem Jahr 1967.

IFA S 4000-1

Um ausreichende Fertigungskapazitäten für die Massenproduktion des DDR-Kleinwagens Trabant zu schaffen, wurden die vormaligen Werke Horch und Audi im August 1958 zum VEB Sachsenring Automobilwerke Zwickau zusammengelegt. Aus diesem Grund verlagerte man auch die Produktion des IFA S 4000-1 Ende 1959 von Zwickau in den VEB Kraftfahrzeugwerk „Ernst Grube" Werdau, wo durch die Produktionseinstellung des Schwerlast-Lkws H 6 freie Kapazitäten entstanden waren. Am 13. Februar rollte dort der erste Lkw des bewährten Baumusters mit dem Werdauer Markensignet aus der Montagehalle. Während der Pritschenwagen vollständig im eigenen Betrieb komplettiert wurde, kamen die meisten Aufbauten der mehr als 30 Sonderfahrzeuge von verschiedenen Herstellerfirmen in der DDR. An diese Aufbauhersteller wurden die Sonderfahrgestelle meist einschließlich der Standard-Lkw-Kabine, seltener auch nur bis zur Spritzwand, zwecks Erstellung der Aufbauten geliefert. An den Aufbautypen änderte sich im Vergleich zur Zwickauer Fertigung nur wenig.

Ein S 4000-1 K mit kurzem Radstand, als Dreiseitenkipper eines Kohlenhändlers im Einsatz in Karl-Marx-Stadt im September 1978

Neben dem Pritschen-Lkw gab es den Viertonner beispielsweise als Dreiseitenkipper, Kofferfahrzeug und Kastenwagen, Müllwagen, Fäkalienwagen, Oberleitungsturmwagen und anderen Kommunalfahrzeugen, Lkw mit Ladekran, als Thermokofferwagen oder mit Tankaufbauten. Hinzu kamen noch Feuerwehrfahrzeuge. Auch die jetzt als IFA S 4-1 Z gebaute Zugmaschine und die Variante IFA S 4-1 S als Sattelzugmaschine befanden sich weiter im Programm. Für Letztere hatte die Firma Hunger in Frankenberg (ab 1961 VEB Fahrzeughydraulik Frankenberg) einen zweiachsigen Ganzstahlauflieger für 8 t Nutzlast entwickelt, der aber nicht in die Serienproduktion gelangte.

Auch für den Export spielte der S 4000-1 eine wichtige Rolle, zumal der hierfür zuständige Bereich DDR-Außenhandel eine offensive Werbekampagne startete. Damit verbunden waren teilweise unter Extrembedingungen durchgeführte, spektakuläre Testfahrten in den potenziellen Exportländern. Fast immer wurde hierzu die Tropenausführung eingesetzt, also Fahrzeuge mit Spezialkühler, Ölbadfilter und ausstellbaren Windschutzscheiben. Die Exporte gingen überwiegend in die sozialistischen Bruderstaaten, aber auch in zahlreiche Länder in der Dritten Welt. Dagegen waren die noch in den 1950er-Jahren getätigten Exporte in den Westen inzwischen fast völlig zum Erliegen gekommen. Der international nicht mehr zur ersten Riege gehörende S 4000-1 konnte sich gegen die moderne, übermächtige westliche Konkurrenz nicht mehr behaupten.

Die während der gesamten siebenjährigen Werdauer Produktionszeit umgesetzten Verbesserungen beschränkten sich auf nur ganz wenige, kaum nennenswerte Punkte. Hierbei war die Umstellung auf die Blink-

Ein eher seltenes Fahrzeug war dieser sehr gepflegte S 4000-1 mit Stabholz-Kofferaufbau, der sich noch 1991 im Einsatz befand (Bild oben).

Auch die kleine IFA-Zugmaschine S 4-1 Z wurde in Werdau weitergebaut (Bild unten).

■ Technische Daten

Fahrgestell	IFA S 4000-1
Verwendungs-zweck	Mittelschwerer Hauben-Lkw
Bauzeit	1960–1967
Motor	4-Zylinder-/4-Takt-Reihen-Wirbelkammer-Diesel mit Wasserkühlung
Hubraum	6024 cm³
Leistung	90 PS
Drehzahl	2200 U/min
Getriebe	5/1 Gänge (synchronisiert)
Radstand	3550 mm (3250 mm = Kipperfahrgestell)
Höchstge-schwindigkeit	80 km/h
Antrieb	auf die Hinterräder
Nutzlast	4000 kg
zulässiges Ges.-gewicht	7870 kg

statt der Winkeranlage wohl die bedeutendste. 1963 wurde das verchromte Kühlerschutzgitter vereinfacht. Das Anhängerdreieck entfiel schon ab 1961.

Eine durchgreifende, über die Modellpflege hinausgehende Weiterentwicklung des Lastwagens, die möglicherweise zu Lasten der jährlichen Produktionszahl gegangen wäre, wurde von der Hauptverwaltung Automobilbau aus ökonomischen Gründen stets abgeblockt.

Funktionsmuster des wenigstens in einzelnen Punkten weiter verbesserten Nachfolgers S 4500 entstanden bereits in Zwickau. Ganzstahl-Fahrerhaus und -Pritsche, ein verlängerter Radstand sowie die ungeteilte Frontscheibe konnten nicht in die Serie überführt werden. Die Entwicklung eines neuen und mit 128 PS wesentlich stärkeren Fünfzylindermotors war von ständigen Rückschlägen begleitet, was schließlich zum Abbruch des Projekts führte.

So blieb alles beim Alten. Die Enttäuschung aller in Werdau beschäftigten Mitarbeiter war verständlicherweise sehr groß, als der letzte S 4000-1 an einem Julitag des Jahres 1967 mit der Plakataufschrift „Alle Fahrzeugbauer gaben ihr Bestes" die Werkstore verließ. Mittlerweile war die Serienfertigung des neuen Frontlenkers W 50 in Ludwigsfelde längst auf Hochtouren angelaufen.

Die S 4000-1-Dreiseitenkipper waren zwar sehr robusten Fahrzeuge, aber wegen ihres zu geringen Fassungsvermögens zum Einsatz auf Großbaustellen weniger geeignet (Bild rechts).

Ein aufwendig restaurierter Minol-Tankzug, bestehend aus dem 1963 gebauten S 4000-1-Motorwagen mit einem 3400 l-Tank und einem Zweiachsanhänger mit 3000 l-Tank (Bild unten)

Autodrehkran
ADK 6,3 / ADK 63

Mit der Entwicklung von mobilen Kranfahrzeugen war in der DDR bereits 1953 begonnen worden. Die Serienherstellung des neuen Autodrehkrans ADK I/5 „Panther" begann im Jahr 1956. Es war ein Fahrzeug mit 5 t Hubkraft, wobei Kabine, Haube, Frontpartie stark an die IFA-Lkw H 3 A und H 6 erinnerten. Vom H 6 stammten die Achsen und wohl auch die gekürzten Rahmen-Längsträger, während Getriebe und Antriebsaggregat vom kleineren H 3 A kamen. Der Motor war aber von 80 auf 60 PS gedrosselt worden. Obwohl optisch stark mit dem H 3 A verwandt, war der Autokran technisch eigenständig. Markant war die großzügig verglaste Kabine mit guter Rundumsicht und zweitem Sitz entgegen der Fahrtrichtung, von dem aus die Kranbedienung erfolgen konnte. Zu diesem Zweck verfügte das Fahrzeug über einen zweiten Satz Fußpedale und eine gekuppelte Doppellenkung. Der Kran wurde vorwiegend im nichtstationären Kranhakenbetrieb genutzt. Die 1,5 m lange Auslegerverlängerung konnte durch einen Einsteckausleger ausgetauscht werden, um so eine Hubhöhe von etwa 12 m erreichen zu können. Mittels einer Achsverriegelung ließ sich eine starre Verbindung von Rahmen und Hinterachse herstellen, sodass angehängte Lasten mithilfe der Stützrollen und geringer Geschwindigkeit verfahren werden konnten. Der Schwenkbereich der Krananlage betrug 340°, während zur Erhöhung der Standsicherheit seitlich ausziehbare Abstützungen vorhanden waren.

Die weiterentwickelte Ausführung des ADK V/5 sowie die verbesserten Varianten ADK 6,3 bzw. 63 waren die Standard-Mobilkräne in der DDR bis weit in 1970er-Jahre. Bei den letzteren Versionen war es gelungen, die Hubkraft des Grundauslegers auf 6,3 t zu steigern und die arg geringe Motorleistung auf 90 PS anzuheben. Mit dieser Verbesserung und einigen in den Varianten ADK 63-1 und ADK 63-2 realisierten Weiterentwicklungen lief die Fertigung noch bis 1975. Insgesamt wurden rund 7000 Kräne dieser Baureihe gefertigt, ein großer Teil für den Export.

Dieser ADK 63 war noch nach der Wende in Cottbus im Einsatz (Bild oben).

Ein Vorläufer des Typs „Panther" auf H 3 A-Basis mit einem Kranaufbau der Firma Bleichert (Bild unten)

▪ Technische Daten	
Fahrgestell	ADK 6,3 / ADK 63
Verwendungszweck	Autodrehkran
Bauzeit	1965 – 1975
Motor	4-Zylinder- / 4-Takt-Reihen-Wirbelkammer-Diesel mit Wasserkühlung
Hubraum	6024 cm³
Leistung	90 PS
Drehzahl	2200 U / min
Getriebe	5 / 1 Gänge (synchronisiert)
Radstand	3250 mm
Höchstgeschwindigkeit	42,2 km / h
Antrieb	auf die Hinterräder
Nutzlast	6300 kg (max. Tragkraft)
zulässiges Ges.-gewicht	13 300 kg

Dieser ansprechend restaurierte IFA W 50 L gehört einer Spedition in Hohenstein-Ernstthal.

IFA W 50 L

G egen Ende der 1950er-Jahre trat der Mangel an Lkw in der DDR-Wirtschaft immer deutlicher zutage. Vor allem fehlten Fahrzeuge mit höherer Nutzlast. Bei dem im VEB Sachsenring Automobil-werke Zwickau zum 4 t-Lkw S 4000-1 aufgewerteten Typ H 3 A handelte es sich um einen Entwurf aus den späten 1940er-Jahren. Das Modell war trotz einiger Verbesserungen an seiner technischen Grenze angelangt.

Das seit 1960 für die weitere Produktion zuständige Herstellerwerk, der VEB Kraftfahrzeugwerke „Ernst Grube", Werdau, erhielt daher den Auftrag, einen neuen Lkw mit mindestens 4,5 t Nutzlast und 100 PS Motorleistung zu konstruieren. Die Arbeiten begannen bereits Ende 1958, und es entstanden noch in Zwickau die ersten Prototypen des Typs W 45. Zunächst wurden eine Hauben- und Frontlenker-Variante parallel konzipiert. Trotz guter Ideen und Vorschläge traten die Arbeiten an dem Projekt in der Folgezeit jedoch mehr oder weniger auf der Stelle.

Im Kontext des VII. Deutschen Bauernkongresses von 1962 änderte sich die gesamte Situation allerdings von Grund auf. Dort wurde von der DDR-Führung gefordert, für die Landwirtschaft schnellstmöglich einen 5 t-Lkw bereitzustellen, um den gestiegenen Bedarf an Transportkapazitäten in der Agrarwirtschaft abzudecken. Der jetzt zur Chefsache erklärte Lastwagenbau genoss plötzlich allerhöchste Priorität.

Das so lange hingezögerte Projekt gewann nun schnell an Fahrt. Schon wenige Wochen später standen die ersten Versuchsmuster des nun als W 50 bezeichneten Projekts bereit. Aufgrund mangelnder Produktionskapazitäten in Werdau beschloss die DDR-Führung, den Serienbau des W 50 in den südlich von Berlin gelegenen Industriepark Ludwigsfelde zu verlegen. Dort, auf dem Gelände der ehemaligen Daimler-Benz-Flugmotorenfabrik Genshagen, nutzte man den verkehrsgünstig gelegenen Standort zum Aufbau eines neuen

■ Technische Daten	
Fahrgestell	IFA W 50 L
Verwendungs-zweck	Mittelschwerer Frontlenker-Lkw
Bauzeit	1965–1967
Motor	4-Zylinder-/4-Takt-Reihen-Wirbelkammer-Diesel mit Wasserkühlung
Hubraum	6560 cm³
Leistung	110 PS
Drehzahl	2200 U/min
Getriebe	5/1 Gänge (1. Gang unsynchronisiert)
Radstand	3200 mm
Höchstge-schwindigkeit	83 km/h
Antrieb	auf die Hinterräder
Nutzlast	5350 kg
zulässiges Ges.-gewicht	9850 kg

Werks für die damals gewaltige Summe von fast zwei Milliarden DDR-Mark. Im Zuge des Ausbaus entstand eine riesige, 400 m lange und 180 m breite Montagehalle mit einer Gesamtfläche von 72 000 m^2 für die Pressenstraße, den Karosseriebau und ein 250 m langes Band für die Wagenendmontage. Fahrgestelle, Pritschen, Fahrerkabinen, Achsen wurden in Ludwigsfelde gefertigt, während Motoren, Getriebe und kleinere Baugruppen durch Zulieferbetriebe hinzukamen.

1965 begann auf diesen hochmodernen Anlagen der Serienanlauf des W 50. Zunächst gab es nur die Grundvariante als Pritschen-Lkw. Das Fahrerhaus des neuen Frontlenkers war in Ganzstahlbauweise ausgeführt und befand sich auf schwingungsgedämpften Gummielementen auf dem Rahmen. Die Innenver-

Ein mit Altreifen beladener IFA W 50 L mit verlängertem Fahrerhaus der Fernverkehrsausführung aus dem Kreis Merseburg

kleidung des Fahrerraums bestand aus Hartfaserpappe, die mit abwaschbarer PVC-Folie überzogen wurde. Im Dach war eine serienmäßige, verstellbare Lüftungsklappe vorhanden. Unter der relativ hoch angesetzten, nicht kippbaren Kabine befand sich der Motor. Dieser ragte in das Fahrerhaus hinein und trennte damit die beiden vorhandenen Sitzplätze. Die jetzt im IFA-Motorenwerk Nordhausen konzentrierte Motorenfabrikation lieferte für diesen Lastwagen Vierzylinder-Wirbelkammer-Dieselmotoren mit einer Leistung von zunächst 110 PS. Im Jahr 1967 erfolgte die Umstellung auf Direkteinspritzung nach dem M-Verbrennungsverfahren der MAN, für dessen Herstellung der Zulieferer aus Nordhausen eine Lizenz erworben hatte. 1963 gelang es erstmals, die geplante Zahl von jährlich 20 000 Fahrzeugen zu erreichen. Danach lieferte das Werk bis in die 1980er-Jahre jährlich um die 30 000 Fahrzeuge.

Im Laufe der Zeit wurde das W 50-Programm durch zahllose neue Bauvarianten für die unterschiedlichsten Einsatzzwecke – zum Schluss sprach man offiziell von 59 Varianten und 240 Modifizierungsmöglichkeiten – schrittweise erweitert und die Konstruktion im Detail verbessert. Der W 50 wurde immer mehr zum Allround-Laster in der DDR. Beliebt und begehrt war die seit 1967 lieferbare vierradgetriebene Bauausführung mit zuschaltbarem Allradantrieb nicht nur in der NVA, sondern auch in zahl-

Noch im Jahr 2002 war dieser W 50 L-Kipper aktiv im Einsatz.

■ Technische Daten

Fahrgestell	IFA W 50 L (lang)
Verwendungszweck	Mittelschwerer Frontlenker-Lkw
Bauzeit	1967–1990
Motor	4-Zylinder-/4-Takt-Reihen-Direkteinspritz-Diesel mit M-Mittelkugel-Verbrennungsverfahren mit Wasserkühlung
Hubraum	6560 cm³
Leistung	125 PS
Drehzahl	2300 U/min
Getriebe	5/1 Gänge (1. Gang unsynchronisiert)
Radstand	3700 mm
Höchstgeschwindigkeit	90 km/h
Antrieb	auf die Hinterräder
Nutzlast	4950 kg
zulässiges Ges.-gewicht	9800 kg

reichen Armeen der Welt. Diese Fahrzeuge konnten zudem mit Niederdruckbereifung und einer Reifendruckregelanlage bestückt werden. Das alles darf aber nicht darüber hinwegtäuschen, dass der Lastwagen vom Gesamtkonzept her rund 25 Jahre praktisch unverändert in der Produktion bleiben musste.

Vom W 50 standen vier Grundversionen zur Verfügung: Hinterradantrieb, Allradantrieb, 3200 mm Radstand oder 3700 mm Radstand. Der seit Frühjahr 1967 auf verkürztem Rahmen lieferbare Dreiseitenkipper stellte neben dem Pritschenwagen die meistgebaute Variante dar. Der W 50 war ein einfacher, aber auch sehr robuster, dauerhafter und einfach zu wartender Lkw, der mit einem Mindestumfang an Wartung und Pflege betriebsfähig gehalten werden konnte. In der Standardausführung mit Pritsche und maximaler Zuladung von 5,3 t gab der Hersteller bei der frühen 110 PS-Ausführung eine Maximalgeschwindigkeit von 83 km/h und eine Dauergeschwindigkeit von 75 km/h an. Damit war der W 50 schneller als sein Vorgänger, hatte eine recht gute Straßenlage und war alles in allem auch komfortabler. Für das Inlandstransportaufkommen war er mehr als 20 Jahre lang der wichtigste Lkw in der DDR.

Der W 50 war auch als staatlicher Devisenbringer ein wichtiges Produkt. Im Export spielte er mit durchschnittlich 70 % Anteil eine große Rolle. Die Lieferungen gingen nicht nur in

Ende 1970 wurde die Straßenkehrmaschine als weitere Bauvariante des W 50 eingeführt. Der Aufbau erfolgte im VEB Spezialfahrzeugwerk Berlin-Adlershof (Bild rechts).

Seit 1969 befand sich die Sattelzugmaschine mit 3200 mm Radstand W 50 L/S im Fabrikationsprogramm. Der Milchtankauflieger kam aus dem VEB Fahrzeugwerk „Ernst Grube" Werdau (Bild unten).

Seit Herbst 1969 wurde im VEB IFA-Karosseriewerke Aschersleben ein in Stahlleichtbauweise gefertigter Standardkoffer für den Lkw W 50 L hergestellt (Bild links).

Seit 1975 lieferbar war der W 50 LA/ADK 70 – ein Autodrehkran mit 7 t Tragkraft, aufgebaut auf dem Allradchassis des Frontlenkers. Die Krananlage entstand beim VEB Maschinenbau „Karl Marx" Babelsberg (Bild unten).

die sozialistischen Bruderstaaten des RGW, sondern auch nach Afrika, Asien, Lateinamerika und deren Armeen. 51 Länder waren es zum Schluss, die auf der Exportliste der DDR standen. Zu den größten Kunden zählten Ungarn, Irak, die VR China und die Sowjetunion. Immerhin gingen fast 30 % des Exports in das nichtsozialistische Ausland. Die Kehrseite der Medaille bestand darin, dass es im Inland ständige Lieferprobleme bei Lkw und einen entsprechend großen Ersatzteilmangel gab.

Zu Beginn der 1980er-Jahre waren die Fertigungsanlagen für den W 50 infolge des hohen Ausstoßes und der viel zu geringen Wartung weitgehend verschlissen. Auch in Sachen Modellpflege tat sich in den letzten Jahren so gut wie nichts mehr, denn die Einführung des L 60 nahm alle Kraft in Anspruch.

Große Teile der W 50-Fertigung gingen in den Export. Hier ein solches Fahrzeug mit langer Pritsche bei der Schiffsverladung.

Technische Daten	
Fahrgestell	IFA W 50 LA
Verwendungszweck	Mittelschwerer Frontlenker-Allrad-Lkw
Bauzeit	1967–1990
Motor	4-Zylinder-/4-Takt-Reihen-Direkteinspritz-Diesel mit M-Mittelkugel-Verbrennungsverfahren mit Wasserkühlung
Hubraum	6560 cm³
Leistung	125 PS
Drehzahl	2300 U/min
Getriebe	5/1 Gänge mit Verteilergetriebe (1. Gang unsynchr.)
Radstand	3200 mm
Höchstgeschwindigkeit	75 km/h
Antrieb	Allrad
Nutzlast	4775 kg
zulässiges Ges.-gewicht	10150 kg

L 60-Lkw mit Plane, Spriegeln und Unterfahrschutz, fotografiert in der Nachwendezeit in Jena; Baujahr 1990, Kilometerleistung 270 920

IFA L 60

Obwohl es bereits bei Produktionsbeginn des W 50 bekannt war, dass er mit einer Motorleistung von lediglich 125 PS, die überdies noch ein Vierzylinderaggregat liefern musste, untermotorisiert war, gab es keine Alternative. Ein für diese Klasse angemessenes Sechszylinderaggregat höherer Leistung stand nicht zur Verfügung. Bis für den Lkw aus Ludwigsfelde endlich ein solches zur Verfügung stehen konnte, vergingen fast 22 Jahre.

All dies war den DDR-Konstrukteuren natürlich bekannt, denn Ende der 1960er-Jahre begann man in Ludwigsfelde bereits mit der Entwicklung eines stärkeren Lastwagens. Zu den wichtigsten Prämissen gehörte ein

Ein IFA L 60 mit Allradantrieb in NVA-Ausführung mit „leicht absetzbarem Koffer" (LAK-Aufbau)

■ Technische Daten ■	
Fahrgestell	IFA L 60 1218 4 x 2
Verwendungszweck	Mittelschwerer Frontlenker-Lkw
Bauzeit	1987 – 1990
Motor	6-Zylinder- / 4-Takt-Reihen-Direkteinspritz-Diesel mit M-Mittelkugel-Verbrennungsverfahren mit Wasserkühlung
Hubraum	9160 cm³
Leistung	180 PS
Drehzahl	2300 U / min
Getriebe	8 / 1 Gänge synchronisiert + 1 zusätzlicher Kriechgang
Radstand	3816 mm
Höchstgeschwindigkeit	100 km / h
Antrieb	auf die Hinterräder
Nutzlast	6750 kg
zulässiges Ges.-gewicht	12 500 kg

kippbares Fahrerhaus, höhere Tragkraft und der Einsatz eines Sechszylindermotors.

1971 war der erste Prototyp fertig. Mit viel Aufwand, aber nur geringem optischem Nutzen hatte man das alte W 50-Fahrerhaus in eine kippbare Kabine umgewandelt. Die Möglichkeiten in der Konstuktion des neuen Typs reichten eben nur für Motor und Fahrwerk, sodass die im Design veraltete Fahrerkabine fast unverändert beibehalten werden musste.

In punkto Leistung konnte der 1986 erstmals der Öffentlichkeit vorgestellte L 60 allerdings zur Konkurrenz aufschließen. Der im VEB IFA-Motorenwerk Nordhausen entwickelte neue Sechszylinder hatte jedoch eine übermäßig lange Vorlaufzeit. Bereits 1968, 1971 und 1974 hatte es dort drei unterschiedliche und sehr vielversprechende Entwürfe zu Sechszylinder-Dieselmotoren gegeben. Sie wurden staatlicherseits sämtlich als nicht notwendig erachtet. Erst 1980 begann eine neue Entwicklungsreihe, die dann auch realisiert wurde. Da der Serienanlauf des neuen Reihensechszylinders in Nordhausen erst im April 1987 beginnen konnte, war Ludwigsfelde nicht vor Juni 1987 in der Lage, die Montage des Lastwagens anlaufen zu lassen. Mit 9160 cm³ hatte das neue Antriebsaggregat ein um knapp ein Drittel größeres Hubvolumen als der des W 50. 180 PS bei 2300 U/min konnte dieser erzeugen, wobei der Kraftstoffverbrauch eher geringer ausfiel als der des W 50. Eine Abgasaufladung war zwar vorbereitet, konnte aber nicht mehr in Serie gehen. Die Gesamtkonstruktion wartete mit einigen interessanten Details auf und entsprach durchaus dem aktuellen technischen Stand. Dessen Unterbringung auf dem veränderten Rahmen mit einem niedrigeren Motortunnel und einer flachen Motorabdeckung erlaubte nun, einen dritten Sitz in der Fahrerhausmitte zu schaffen. Das Planetengetriebe war als Zweigruppentriebwerk mit acht Gängen sowie einem zusätzlichen, extrem langsamen Kriechgang ausgebildet und wurde vom VEB Getriebewerk Brandenburg neu entwickelt. Während die Blattfederung weitgehend vom W 50 übernommen wurde, kam eine gänzlich neue Bremsanlage mit zwei getrennten Bremskreisen vorn und hinten zum Einsatz. Auch die beiden mit Planetengetrieben ausgerüsteten Achsen waren Neuentwicklungen.

Im Sommer 1987 startete die L 60-Produktion mit Pritschen-, Kofferaufbau sowie als Wasser- und Kraftstofftankwagen. Die Holzpritsche gehörte beim L 60 der Vergangenheit an. Es folgten weitere Bauausführungen, wie der Dreiseitenkipper mit und ohne Allradantrieb. Von Anfang an gab es den L 60 auch als Allradwagen mit verschiedenen Aufbauten. Bis zur Einstellung der Fertigung zum Ende des Jahres 1990 waren es noch 21 796 Einheiten – darunter befanden sich 8338 für den Export so wichtige Allradfahrzeuge –, die neben dem parallel weitergebauten W 50 von den Ludwigsfelder Produktionsbändern rollten.

Technische Daten	
Fahrgestell	IFA L 60 1218 4 × 4
Verwendungszweck	Mittelschwerer Frontlenker-Lkw
Bauzeit	1987 - 1990
Motor	6-Zylinder-/4-Takt-Reihen-Direkteinspritz-Diesel mit M-Mittelkugel-Verbrennungsverfahren mit Wasserkühlung
Hubraum	9160 cm³
Leistung	180 PS
Drehzahl	2300 U/min
Getriebe	8/1 Gänge mit Verteilergetriebe synchronisiert + 1 zusätzlicher Kriechgang
Radstand	3240 mm
Höchstgeschwindigkeit	93 km/h
Antrieb	Allrad
Nutzlast	6400 kg
zulässiges Ges.-gewicht	12 400 kg

Dieser im Jahr 2008 fotografierte, mit Niederdruckbereifung ausgerüstete IFA L 60 1218 4 × 4-Dreiseitenkipper stand immer noch im Einsatz.

Die schwere Klasse

Diesellastkraftwagen H 6

Auf den sehr zuverlässigen 6,5 t-Schwerlast-Lkw H 6 aus Werdauer Fertigung setzte die DDR-Wirtschaft viele Hoffnungen, endlich einen Lkw für den Fernverkehr zu haben. Sie wurden aber 1959 mit der Einstellung der Fertigung zunichte gemacht.

Unter schweren Lkw versteht man im Allgemeinen Lastkraftwagen mit mehr als 6 t Nutzlast. Also typische Schwerlastwagen für den Fernverkehr oder für andere Einsatzbereiche, in denen kleinere Fahrzeuge den hohen Anforderungen nicht gerecht werden können. Diese volkswirtschaftlich überaus wichtige Fahrzeuggruppe war in der DDR stets in viel zu geringen Stückzahlen vertreten, sodass – wie bereits an anderer Stelle erwähnt – gerade in dieser Klasse noch über einen langen Zeitraum teilweise total überalterte Fahrzeuge und sogar Einzelstücke aus der Vorkriegszeit eingesetzt werden mussten.

Der Schwerlastwagenbau in der DDR war auch ein Kapitel der ungenutzten Chancen. Im Grunde gab es in diesem Land nur ein einziges Modell. Es war der zeitgleich mit dem kleineren H 3 A in den Zwickauer Horch-Werken entwickelte Lkw H 6. An seinem Entwurf war das Know-how einiger verbliebener Mitarbeiter der zerschlagenen Vomag-Werke maßgeblich beteiligt. Dieser Sechseinhalbtonner wurde im März 1951 auf der Leipziger Frühjahrsmesse erstmals der Öffentlichkeit gezeigt. An eine Serienfertigung war

zu diesem Zeitpunkt allerdings noch nicht zu denken, denn in Zwickau waren die Produktionskapazitäten nicht vorhanden, um neben dem H 3 A eine zweite Lkw-Reihe aufzuziehen. Auf der Suche nach einem geeigneten Hersteller fiel die Entscheidung auf den Standort Werdau. In dem dortigen LOWA-Werk, einem früheren Waggon- und Omnibusbau und Hersteller von Straßenbahnen, sollte der Serienbau so schnell wie möglich anlaufen. Es war ein kaum vorstellbarer Kraftakt, den Wandel von einer veralteten Waggon- und Fahrzeugaufbaufabrik zu einem Lastwagenhersteller unter den gravierenden Mangelerscheinungen der frühen Nachkriegsjahre zu vollziehen. Im Juli 1952 hatte man es nicht zuletzt auch mithilfe von früheren Vomag-Mitarbeitern und -Plänen geschafft, und der Serienbau des H 6 konnte in dem nun in VEB Kraftfahrzeugwerk „Ernst Grube" Werdau umfirmierten Unternehmen beginnen. Es war ein grundsolider, dem kleineren H 3 A fast zum Verwechseln ähnlich sehender, fast nur durch seine größeren Dimensionen von

So und ähnlich war der H 6 im inländischen Fernverkehr in der DDR unterwegs; hier ein H 6-Lastzug mit einem 5 t-Zweiachsanhänger.

diesem zu unterscheidender Lastwagen in konventioneller Haubenbauweise. Sein Vortrieb erfolgte durch einen Sechszylinder-Diesel mit 120 PS, wobei diese Leistungsausbeute aus verschiedenen Gründen bis fast zum Ende der Fertigung bestehen blieb. Während seiner achtjährigen Bauzeit wurden kaum Verbesserungen vorgenommen. Verheißungsvollen Fortentwicklungen, von denen immerhin schon Prototypen existierten, wurde die Zustimmung versagt. Geplant war ein zusätzlicher Neuntonner, der über Vorplanungen nicht hinauskam. Denn schon lange vorher war der Ausstieg aus der schweren Tonnageklasse eine beschlossene Sache. Der häufig zitierte RGW-Beschluss diente den Verantwortlichen vermutlich nur als Vorwand, um die Fertigungseinstellung zu begründen. Wahrscheinlicher ist, dass der Schwerlastwagenbau der Konsumgüterfertigung – in diesem Fall war es der Kleinwagen Trabant – geopfert wurde, um das immer wieder vertröstete, sehnlichst auf ihren fahrbaren Untersatz wartende Volk bei der Stange zu halten. Eingedenk der erst kurz zurückliegenden, für die DDR-Führung geradezu traumatischen Ereignisse des 17. Juni 1953 schien aufgrund der nur sehr eingeschränkt zu Verfügung stehenden Mittel keine an-

Ein restauriertes, ehemaliges Armeefahrzeug vom Typ G 5 mit Standardkoffer

dere Wahl zu bestehen. 1959 liefen die letzten H 6 in Werdau vom Band.

Eine Sonderstellung nimmt das IFA-Modell G 5 ein. Es war ein ebenfalls in Werdau gefertigter geländegängiger Dreiachs-Militär-Lkw, der in seinen wesentlichen Bauteilen auf den Schwerlaster H 6 zurückging. Die Kasernierte Volkspolizei (KVP) und später die NVA waren die wichtigsten Abnehmer. Der Entwurf entstand beim IFA-Forschungs- und Entwicklungswerk (FEW) in Chemnitz, der Serienbau hingegen wurde 1952 dem VEB Kraftfahrzeugwerk „Ernst Grube" Werdau zugeschlagen, weil dort auch der H 6 gebaut wurde. Ab 1957 gab es den in einigen Punkten überarbeiteten G 5-II, dessen Fertigung aber 1964 auslief. Der als Nachfolger für die NVA vorgesehene Typ G 5-3, der das Potenzial zu einem ausgezeichneten, dieselgetriebenen schweren Geländelastwagen hatte, ging ebenfalls nicht in Serie. Eine erhebliche Rolle werden dabei die knappen Ressourcen, die zum Großserienbau des W 50 bereits weitgehend verplant worden waren, gespielt haben. Stattdessen musste sich die NVA mit dem zwar ausgezeichneten und in seinen konstruktiven Anlagen ganz ähnlichen, infolge seines Vergaseraggregats aber überaus verbrauchsintensiven sowjetischen Dreiachs-Militär-Lkw URAL-375 D zufrieden geben. Vermutlich hat auch die Forderung der Sowjetunion, in den Warschauer-Pakt-Staaten einen möglichst standardisierten Lkw-Park zu verwenden, zu der Ablehnung beigetragen.

DIESELLASTKRAFTWAGEN

G 5

VEB KRAFTFAHRZEUGWERK »ERNST GRUBE« WERDAU (SACHS)

DEUTSCHE DEMOKRATISCHE REPUBLIK

TELEFON: 2251–2257   CODE: KFZWERK WERDAU

Prospekttitelseite des IFA G 5 mit Pritschenaufbau in der Ausführung von 1952 bis 1956

Ein IFA H 6-Pritschenwagen aus der ersten Serienausführung, die noch mit hinteren Kotflügeln ausgerüstet ist (Bild oben) und eine restaurierte IFA HZ 6-Zugmaschine (Bild rechts).

IFA H 6 / Z 6

Auf der Leipziger Frühjahrsmesse 1951 standen weniger die ersten Pkw-Modelle im Mittelpunkt des Publikumsinteresses. Es war vielmehr ein schwerer Lastkraftwagen, der auf dem Stand des VEB IFA-Werks Horch Zwickau für Aufsehen sorgte. Es war der als Funktionsmuster vorgestellte IFA H 6. Im Nachhinein betrachtet war dies durchaus verständlich, stand doch damals bei der Bevölkerung der Erwerb eines eigenen Pkw nicht zur Diskussion. Transportaufgaben hatten in den Nachkriegsjahren einen ungleich höheren Stellenwert als der Individualverkehr. Der Start der Serienfertigung dieses schweren Lkw war zum damaligen Zeitpunkt aber noch völlig ungeklärt.

Im Februar 1948 hatte der 1946 ins Leben gerufene IFA (Industrieverband Fahrzeugbau) von der Staatlichen Plankommission in der Sowjetischen Besatzungszone (SBZ) die Anweisung zur Entwicklung sowohl eines 3,5 t- als auch eines 6,5 t-Lkw erhalten und an das Zwickauer Horch-Werk weitergegeben. Die Entwicklungsarbeiten wurden unverzüglich aufgenommen, sodass sich die beiden Lastwagen H 3 A und H 6 fast wie Zwillingsbrüder glichen, einzig dass der H 6 massiger wirkte. Das Fahrgestell des H 6 war ein kräftiger, genieteter U-Profilrahmen, der bei einem Leergewicht von knapp 7 t auch erheblich mehr Eigenlast zu verkraften hatte als das leichtere Chassis des H 3 A. Der Sechszylinder-Wirbelkammer-Diesel mit 120 PS entstammte der gleichen Entwicklungsbaureihe wie der H 3 A-Motor. Hätte der frühere Vomag-Chefkonstrukteur Wilhelm Keilhack, bevor er in den Westen ging, den Horch-Werken nicht die Konstruktionsunterlagen einer von diesem Hersteller neu entwickelten Mo-

■ Technische Daten ■

Fahrgestell	IFA H 6
Verwendungszweck	Schwerer Hauben-Lkw
Bauzeit	1952–1959
Motor	6-Zylinder-/4-Takt-Reihen-Wirbelkammer-Diesel mit Wasserkühlung
Hubraum	9036 cm³ (ab 1957 = 9840 cm³)
Leistung	120 PS (ab 1959 = 150 PS)
Drehzahl	2000 U/min
Getriebe	5/1 Gänge (ab 1959 synchronisiert)
Radstand	4500 mm
Höchstgeschwindigkeit	54 km/h
Antrieb	auf die Hinterräder
Nutzlast	6500 kg
zulässiges Ges.-gewicht	13 150 kg

Ein Kohlenhändler im Bezirk Dresden setzte noch 1981 diesen H 6-Kipper mit erhöhter Ladebordwand ein.

torenreihe zugänglich gemacht, hätte es für die Motoren beider Lastwagen schlecht ausgesehen. Auf Basis der Vomag-Zeichnungen war den Horch-Werken mit dem H 6 eine eigenständige, moderne Konstruktion gelungen, die sich auf der Höhe der Zeit befand. Unverwechselbar, bullig und robust wirkte der neue Lastwagen mit seiner langen Haube. Seine kantige, glatte Formgebung entsprach der damals herrschenden Bauweise. Die anstelle der oft

noch freistehend angebrachten Scheinwerfer charakteristischen eckigen Lampenkästen stellten ein sehr modernes Stilelement dar. Mit 54 km/h Höchstgeschwindigkeit war er aber nicht gerade der Schnellste.

Die Zugmaschine Z 6 war in der DDR recht beliebt, obwohl sie nur eine vergleichsweise geringe Leistung hatte. Hier ein im Kreis Döbeln zugelassenes Fahrzeug, unterwegs mit zwei Zementsiloanhängern.

Auf der Suche nach einem Hersteller wurde man in Werdau bei den LOWA-Werken fündig. Dieser auf Waggon- und Straßenbahnbau sowie auf Fahrzeugaufbauten aller Art spezialisierte Betrieb musste nun allerdings auf die Lkw-Montage umgestellt werden. Im Juli 1952 konnte in dem nun unter VEB Kraftfahrzeugwerk „Ernst Grube" firmierenden Unternehmen die Vorserienfertigung des H 6 endlich anlaufen. Erst im Dezember erfolgte die offizielle Serienfreigabe, nachdem bis dahin bereits mehr als 100 Einheiten fertiggestellt worden waren. Erst nach großen Anlaufschwierigkeiten der Zulieferer kam der Serienbau ab 1953 in Werdau voll in Gang. Wegen zu geringer Baukapazitäten musste Werdau 1954 die Motorenfertigung an den VEB Dieselmotorenwerk Schönebeck abgeben.

Ein Sattelaufliegerbus zur Beförderung von Schichtarbeitern. Ursprünglich waren 30 dieser Fahrzeuge 1945 als Verbund von englischen Crossley-Zugmaschinen und niederländischen Auflegern für die Niederländischen Staatsbahnen hergestellt worden. Einige davon gelangten später in die DDR und erhielten neue Z 6-Sattelschlepper.

Auch in der DDR gab es individuelle Lösungen, wie dieser Möbelzug auf H 6-Fahrgestell einer privaten Spedition in Thüringen zeigt (Bild oben).

Stark mitgenommen waren die meisten H 6, als es mit der DDR zu Ende ging (Bild rechts).

Vom VEB Stadtwirtschaft Aue wurde dieser auf H 6 erstellte Kanalsaugwagen noch in den 1980er-Jahren eingesetzt (Bild unten).

Dort vergrößerte man die Zylinderbohrung des Motors, sodass ab 1957 nun 150 PS Leistung zur Verfügung standen. Für diese erhöhte Eingangsleistung stand jedoch kein stärkeres Getriebe zur Verfügung. Aufgrund häufiger Triebwerksschäden musste der Motor bald wieder auf seine ursprüngliche Leistung von 120 PS zurückgefahren werden. Erst als 1959 ein ausreichend dimensioniertes Getriebe zur Verfügung stand, durfte der Motor seine höhere Leistung entfalten. Im Laufe

Technische Daten

Fahrgestell	IFA Z 6
Verwendungszweck	Schwere Hauben-Zugmaschine
Bauzeit	1955–1959
Motor	6-Zylinder-/4-Takt-Reihen-Wirbelkammer-Diesel mit Wasserkühlung
Hubraum	9036 cm³ (ab 1957 = 9840 cm³)
Leistung	120 PS (ab 1959 = 150 PS)
Drehzahl	2000 U/min
Getriebe	5/1 Gänge (ab 1959 synchronisiert)
Radstand	3200 mm
Höchstgeschwindigkeit	50 km/h
Antrieb	auf die Hinterräder
Nutzlast	6500 kg
zulässiges Ges.-gewicht	13 150 kg (Anhängelast 16 000 kg)

ihres durchweg sehr langen Arbeitslebens wurden nach und nach alle H 6 mit den leistungsstärkeren Motoren ausgerüstet, viele davon sogar auf das spätere, weiter auf 190 PS gesteigerte Nachfolgemodell, das nach dem lizensierten M-Verbrennungsverfahren der MAN arbeitete.

Haupteinsatzfeld des kräftigen H 6 war der Transport schwerer Lasten – und das nicht nur im Fernverkehr mit einem 5 t-Anhänger, sondern auch in der Bauwirtschaft als Dreiseiten- oder Muldenkipper, als Zugmaschine mit Kurzpritsche, als Sattelschlepper sowie mit zahlreichen Sonderaufbauten. Es gab sogar einige Zugmaschinen für Sattelschlepper-Busse, teilweise in Doppelstockausführung. 7376 Fahrzeuge des Typs H 6 in allen Ausführungen entstanden zwischen 1952 und 1959, davon wurden mehr als 50 %, also 3779 Einheiten exportiert. Allein 2577 H 6 gingen nach China. Weitere 350 Fahrzeuge nach Argentinien, 220 nach Rumänien, 177 in die Türkei und 120 nach Ägypten. Überraschend viele Fahrzeuge hielten bis zum Ende der DDR durch, in der Regel zum Teil mehrmals generalrepariert.

Nach der nach außen hin durch die RGW-Beschlüsse begründeten Baueinstellung des H 6 musste die DDR Schwerlastwagen aus der UdSSR, Polen, der CˇSSR und aus Rumänien einführen. Da diese Lieferungen nicht ausreichten, war die international tätige Spedition Deutrans gezwungen, Lkw aus dem Westen, beispielsweise der Marken Volvo, Leyland, Magirus oder MAN, gegen harte Devisen zu beschaffen.

Für Industriebetriebe, aber auch für die Nationale Volksarmee (NVA) lieferte der VEB Schwermaschinenbau (vormals Bleichert) Leipzig ab 1957 etwa 60 Kranwagen ADK 5 auf IFA H 6. Die dieselelektrische Krananlage besaß eine Hubkraft von 5 t. Dieser Kranwagen war im Kreis Ueckermünde beheimatet und in den späten 1980er-Jahren noch im Einsatz.

Ab 1955 gab es die von den Hunger Fahrzeugwerken in Frankenberg aufgebauten motorhydraulischen Dreiseitenkipper mit Stahlbordwänden.

IFA G 5 / G 5-II

Anfang der 1950er-Jahre benötigte die DDR zur Motorisierung der Kasernierten Volkspolizei (KVP) einen geeigneten schweren Militär-Lkw. Das war viel leichter gesagt als getan, denn die zum Bau eines solchen Fahrzeugs notwendigen Voraussetzungen waren nicht gegeben. Hinzu kam, dass die mit dem Entwurf von Lastkraftwagen betrauten Konstruktionsabteilungen überlastet waren, galt es doch, den Dreitonner H 3 A und den Sechseinhalbtonner H 6 zu realisieren. Eine Lösung zeichnete sich durch den neu gegründeten VEB IFA-Forschungs- und Entwicklungswerk in Chemnitz ab. Der neue allradgetriebene Dreiachser wurde unter der Bezeichnung G 5 geführt, bei dem möglichst viele H 6-Komponenten einschließlich des Motors verwendet werden sollten. Die Ende 1951 fertiggestellten Konstruktionsunterlagen wurden nach Bau einiger Prototypen nach Werdau überstellt. Bei diesem Hersteller, der auch für den Serienbau des Schwerlastwagens H 6 zuständig war, sollte die Fertigung rasch anlaufen. Doch das noch mit der Umstellung auf Lkw-Fertigung beschäftigte, völlig überlasteten ehemaligen LOWA-Werk hatte dafür keine ausreichenden

■ Technische Daten	
Fahrgestell	IFA G 5
Verwendungszweck	Dreiachs-Hauben Allrad-Lkw
Bauzeit	1952–1956
Motor	6-Zylinder-/4-Takt-Reihen-Wirbelkammer-Diesel mit Wasserkühlung
Hubraum	9036 cm³
Leistung	120 PS
Drehzahl	2000 U/min
Getriebe	5/1 Gänge mit Verteilergetriebe
Radstand	3800 mm + 1250 mm
Höchstgeschwindigkeit	60 km/h (Gelände 40 km/h)
Antrieb	Allrad (zuschaltbar)
Nutzlast	8400 kg
zulässiges Ges.-gewicht	13 550 kg (Gelände 12 050 kg)

Der G 5-II mit Standardkoffer-Aufbau

Kapazitäten frei. Hinzu kam, dass nach dem Willen der DDR-Führung noch 1952 die ersten 800 G 5-Lkw ausgeliefert werden sollten. Trotz der vorbildlichen Zusammenarbeit aller mit diesem Projekt befassten Stellen gestaltete sich der Serienanlauf überaus schwierig. Da es an Material, Zulieferteilen und Arbeitskräften mangelte, konnten lediglich 120 Lkw termingerecht abgeliefert werden.

Entstanden war ein sehr solider Dreiachser, dessen nach vorn geneigte Motorhaube für dieses Modell charakteristisch ist und die Sicht nach vorn deutlich verbesserte. Unter dieser Haube arbeitete der 120 PS starke Sechszylinder-Wirbelkammer-Diesel des H 6. Ebenso wurde auf das Fünfganggetriebe des H 6 unter Verwendung eines Verteilergetriebes und eines Nebenabtriebs für die obligatorische Seilwinde zurückgegriffen. Die stabilen eckigen Kotflügel vorn und hinten ließen schon äußerlich auf eine militärische Verwendung schließen. Die doppelte Hinterradbereifung war für einen Gelände-Lkw zwar nicht der Weisheit letzter Schluss, trotzdem genügte die Geländefähigkeit, zumal ein zuschaltbarer Vorderradantrieb vorhanden war. Anfänglich wurde der G 5 meist als Pritschenwagen, aber auch in anderen Bauvarianten fast ausschließlich militärischen Verwendungszwecken zugeführt.

1957 wurde die in Details überarbeitete Ausführung G 5-II vorgestellt. Dort gelangte der in Schönebeck aufgebohrte, aber gleichfalls auf 120 PS gedrosselte Motor zum Einsatz. Auch nachdem 1959 ein stärkeres Getriebe verfügbar war, ließ man die Motorleistung unverändert, denn es war nicht gelungen, ein adäquates Verteilergetriebe zu entwickeln. Änderungen am Fahrerhaus, verbunden mit klappbaren Frontscheiben, kamen hinzu. Das äußere Identifizierungsmerkmal der neuen Fahrzeuge war das seit 1959 verwendete Kühlerschutzgitter mit weiter auseinander liegenden Senkrechtstäben. Dieser IFA G 5 gelangte nun auch verstärkt in zivile Einsatzbereiche. Es entstanden zahlreiche Aufbauten für Bauwirtschaft und Kommunen, sowie der bei den Fahrzeugwerken Hunger in Frankenberg hergestellte Kippaufbau, den es auch auf einem verkürzten und zugleich wendigeren Fahrgestell gab. Aufbauten für Tank- und Kesselwagen, als Tanklöschfahrzeug TLF 15 für Feuerwehrzwecke, Koffer- und Kranaufbauten und andere Varianten kamen hinzu. Gemessen an der insgesamt gefertigten Stückzahl von 10 078 Einheiten blieb die Anzahl der zivilen G 5 aber gering.

1960 wurde der Bau des IFA G 5 zunächst eingestellt. Da der Bedarf an einem solchen Fahrzeug aber nicht anders gedeckt werden konnte, legte man den Dreiachser ab 1961 in kleinerer Stückzahl wieder auf. 1964 verließen dann die letzten Fahrzeuge die Werkshallen.

Technische Daten	
Fahrgestell	IFA G 5-II
Verwendungszweck	Dreiachs-Hauben Allrad-Lkw
Bauzeit	1957–1964
Motor	6-Zylinder-/4-Takt-Reihen-Wirbelkammer-Diesel mit Wasserkühlung
Hubraum	9840 cm³
Leistung	120 PS
Drehzahl	2000 U/min
Getriebe	5/1 Gänge mit Verteilergetriebe (ab 1959 synchronisiert)
Radstand	3800 mm + 1250 mm
Höchstgeschwindigkeit	72 km/h (Gelände 40 km/h)
Antrieb	Allrad (zuschaltbar)
Nutzlast	8400 kg
zulässiges Ges.-gewicht	13 550 kg (Gelände 12 050 kg)

Zwei zum Fahrzeugbestand der LPG Schmölln gehörende, vom VEB Fahrzeugwerk Aschersleben aufgebaute G 5-II-Tankwagen mit 4000 l Fassungsvermögen

Importfahrzeuge

Von Anfang an wurden auch Lastwagen und Busse ausländischer Hersteller in der DDR eingesetzt, wenn zunächst auch nur in vergleichsweise bescheidenem Rahmen. Durch den großen Mangel an Nutzfahrzeugen musste nahezu jedes vorhandene und halbwegs brauchbare Fabrikat in Dienst genommen werden. Daran sollte sich bis zum Ende der DDR auch nicht viel ändern. Lastwagen blieben immer knapp.

Obwohl die sowjetische Besatzungsmacht in fast allen Wirtschaftsbereichen demontierte, was nicht niet- und nagelfest war, kam schließlich auch sie zu der Erkenntnis, Lastwagen als Hilfe zum Wiederaufbau von Industrie, Landwirtschaft und zur Versorgung von Wirtschaft und

Dieser nach dem Vorbild des US-amerikanischen Studebaker US6 gestaltete sowjetische GAZ 63 war in Sachsen zugelassen.

Bevölkerung im Rahmen der „sozialistischen Bruderhilfe" zur Verfügung stellen zu müssen. Angesichts der enormen Kriegsschäden im eigenen Land fiel diese Hilfe allerdings nicht besonders reichlich aus. Meist waren es leichte Militär-Lkw der Typen GAZ 51 oder ZIS 150, die auch zur Erstausstattung der bewaffneten Organe verwendet wurden.

Eine Veränderung setzte erst ein, nachdem sich die DDR-Führung aufgrund eines RGW-Beschlusses zwecks Bündelung der Baukapazitäten für die Einstellung des Schwerlastwagenbaus entschieden hatte. Diese Grundsatzentscheidung stellte für die verbleibenden 30 Jahre der Planwirtschaft die Weichen des DDR-Nutzfahrzeugbaus. Durch den freiwilligen Rückzug aus dieser nicht nur aussichtsreichen, sondern auch wichtigen Nutzlastklasse beschränkte sich der Lkw-Bau in der DDR künftig auf mittelschwere Lastwagen bis maximal 5 t Nutzlast. Alles andere musste importiert werden. Dabei stützte sich die Einfuhr, wenn irgend möglich, auf Fahrzeuge aus den RGW-Staaten. Nicht selten waren Fahrgestelle mit Spezialaufbauten darunter.

Pro Jahr importierte die DDR im Schnitt etwa 1000 Nutzfahrzeuge. Aus der ČSSR kamen Lastwagen der Marken Skoda/LIAZ und Tatra, aus Polen Jelcz-Lastzüge, aus Ungarn Csepel-Lkw und aus der Sowjetunion die Fabrikate MAS, KrAZ und KamAZ. Als Ergänzung zu den Importen aus Polen und der ČSSR bezog die DDR ab 1977 hauptsächlich Roman-Kipper aus Rumänien. Da diese Importe selten ausreichten, war man gezwungen, die Fehlbestände durch Beschaffungen aus dem Westen zu decken. Hierbei handelte es sich vor allem um britische Leyland-Sattelzugmaschinen sowie Volvo-Lastzüge mit unterschiedlichen Aufbauten. Den grenzüberschreitenden Verkehr wickelte der internationale DDR-Speditionsbetrieb Deutrans bis etwa Mitte der 1960er-Jahre hauptsächlich mit Lkw-Typen wie

Seit 1969 wurde der KrAZ 256 als Muldenkipper von der DDR importiert.

Ein Tatra 815-Dreiachser mit kippbarem Fahrerhaus direkt über der Vorderachse als Betontransporter

Skoda 706 RT, H 3 A, S 4000-1 und H 6, aber auch mit zahlreichen Einzelstücken und aus der Vorkriegszeit stammenden Modellen ab. Danach kamen vermehrt leistungsstärkere, teilweise aus dem Westen importierte Fahrzeuge zum Einsatz.

Darüber hinaus hatten die Kraftverkehrs- und auch Privatbetriebe in der DDR vereinzelt auch Gelegenheit, Einzelexemplare aus dem Westen zu übernehmen. Hierbei konnte es sich entweder um vom Deutschen Innen- und Außenhandel beschaffte Lkw oder auch um Messe-Ausstellungsfahrzeuge handeln, die zur Verrechnung der Standgebühren im Land belassen wurden. So kamen etwa Kaelble-, MAN- und Henschel-Anhängerzüge, Mercedes-Benz, Büssing- und Krupp-Titan-Fernverkehrswagen in die DDR. Es gab aber auch etliche Fahrzeuge, die von den DDR-Grenzorganen auf den Transitwegen von und nach Berlin aus meist nichtigen Gründen beschlagnahmt wurden. Zu den bekanntesten Beispielen dieser Art gehörte zweifellos der fast fabrikneue Krupp-Mustang-Zug des Rheinisch-Westfälischen Frachten-

kontors (RWFK), den die DDR-Staatsorgane 1957 wegen einer kleinen Beifracht von Knallkörpern, die für die Berliner Polizei bestimmt waren, am Zonengrenzübergang beschlagnahmt hatte. Dieser Anhängerzug leistete dem Güterkraftverkehr Berlin (GKB) in seiner ursprünglichen Lackierung einige Jahre wertvolle Dienste. Etwa 1964 wurde der Motorwagen dann an die Spedition Max Reinhardt in Laußnitz abgegeben, wo der Krupp bis in die 1980er-Jahre im Einsatz blieb. Nach der Wende konnte der ursprüngliche Eigentümer seinen Lkw auf verschlungenen, fast abenteuerlich zu bezeichnenden Wegen wieder ausfindig machen. Er wurde anschließend komplett restauriert und ist heute auf manchen Veteranentreffen zu sehen. Ende gut – alles gut!

Hier ist der Krupp Mustang 1979 auf dem Betriebshof der Spedition Max Reinhardt zu sehen. Sein Antrieb erfolgte durch einen Vierzylinder-Zweitakt-Diesel mit 150 PS und Roots-Gebläse. Der Lkw war im Binnenverkehr der DDR unterwegs.

Ein noch im Sommer 1981 im Bezirk Karl-Marx-Stadt einge-setzter GAZ 51 (Bild rechts)

Dieser restaurierte GAZ 63 wurde auf einem Fahrzeug-treffen gesichtet (Bild unten).

GAZ 51 / GAZ 63

Bereits 1937 begann im Automobilwerk Gorki (Gorkowsky Awtomobilny Sawod) die Entwicklung eines einfachen, aber universell einsatzbaren Lastkraftwagens. Die ersten Prototypen wurden 1939 getestet, und 1941 konnte die Erprobung der Versuchsfahrzeuge erfolgreich beendet werden. Der beginnende Krieg verzögerte allerdings die Serienfertigung. So konnten aber durch den Krieg gewonnene neue Erkenntnisse und technische Verbesserungen in der Serienfertigung berücksichtigt werden. Gegenüber den Prototypen hatte man zudem das äußere Erscheinungsbild deutlich aktualisiert und nach dem Vorbild des US-amerikanischen Studebaker US6 gestaltet. Am 19. Juli 1945 erfolgte eine Präsentation im Moskauer Kreml, woraufhin die Großserienproduktion genehmigt wurde. Diese begann im Januar 1946. Parallel hierzu wurde das Allradmodell GAZ 63 entwickelt. Bereits 1948 lief das 1 000 000ste Fahrzeug vom Band, und im September des gleichen Jahres begann der Serienbau des Allradwagens GAZ 63. Es war ein außerordentlich robuster, hinten einfach bereifter Geländelastwagen mit sehr großer Bodenfreiheit, der auch in größerer Zahl exportiert wurde. Allein zwischen 1949 und 1954 waren es 60 000 Fahrzeuge. Als Lublin 51 wurde dieses Modell vom polnischen Lkw-Werk Lublin in Lizenz gefertigt. 1955 folgte die modifizierte und leistungsgesteigerte Bauvariante GAZ 51 A, die bis 1975 in der Fertigung blieb. Bis zum Fertigungsende entstanden von allen Varianten zusammen nahezu 3,5 Millionen Fahrzeuge. Der GAZ 51 gelangte schon sehr früh in die DDR und wurde überwiegend von der Kasernierten Volkspolizei (KVP), der sowjetisch-deutschen Uranabbaugesellschaft Wismut, aber auch in zivilen Bereichen eingesetzt.

■ Technische Daten

Fahrgestell	GAZ 51 / GAZ 63 (Allrad)
Verwendungs-zweck	Leichter-Hauben-Lkw oder Leichter-Hauben-Allrad-Lkw
Bauzeit	1946 – 1955
	1948 – 1968 (Allrad)
Motor	6-Zylinder- / 4-Takt-Reihen-Vergasermotor mit Wasserkühlung
Hubraum	3480 cm³
Leistung	55 PS (70 PS = Allrad)
Drehzahl	2500 U / min
	(2800 U / min = Allrad)
Getriebe	4 / 1 Gänge
	(+ Vorgelege = Allrad)
Radstand	3300 mm
Höchstge-schwindigkeit	90 km / h
	(75 km / h = Allrad)
Antrieb	auf die Hinterräder / Allrad
Nutzlast	2000 kg
zulässiges	4710 kg
Ges.-gewicht	(5280 kg = Allrad)

ZIS 150

An diesem im Bezirk Leipzig zugelassenen ZIS 150-Lkw ist der tägliche harte Einsatz nicht spurlos vorübergegangen.

Der ZIS 150 war ein sowjetischer Lkw mit 4 t Nutzlast und gleichzeitig mit dem GAZ 51 das erste Nachkriegs-Lastwagen-Modell. Seine Produktion begann 1947 im Stalin-Automobilwerk, Moskau (ZIS – Zavod Imieni Stalina). Die Konstruktion basierte auf dem seit 1934 produzierten Lkw ZIS 5, wobei zahlreiche Verbesserungen einflossen. 1941, nach Ausbruch des Krieges, mussten die Produktionsstätten in die östlichen Landesteile, u. a. nach Miass, dem Ort der Motorenproduktion, verlegt werden. Die ausgelagerten Produktionskapazitäten wurden zur Grundlage der heute bekannten Lichatschow-Fahrzeugwerke. 1948 wurde das ZIS-Werk zum dritten Mal wieder aufgebaut und nach neuesten technischen Gesichtspunkten rekonstruiert, nach dessen Abschluss ein jährlicher Ausstoß von 100 000 Lastwagen erreicht werden konnte. Der ZIS 150, der die vom International Harvester-Lkw KR 11 inspirierte Fahrerkabine erhalten hatte, wurde auch in zahlreiche andere Länder exportiert. Rumänien und die Volksrepublik China begannen eine Lizenzproduktion. Ab 1948 war unter der Typenbezeichnung ZIS 151 eine dreiachsige Bauausführung erhältlich. 1957 wurde dieses Modell durch den neuen ZIS 164 abgelöst. Bis dahin waren 774 615 Einheiten entstanden. Der ZIS 150 gehörte zu den in die DDR gelieferten Lastkraftwagen der ersten Stunde. Vereinzelt konnten diese Fahrzeuge bis zur Wende im Einsatz beobachtet werden.

▪ Technische Daten	
Fahrgestell	ZIS 150
Verwendungszweck	Mittelschwerer Hauben-Lkw
Bauzeit	1947–1957
Motor	6-Zylinder-/4-Takt-Reihen-Vergasermotor mit Wasserkühlung
Hubraum	5555 cm³
Leistung	90 PS
Drehzahl	2400 U/min
Getriebe	5/1 Gänge
Radstand	4000 mm
Höchstgeschwindigkeit	80 km/h
Antrieb	auf die Hinterräder
Nutzlast	4000 kg
zulässiges Ges.-gewicht	7900 kg

Ein KrAZ 256-Muldenkipper; ganz gleich, in welcher Ausführung, hinterließ dieser schwere sowjetische Lkw einen gewaltigen Eindruck.

KrAZ 256 / 258 / 258 Z

Der Bau von Schwerlastwagen wurde durch eine Verfügung des Zentralkomitees der KPDSU vom April 1958 im Automobilwerk Krementschuk/Ukraine (Kremenschutsky Avtomobilny Zavod) zugeordnet. Dieses neu errichtete Fertigungswerk übernahm zunächst die Lkw-Produktion aus dem Automobilwerk Jaroslawl (YaAZ). Seit 1958 baute man dort den 6 x 4-Pritschenwagen YaAZ 219, der gleichzeitig zum letzten am dortigen Standort entwickelten Lkw wurde. Seither spezialisierte sich das Werk in Jaroslawl auf den Bau leistungsstarker Dieselmotoren und Getriebe für alle Arten von Nutzfahrzeugen. Diese Aggregate wurden seither auch in die in Krementschuk anfangs unter der Bezeichnung „Dnjepr", seit Mitte der 1960er-Jahre als „KrAZ" bezeichneten Lastwagen eingebaut. Zu Beginn wurde das Modell KrAZ 214 noch mit Zweitakt-Dieselmotoren gefertigt. 1967 erfolgte die Ablösung durch die Typen 255/256, die mit Viertakt-Dieselaggregaten bestückt waren. Bei diesen weiterhin in Rahmenbauweise mit Blattfederung konstruierten Modellen waren die bisherigen Sechszylindermotoren durch verbrauchsärmere V 8-Zylinder-Direkteinspritz-Dieselmotoren ersetzt worden. Noch großvolumigere Reifen bewirkten mehr Nutzlast und Geländefähigkeit. Zu dieser Zeit erreichte das Werk eine Jahreskapazität von 130 000 Lastwagen. Seit 1977 wurden die KrAZ-Fahrzeuge mit verbesserten Zweikreis-Bremsanlagen ausgestattet und die so ausgerüsteten Wagen mit dem Zusatz „B 1" versehen. Von diesen in allen Ostblockländern eingesetzten Fahrzeugen entstanden insgesamt rund 500 000 Einheiten. Die äußerlich schon überaltert und urwüchsig wirkenden, dafür aber mit einfacher, funktionaler und zuverlässiger Technik ausgestatteten KrAZ-Modelle gab es in den Hauptvarianten als Schwerlast-Sattelzugmaschine, Langholztransporter, Stahlpritschen-Lkw mit Reifendruck-Regelanlage, als Mulden-

Technische Daten

Fahrgestell	KrAZ 256 / B 1
Verwendungszweck	Überschwerer Hauben-Kipper (6 x 4)
Bauzeit	1967–1989
Motor	V 8-Zylinder- / 4-Takt-Direkteinspritz-Diesel mit Wasserkühlung
Hubraum	14 860 cm³
Leistung	240 PS
Drehzahl	2100 U / min
Getriebe	5 / 1 Gänge, synchronisiert mit Zusatzgetriebe
Radstand	4080 + 1400 mm
Höchstgeschwindigkeit	70 km / h
Antrieb	auf die Hinterräder
Nutzlast	12 000 kg
zulässiges Ges.-gewicht	22 850 kg

Fahrgestell	KrAZ 258 / B 1
Verwendungszweck	Überschwere Hauben-Sattelzugmaschine (6 x 4)
Bauzeit	1968 – 1989
Motor	V 8-Zylinder- / 4-Takt-Direkteinspritz-Diesel mit Wasserkühlung
Hubraum	14 860 cm³
Leistung	240 PS
Drehzahl	2100 U / min
Getriebe	5 / 1 Gänge, synchronisiert mit Zusatzgetriebe
Radstand	4080 + 1400 mm
Höchstgeschwindigkeit	68 km / h
Antrieb	auf die Hinterräder
Nutzlast	12 000 kg (Sattellast)
zulässiges Ges.-gewicht	21 680 kg

kipper, mit Spezialaufbauten und für militärische Belange wie etwa als Zugmittel für mittelschwere Geschütze. Vor allem als Muldenkipper waren die Dreiachser auf zahllosen Baustellen im Einsatz. Die DDR importierte von 1967 bis 1989 3940 Muldenkipper KrAZ 256/B1 und 1700 Sattelzugmaschinen KrAZ 258/B 1, die zum Teil zu Schwerlastzugmaschinen umgerüstet wurden. Als das DDR-Wohnungsbauprogramm Anfang der 1970er-Jahre anlief, kamen die KrAZ 258 Z-Zugmaschinen dafür gerade recht. Die Fahrzeuge wurden mit polnischen Tiefladeanhängern gekoppelt und transportierten die schweren Großplatten-Fertigelemente von den Herstellerwerken zu den großen Neubaugebieten. Die soliden Fahrzeuge gehörten zum alltäglichen Straßenbild der DDR, wenngleich sie breiter waren, als die Zulassungsordnung es eigentlich erlaubte, und daher nur mit einer Ausnahmegenehmigung verkehren durften. Heute gehören diese schweren, eckigen Hauber neben den H 6-Lkw zu den Kultlastwagen aus der vergangenen DDR.

Als allradgetriebener NVA-Lkw mit Plane und Spriegelgestell stand dieser restaurierte KrAZ 255 B/1 mit 215 PS V 8-Diesel im Einsatz.

Fahrgestell	KrAZ 258 Z
Verwendungszweck	Überschwere Hauben-Zugmaschine
Bauzeit	1969 – 1989
Motor	V 8-Zylinder- / 4-Takt-Direkteinspritz-Diesel mit Wasserkühlung
Hubraum	14 860 cm³
Leistung	240 PS
Drehzahl	2100 U / min
Getriebe	5 / 1 Gänge, synchronisiert mit Zusatzgetriebe
Radstand	4080 + 1400 mm
Höchstgeschwindigkeit	60 km / h
Antrieb	auf die Hinterräder
Nutzlast	10 000 kg (Anhängelast)
zulässiges Ges.-gewicht	21 700 kg

KrAZ 258 Z aus dem Kreis Köthen vor einem Tiefladeanhänger

Ein ehemaliges Kofferfahrzeug der NVA auf Ural 375 D-Fahrgestell

Ural 375 D

D er Ural 375 D ging auf die frühen 1950er-Jahre zurück. Die Sowjetarmee forderte einen Lkw, der neben höchster Geländefähigkeit auch den vielfältigen klimatischen Extremsituationen des Landes gewachsen war. Heraus kam ein ganz hervorragendes Fahrzeug, das allen diesen Anforderungen entsprach. Seit 1964 wurde dieser überaus robuste 5 t-Militärlastwagen im UralAZ-Automobilwerk in Miass in Großserie hergestellt. Er wurde zum Basismodell für alle bis in die Gegenwart produzierten Militär-Lastwagen des Landes. Die NVA erhielt ihn ab 1966 in steigender Stückzahl, wo er den G 5 ersetzte. Der Ural hatte drei permanent angetriebene Achsen. Seine ausgezeichneten Geländeeigenschaften wurden durch die typische große Einzelbereifung mit Ackerschlepperprofil, die große Bodenfreiheit und die installierte Reifendruck-Regelanlage erreicht. Sein Antrieb erfolgte durch einen Vergasermotor, der als so ziemlich einziges Manko der gesamten Konstruktion vor allem bei Geländefahrten einen unerhört großen Durst verspürte. Dabei waren 75 l und mehr auf 100 km keine Seltenheit. Ab 1977 gab es den überarbeiteten Ural 4320 mit einem V 8-Dieselmotor, der ab 1983 ebenfalls an die NVA geliefert wurde. Bei Auflösung der NVA nach der politischen Wende gab es noch mindestens 13 600 Fahrzeuge im Armeebestand. Sie wurden bis auf wenige verschrottet oder großzügig ins Ausland verschenkt. Der Ural 375 D war in zahlreichen Aufbauvarianten bei der NVA im Einsatz, so als Pritschenwagen für den Material- und Mannschaftstransport, als Kofferfahrzeug für verschiedene Verwendungsbereiche, als Kraftstoff-Tankwagen, als Artilleriezugmaschine, als Sattelzugmaschine und als Kranwagen.

■ Technische Daten	
Fahrgestell	Ural 375 D
Verwendungszweck	Dreiachs-Hauben-Allrad-Militär-Lkw
Bauzeit	1964–1986
Motor	V 8-Zylinder-/4-Takt-Vergasermotor mit Wasserkühlung
Hubraum	6960 cm³
Leistung	180 PS
Drehzahl	3200 U/min
Getriebe	5/1 Gänge, synchronisiert mit Vorgelege
Radstand	3500 + 1400 mm
Höchstgeschwindigkeit	75 km/h
Antrieb	Allrad
Nutzlast	5000 kg
zulässiges Ges.-gewicht	13 500 kg

KamAZ 54112

Diese KamAZ 54112-Sattelzugmaschine vom ehemaligen VEB Kraftverkehr Karl-Marx-Stadt in einer Aufnahme kurz nach der politischen Wende

Bereits in den 1960er-Jahren erkannte die Sowjetunion, dass mit den vorhandenen Produktionsstätten der Nutzfahrzeugbedarf des riesigen Landes nicht ausreichend zu decken war. Als Folge davon wurde ein neues Lkw-Werk in der tatarischen Steppe geplant. Das ab 1969 errichtete sowjetische Automobilwerk KamAZ in Nabereschnyje Tschelny in der Tatarischen Sowjetrepublik ist zugleich die jüngste und weltweit eine der größten Fertigungsstätten für Lastkraftwagen. Diese riesige Automobilfabrik ist für eine jährliche Produktionskapazität von 150 000 Lkw ausgelegt. Bei der Standortwahl spielten verschiedene Komponenten eine wichtige Rolle. Während die dortigen klimatischen Bedingungen eher ungünstiger Natur sind, werden diese durch gewichtige lokale Vorteile wettgemacht: günstige Energiebasis durch reiche Erdölvorkommen und Wasserkraftwerke, gut entwickelte chemische Industrie, ökologisch günstige Transportwege auf dem Wasser und nahezu unbegrenzte Baufreiheit. Der bis 1976 ausgebaute Komplex besteht aus sechs Werken, die sich auf einer Gesamtfläche von 100 km^2 befinden. Mehr als 70 % der benötigten Maschinen und Ausrüstungen wurden aus allen Teilen der Welt importiert. 300 Taktstraßen und Fließbänder von insgesamt 300 km Länge waren anfangs vorhanden. Ende der 1980er-Jahre lag die Zahl der Beschäftigten bei über 90 000. Im Februar 1976 liefen die ersten Modelle von den Fertigungsbändern. Der Import in die DDR begann 1978 und erreichte bis 1989 die Zahl von 3650 Lastkraftwagen. Hinzu kamen Kipper für die NVA. Die ab 1983 gefertigte moderne Sattelzugmaschine KamAZ 54112 gehörte bereits zur zweiten Fahrzeuggeneration.

■ Technische Daten	
Fahrgestell	KamAZ 54112
Verwendungszweck	Dreiachs-Frontlenker-Sattelzugmaschine
Bauzeit	1983–1989
Motor	V 8-Zylinder-/4-Takt-Direkteinspritz-Diesel mit Wasserkühlung
Hubraum	10 850 cm^3
Leistung	219 PS
Drehzahl	2600 U/min
Getriebe	5/1 Gänge, synchronisiert mit Vorschaltgruppe
Radstand	2840 + 1320 mm
Höchstgeschwindigkeit	95 km/h
Antrieb	auf die Hinterräder
Nutzlast	11 350 kg (Sattellast)
zulässiges Ges.-gewicht	19 000 kg

Eine Jelcz 317 D-Sattelzugma-
schine mit langem Möbelkoffer-
Auflieger im Januar 1991 bei
einer Möbelanlieferung in
Nienburg/Saale

Jelcz 317 D

D as polnische Unternehmen Jelczanskie Zaklady Samochodowe (JZS) in Jelcz-Laskowice wurde im Jahr 1952 auf dem Gelände einer ehemaligen deutschen Rüstungsfabrik als staatlicher Betrieb zur Produktion von Fahrgestellen gegründet. In den ersten Nachkriegsjahren wurden daneben Reparaturarbeiten ausgeführt und auch Aufbauten für Lastkraftwagen gefertigt. 1954 begann man dort mit der Produktion des ersten eigenen Omnibusses. Ab 1958 wurde das Werk zur Nutzfahrzeugfertigung erweitert mit dem Ziel, einen vom Warschauer Entwicklungsbüro konzipierten schweren Lastkraftwagen herzustellen. Auf der Grundlage einer 1966 von der britischen Leyland erworbenen Lizenz für den Dieselmotor SW 680 sowie unter Nutzung weiterer neuer Aggregate wie Antriebsachsen und Schaltgetriebe entstand schließlich der mit einem modernisierten Frontlenker-Fahrerhaus ausgerüstete Lkw Jelcz 315. Zusammen mit weiteren in Lizenz gefertigten Fahrzeugteilen wurde ab 1968 der Jelcz 315 zum Ausgangspunkt einer ganzen Baureihe. Die in Lizenz gefertigten Antriebsaggregate der 680er-Typenreihe waren zunächst als Saugmotoren, ab 1972 auch für den Antrieb der gesamten 315-, 316- und 317-Modelle zuständig. Im darauffolgenden Jahr begann der Bau des Pritschenwagens Jelcz 316 und 1972 die Serienfertigung der Sattelzugmaschinen Jelcz 317 und 317 D, Letztere mit aufgeladenem Motor. Zwischen 1969 und 1985 gelangten in die DDR insgesamt 5500 Einheiten, wobei den Hauptanteil die recht moderne zweiachsige Sattelzugmaschine Jelcz 317 D bildete, die auch im grenzüberschreitenden Verkehr eingesetzt wurde.

▪ Technische Daten ▬▬▬

Fahrgestell	Jelcz 317 D
Verwendungs-zweck	Frontlenker-Sattelzugmaschine
Bauzeit	1973 – 1985
Motor	6-Zylinder-/4-Takt-Reihen-Direkteinspritz-Diesel mit Wasserkühlung
Hubraum	11 100 cm³
Leistung	243 PS
Drehzahl	2200 U / min
Getriebe	5/1 oder 6/1 Gänge synchronisiert
Radstand	3400 mm
Höchstge-schwindigkeit	90 km / h
Antrieb	auf die Hinterräder
Nutzlast	9250 kg (Sattellast)
zulässiges Ges.-gewicht	15 650 kg

Csepel 705 D

Die in die DDR gelieferten Csepel-Sattelzüge bildeten zeitweise eine wertvolle Ergänzung des Fahrzeugbestands der DDR-Kraftverkehre.

Die ungarische Csepel-Automobilwerke auf der Donauinsel Csepel fertigten ursprünglich Kleinlastwagen und Motorräder. Während des Zweiten Weltkriegs war der damals größte Rüstungsbetrieb Ungarns auch mit der Produktion von Flugzeugen und Flugzeugteilen befasst. Auf dem Gelände der ehemaligen Flugzeugfabrik wurde dann 1949 ein Lastwagenwerk gegründete. Bis 1993 produzierte dieser Hersteller nicht nur Lastkraftwagen, sondern auch Baukomponenten wie Motoren, Getriebe, Kupplungen, Lenkungen usw. für andere Nutzfahrzeughersteller wie Ikarus. Zunächst entstand ein Hauben-Lkw auf Basis der österreichischen Steyr-Typen 380 und 480. Der Lizenzbau unterschied sich von den Steyr-Modellen durch eine kantigere und breitere Motorhaube. Aus diesen Lkw entwickelten sich ab 1950 die Typen D 420 und später D 450. Ende der 1950er-Jahre war klar erkennbar, dass sowohl die gebotene Nutzlast von 4 t als auch die Motorleistung von 100 PS für die Beförderung größerer Lasten nicht mehr ausreichte. Daraufhin wurde der Frontlenker-Lkw 705 D mit einer sehr eigenwilligen Formgebung konstruiert. Dieser Lastwagen wurde im Rahmen der RGW (Comecon)-Staaten erfolgreich auf dem sozialistischen Markt verkauft. Von ihm entstanden zahlreiche Sonderaufbauten, besonders bei der Sattelzugmaschine, für die es Betonmischer-, Kraftstofftank- und Milchtank- sowie Zementsiloauflieger gab. Die DDR erhielt zwischen 1961 und 1970 ungefähr 700 hauptsächlich als Milchsattelzug- und Zementsiloauflieger ausgerüstete Sattelzüge. 1993 wurde die Lkw-Produktion komplett eingestellt.

▪ Technische Daten	
Fahrgestell	Csepel 705 D
Verwendungszweck	Zweiachs-Sattelzugmaschine
Bauzeit	1960–1971
Motor	6-Zylinder-/4-Takt-Reihen-Vorkammer-Diesel mit Wasserkühlung
Hubraum	8275 cm^3
Leistung	145 PS
Drehzahl	2300 U/min
Getriebe	5/1 Gänge
Radstand	3400 mm
Höchstgeschwindigkeit	80 km/h
Antrieb	auf die Hinterräder
Nutzlast	15 000 kg (Sattelzug)
zulässiges Ges.-gewicht	27 700 kg (Sattelzug)

Hier ein Roman Typ 19.215 DFK-Dreiachsmuldenkipper der Zementwerke Bernburg (Saale). Diese im Farbton Orange lackierten Fahrzeuge waren in der DDR sehr verbreitet.

Roman-Diesel
Typ 19.215 DFK

G egründet wurden die in Brasov in Rumänien ansässigen Steagul Rosu-Werke (Rote Fahne) nach Ende des Zweiten Weltkriegs auf dem Gelände einer ehemaligen Lokomotivfabrik. Ab 1954 begann man mit dem lizensierten Nachbau des sowjetischen ZIS 150-Lkw. Weitere Modelle mit Vergasermotoren folgten, bis 1969 eine Lizenzvereinbarung mit den MAN-Werken getroffen wurde. Dieser Vertrag sicherte Rumänien unter Einbeziehung einheimischer Aufbaufirmen ein relativ großes Typenspektrum mittelschwerer und schwerer Lastkraftwagen. Der für diese Reihe gewählte Markenname „Roman" entstand aus der geschickten Kombination der beiden Begriffe „MAN" und „Rumänien" und markierte damit den rumänischen MAN. Seit dieser Zeit wurde ein Teil der Produktion aber auch unter der Marke Diesel Auto Camion (DAC) ausgeliefert.

Als Ergänzung zu den Importen aus Polen und der ČSSR gelangten in die DDR hauptsächlich Roman-Kipper und Roman-Sattelzugmaschinen sowie Transport-Betonmischer. Die Variante als Dreiachs-Muldenkipper wurde von 1977 bis 1982 eingeführt und war in der DDR häufig im Straßenbild zu sehen. Das sehr robuste Fahrzeug besaß eine Getriebeauslegung von insgesamt zwölf Vorwärtsgängen und war sowohl für Straßen- als auch Geländeeinsätze geeignet. Das in einem zeittypischen, kubischen Design gehaltene kippbare Fahrerhaus verfügte über eine gute Geräuschisolierung, war verhältnismäßig geräumig und bot durch Rundumverglasung gute Sichtverhältnisse. Bis zur Wende gelangten insgesamt mehr als 2800 Roman-Lkw in die DDR.

Technische Daten	
Fahrgestell	Roman-Diesel Typ 19.215 DFK
Verwendungszweck	Dreiachs-Muldenkipper
Bauzeit	1977–1987
Motor	6-Zylinder-/4-Takt-Reihen-Direkteinspritz-Diesel mit Wasserkühlung
Hubraum	10340 cm³
Leistung	215 PS
Drehzahl	2200 U/min
Getriebe	6/1 Gänge mit Vorschaltgetriebe
Radstand	3095 + 1310 mm
Höchstgeschwindigkeit	80 km/h
Antrieb	auf die Hinterräder
Nutzlast	16000 kg
zulässiges Ges.-gewicht	26000 kg

Lastwagen aus der ČSSR

Im August 1979 im Erzgebirge fotografierter Skoda 706 R von 1955. Von diesem Baumuster wurden lediglich 197 Stück in die DDR importiert.

Ganz im Gegensatz zu den meisten anderen RGW-Staaten verfügte die ČSSR mit den Herstellern Praga, Skoda /LIAZ und Tatra über eine traditionelle Nutzfahrzeugindustrie. Besonders bei schweren Lkw waren gute Voraussetzungen vorhanden. Daneben konnte die ČSSR auch ein recht weites Spektrum von Spezialaufbauten und Sonderaufbauten bereitstellen. Es lag daher nahe, dieses Know-how im RGW-Raum entsprechend zu nutzen. Für den militärischen Bereich der Warschauer Pakt-Staaten von besonderem Interesse waren die luftgekühlten Tatra-Lkw, ebenso wie die Sowjetunion für diese Fahrzeuge auf den Baustellen im fernen Osten Bedarf hatte.

Weil die DDR aus den bereits genannten Gründen sehr vorschnell den Bau schwerer Lastwagen und Busse aufgegeben

Skoda 706 RTK-1 als Müllwagen im Einsatz bei der Stadt Riesa im Jahr 1990

■ Technische Daten ■■■■■	
Fahrgestell	Skoda 706 RTK-1
Verwendungszweck	Frontlenker-Kommunallastwagen
Bauzeit	1961 –1979
Motor	6-Zylinder- / 4-Takt-Reihen-Direkteinspritz-Diesel mit Wasserkühlung
Hubraum	11 781 cm^3
Leistung	160 PS
Drehzahl	1900 U / min
Getriebe	5 / 1 Gänge
Radstand	4000 mm
Höchstgeschwindigkeit	70 km / h
Antrieb	auf die Hinterräder
Nutzlast	7000 kg
zulässiges Ges.-gewicht	16 100 kg

Restaurierter Skoda/LIAZ MTS 24-Kipper-zug (Bild oben)

Ein Skoda 706 RT mit Zementsiloaufbau des VEB Güterkraftverkehr Kretscham/ Rothensehma (Bild links)

hatte, war sie von Einfuhren völlig abhängig. Ein großer Teil der von der Wirtschaft benötigten schweren Lkws kam aus der ČSSR, darunter auch zahlreiche Fahrzeuge mit Sonder- und Spezialaufbauten.

Die Praga-Lastwagen waren auf den Straßen der DDR eher selten zu sehen. Auf der Grundlage des Allrad-Fahrgestells Praga V 3 S kamen bis 1969 lediglich 200 Spezialfahrzeuge, darunter Kipper, Abschlepp- und Werkstattwagen zum Einsatz.

Anders sah es bei dem Hersteller Skoda in Pilsen aus. Skoda besaß eine reiche Erfahrung in der Lkw-Herstellung, denn bereits seit 1919 wurden Automobile und später auch Lastwagen produziert, ab 1953 in dem neu errichteten Werk in Jablonec. Hier wurde anfangs der Schwerlastwagen Skoda 706 R gefertigt, dem ab 1957 das Frontlenker-Modell 706 RT folgte. Bei der Motorentechnik vollzog sich ein Wechsel vom Vorkammer-Diesel zum Direkteinspritzer. Ende der 1960er-Jahre kam die MT-Reihe mit noch leistungsstärkeren Motoren und Außenplanetenachsen auf den Markt. Ab 1977 stand dann die neue Frontlenker-Baureihe Skoda 100, die es in zahlreichen Bauvarianten gab, zur Verfügung. Von 1984 bis 1995 wurde die Markenbezeichnung LIAZ (Liberecer Automobilwerk) genutzt. Die ersten Skoda 706 R-Hauben-Lkw kamen bereits ab 1951 in kleinen Stückzahlen in die DDR. Es folgten ab 1957 die Frontlenker 706 RT und später die Lkw des Typs 706 MT. Beide Modelle, aber auch die Skoda/LIAZ-Reihen 100/110 waren in der DDR nicht nur im Fernverkehr, sondern auch als Kipper im schweren Schüttgutverkehr und bei kommunalen Einrichtungen unterwegs.

Ein weiteres wichtiges Standbein auf dem Sektor der schweren Lkw bildeten für die DDR die Fahrzeuge der Tatra-Werke

■ Technische Daten

Fahrgestell	Skoda / LIAZ MTS 24
Verwendungs-zweck	Schwerer Frontlenker-Lkw
Bauzeit	1969–1987
Motor	6-Zylinder-/4-Takt-Reihen-Direkteinspritz-Diesel mit Wasserkühlung
Hubraum	11 940 cm³
Leistung	200 PS
Drehzahl	2000 U / min
Getriebe	5/1 Gänge mit Vorschaltgruppe
Radstand	3650 mm
Höchstge-schwindigkeit	80 km/h
Antrieb	auf die Hinterräder
Nutzlast	8650 kg
zulässiges Ges.-gewicht	16 000 kg

mit Sitz in Kopřivnice. Alle Tatra-Lkw zeichneten sich durch luftgekühlte V-Motoren, Stirnrad-Differenzialgetriebe, einen zentralen Rohrrahmen und Pendelachsen aus. Ab 1960 fertigte man dort ausschließlich Schwerlastwagen ab 10 t Nutzlast. 1961 ging der Dreiachs-Lkw T 138 für 12 t Nutzlast in Serie, der den Vorgänger T 111 ablöste. Dieser Lkw zeichnete sich durch seine elegant abgerundete Motorhaube aus. Der Direkteinspritz-Dieselmotor war schwingungselastisch aufgehängt und mit dem Getriebe über eine Kardanwelle verbunden. Die Vorderachse konnte elektropneumatisch zugeschaltet werden. Für den schweren Wagen war eine hydraulische Lenkhilfe vorhanden. Die Geländefähigkeit war für ein Fahrzeug dieser Baugröße außerordentlich groß. Neben dem mechanischen Fünfganggetriebe war ein Zweigang-Zusatzgetriebe eingebaut.

1969 kam als Weiterentwicklung der Tatra T 148 auf den Markt. Eine wesentliche Verbesserung gegenüber dem Vorgänger war die Erhöhung der Nutzlast auf 15 200 kg, ein hubraumstärkeres Antriebsaggregat mit 12 667 cm³ sowie die Steigerung der Motorleistung auf 232 PS. Äußerlich unterschied er sich vom T 138 durch die geänderte Form der Motorhaube. Der optische Gesamteindruck des Fahrzeugs blieb aber im Wesentlichen unverändert. 1971 hatte man im RGW beschlossen, das Tatra-Werk auf die Produktion von geländegängigen Lastkraftwagen ab 12 t Nutzlast zu spezialisieren. Als Konsequenz daraus wurden zum Zwecke der Produktionssteigerung zwischen 1972 und 1982 in Kopřivnice und mehreren anderen Städten der ČSSR neue Fertigungsstätten errichtet. Bis 1982 entstanden vom T 148 insgesamt 113 647 Einheiten aller Bauvarianten.

Nach 1971 erfolgten umfangreiche Modernisierungsmaßnahmen an den Fahrzeugen, aus denen die ab 1982 in Serie gefertigte neue Frontlenker-Baureihe T 815 hervorging. Unter Beibehaltung des für Tatra typischen und bewährten Zentralrohrrahmens wurden im Baukastensystem aus austauschbaren Komponenten Lastwagen als 2-, 3- und 4-Achser gefertigt. Die Fahrerkabine war um 60° hydraulisch kippbar und erleichterte

Technische Daten	
Fahrgestell	LIAZ 110
Verwendungszweck	Schwere Frontlenker-Sattelzugmaschine
Bauzeit	1985 – 1989
Motor	6-Zylinder-/4-Takt-Reihen-Direkteinspritz-Diesel mit Wasser- und Ladeluftkühlung
Hubraum	11 940 cm³
Leistung	320 PS
Drehzahl	2000 U/min
Getriebe	9/1 Gänge mit Nachschaltgruppe
Radstand	3750 mm
Höchstgeschwindigkeit	100 km/h
Antrieb	auf die Hinterräder
Nutzlast	8950 kg (Sattellast)
zulässiges Ges.-gewicht	16 000 kg

Ein LIAZ 110 mit einachsigem Kofferauflieger, zugelassen im Bezirk Rostock

■ Technische Daten ■

Fahrgestell	Tatra 141
Verwendungs-zweck	Dreiachs-Schwerlast-Zugmaschine
Bauzeit	1957–1970
Motor	V 12-Zylinder-/4-Takt-Direkteinspritz-Diesel mit Luftkühlung
Hubraum	14 825 cm³
Leistung	185 PS
Drehzahl	2000 U/min
Getriebe	5/1 Gänge mit Zweigangzusatzgetriebe
Radstand	3750 + 1220 mm
Höchstge-schwindigkeit	38 km/h
Antrieb	Allrad
Nutzlast	5500 kg (Ballast)
zulässiges Ges.-gewicht	18 240 kg (Anhängelast = 100 t)

Straßenroller-Gespann, bestehend aus der Tatra 141-Schwerlastzugmaschine und einem Kesselwagen auf Straßenroller. Mit dieser noch lange in der DDR praktizierten Methode wurden Betriebe angefahren, die über keinen Gleisanschluss verfügten.

den Zugang zum Motor bei Reparaturen und bei der Wartung.

In die DDR waren bis 1989 insgesamt etwa 2900 Tatra-Lkw für den zivilen Bedarf importiert worden. Dazu kam noch eine erhebliche Größenordnung für den militärischen Bereich. Von den Modellen T 138 und T 148 waren es hauptsächlich Dreiseitenkipper, die von der DDR geordert wurden. Auch die neuen T 815-Frontlenkermodelle waren, wenn auch in wesentlich kleineren Stückzahlen, in der DDR zu finden. Hinzu kamen einige schwere Frontlenker des Dreiachs-Tatra-Modells 813, das zwar in der Vierachsausführung überwiegend von der NVA, dreiachsig allerdings auch als Schwerlastzugmaschine im zivilen Sektor zum Einsatz kam.

Zum Abschluss sei noch die Dreiachs-Straßenzugmaschine Tatra 141 erwähnt. Dieses mit einem mächtigen Zwölfzylin-

■ Technische Daten ■

Fahrgestell	Tatra 148
Verwendungs-zweck	Dreiachs-Schwerlast-Lkw mit Allradantrieb
Bauzeit	1972–1982
Motor	V 8-Zylinder-/4-Takt-Direkteinspritz-Diesel mit Luftkühlung
Hubraum	12 700 cm³
Leistung	212 PS
Drehzahl	2000 U/min
Getriebe	5/1 Gänge, teilsynchr. mit Zweigangzusatzgetriebe
Radstand	3890 + 1320 mm
Höchstge-schwindigkeit	75 km/h
Antrieb	Allrad
Nutzlast	13 900 kg
zulässiges Ges.-gewicht	25 100 kg

Tatra 148 mit 27 m-Gelenkmastbühnenaufbau. Solche Spezialaufbauten mussten im Nichtsozialistischen Wirtschaftsgebiet (NSW) gegen harte Devisen beschafft werden.

Technische Daten

Fahrgestell	Tatra 813
Verwendungszweck	Dreiachs-Frontlenker-Schwerlast-Zugmaschine
Bauzeit	1971–1982
Motor	V 12-Zylinder- / 4-Takt-Direkteinspritz-Diesel mit Luftkühlung
Hubraum	17 640 cm³
Leistung	270 PS
Drehzahl	2000 U / min
Getriebe	5 / 1 Gänge mit Zweigangzusatzgetriebe
Radstand	1650 + 2700 mm
Höchstgeschwindigkeit	70 km / h
Antrieb	Allrad
Nutzlast	8000 kg (Ballast)
zulässiges Ges.-gewicht	22 000 kg (Anhängelast = 100 t)

der-Diesel ausgerüstete Fahrzeug war vom Tatra-Modell 111 abgeleitet. Es war eine besondere Schwerlastzugmaschine, die im Schwertransport, vor allem im Verkehr mit Culemeyer-Straßenrollern, dem sogenannten „Haus zu Haus-Verkehr", aber auch beim Transport von Beton-Fertigbauteilen für das Wohnungsbauprogramm unverzichtbare Dienste leistete. Sowohl für die Deutsche Reichsbahn als auch für andere Schwertransporte beschaffte die DDR etwa 400 dieser zwischen 1957 und 1970 hergestellten schweren Zugmaschinen.

Eine Tatra 813-Dreiachs-Zugmaschine vor einem schweren Vierachs-Tiefladeanhänger. Die 1967 vorgestellte schwere Frontlenker-Zugmaschine gab es in drei- oder vierachsiger Ausführung, wobei der Achtradwagen fast ausschließlich dem Militär vorbehalten blieb. Aufgrund seiner Einzelradaufhängung und seiner langen Federwege galt dieser Lkw als einer der geländegängigsten Radfahrzeuge weltweit. Selbst der Dreiachser wirkt schon sehr martialisch.

Technische Daten

Fahrgestell	Tatra 815
Verwendungszweck	Dreiachs-Schwerlast-Lkw mit Allradantrieb
Bauzeit	1983–1989
Motor	V 10-Zylinder- / 4-Takt-Direkteinspritz-Diesel mit Luftkühlung
Hubraum	15 825 cm³
Leistung	280 PS
Drehzahl	2200 U / min
Getriebe	5 / 1 Gänge mit Vorschaltgruppe
Radstand	3350 + 1300 mm
Höchstgeschwindigkeit	88 km / h
Antrieb	Allrad
Nutzlast	15 000 kg
zulässiges Ges.-gewicht	26 700 kg

Die Fahrzeuge der Baureihe Tatra 815 wurden im Baukastenprinzip aus vereinheitlichten Komponenten gefertigt. Hier ein dreiachsiger Tatra 815 als Dreiseitenkipper.

Omnibusse in der DDR

Ein restaurierter H 6 B/L von 1958 mit 35 Sitz- und 22 Stehplätzen und einem LOWA W 701-Anhänger, der über 22 Sitz- und 10 Stehplätze verfügte.

Die Startbedingungen auf dem Omnibussektor waren bei Gründung der DDR mehr als schlecht. Ganze 1925 Busse waren laut einer Statistik von 1950 dort zugelassen. Doch trotz aller Schwierigkeiten gab es in der frühen DDR durchaus hoffnungsvolle Ansätze für einen eigenständigen Omnibusbau. Zu dessen wichtigsten Keimzellen zählten die Schumann-Werke in Werdau. Dieser Karosseriebetrieb verfügte als ehemals renommierter Hersteller von O-Bussen über genügend Erfahrungen und technisches Wissen, um auch den Bau von Straßenomnibussen zu bewältigen. Innerhalb von vier Jahren gelang es dem jetzt unter VEB LOWA-Waggonbau Werdau firmierenden Betrieb nicht nur,

Der von 1954 bis 1959 gefertigte IFA H 6 B war der einzige schwere Omnibus aus DDR-Produktion. Er kam auch nur deshalb zustande, weil Menge und Qualität der importierten Ikarus-Busmodelle völlig unzureichend waren. Dieses Prospektblatt zeigt den Typ H 6 B/L in der ab 1956 gebauten Überland-Ausführung. Je nach Hinterachsübersetzung schaffte der Bus 66 oder 80 km/h Höchstgeschwindigkeit.

diesen Schritt zu vollziehen, sondern mit dem Typ W 500 sogar einen völlig neuen, wenngleich aus zusammengesuchten Bauteilen bestehenden Frontlenker-Bus auf die Räder zu stellen. Dennoch entstanden zwischen 1951 und 1953 lediglich 68 dieser Fahrzeuge. Das Haupthindernis war der Mangel an passenden Motoren, sodass man auf die mit 240 bis 280 PS starken, von den Panzern III und IV stammenden und damit überdimensionierten V 12-Zylinder-Maybach-Motoren aus der Kriegsproduktion

KRAFTOMNIBUS H 6 B

VEB KRAFTFAHRZEUGWERK »ERNST GRUBE« WERDAU (SACHS)

Nach dem Krieg gab es in der DDR zahlreiche Opel Blitz-Lastwagen und -Fahrgestelle, die teilweise für Neuaufbauten von Bussen verwendet wurden, wobei sich fast jedes Fahrzeug durch Individualität auszeichnete. Dieser Opel Blitz-Dreitonner wurde wahrscheinlich im VEB Karosseriewerk Altenburg in den 1950er- oder frühen 1960er-Jahren aufgebaut.

zurückgreifen musste. Trotz allem war der LOWA eine wegweisende Konstruktion gelungen, die durchaus mit den zeitgleich gefertigten westdeutschen Modellen mithalten konnte.

Fehlende Kapazitäten und Bauteile stellten auch in den kommenden Jahren die Haupthindernisse für die Omnibusfertigung in Großserie dar. Deshalb wollte die DDR ihren Omnibusbedarf schon früh durch Importe aus Ungarn decken. Als dies nur ungenügend gelang, wurde der bereits eingestellte Omnibusbau wieder aufgenommen.

Analog zum Lkw H 6 entwickelte man in Werdau in aller Eile den Kraftomnibus H 6 B. Als Antrieb diente der vorn stehend eingebaute Motor EM 6-20 mit zunächst 120 und ab 1958 150 PS. Der zehn Meter lange Bus war in selbsttragender Bauweise konzipiert und besaß vorn und hinten Starrachsen. Von ihm gab es Bauvarianten unter den Zusatzzeichen L, S, R und U als Linien-, Reise- und Konferenz-

Universalbusse. Da der Lkw-Bau die Fertigungskapazitäten in Werdau gänzlich auslastete, wurde die Montage des H 6 B im Jahr 1955 zum VEB Waggonbau Ammendorf (der ehemaligen Waggonfabrik Gottfried Lindner) in Halle/Saale verlegt. Qualitätsprobleme und unzureichende Planerfüllung führten ab 1957 zur Rückführung der Produktion nach Wer-

Dieses Badeidyll zeigt den von 1964 bis 1967 von den Robur-Werken, Zittau, angebotenen 21-Sitzer-Reisebus Robur LO/LD 2500 Fr 2 M/B 21. Es war ein ansprechendes Fahrzeug mit getönter Dachrandverglasung. Ein nach vorn verlegter Motor und eine verlängerte Heckpartie erhöhten die Sitzkapazität von 18 auf 21.

der H 6-Lkw-Produktion wurde 1959 auch der unrentable Bau des H 6 B nach etwa 2000 gefertigten Einheiten eingestellt. Gleichwohl war der H 6 B im öffentlichen Kraftverkehr der DDR flächendeckend noch bis etwa Mitte der 1960er-Jahre zu sehen.

Damit endete der staatlich betriebene Bau von Großraum-Omnibussen in der DDR. Alles, was nun folgte, waren in Einzel- oder Kleinserienfertigung gefertigte Busse einzelner DDR-Karosseriebaufirmen. Die bekannteste unter ihnen war die Firma Fritz Fleischer in Gera, im Übrigen der einzige private Omnibushersteller in den RGW-Staaten. Hier entstanden in Handarbeit über 30 Jahre hinweg moderne und hochwertige Reiseomnibusse unter oft recht abenteuerlichen Bedingungen.

Neben einigen Doppelstock-Sattelzügen oder den in Zusammenarbeit mit den Berliner Verkehrsbetrieben (BVG) konstruierten Bautzener Doppelstockbussen der Typen DO 54 und DO 56 nutzten die Zittauer Robur-Werke ihre relativ hochbeinigen und für Omnibusse nur eingeschränkt brauchbaren leichten Hauben- oder Frontlenker-Lkw-Fahrgestelle für Omnibusaufbauten. Sie waren aber eher Aus-

Das Robur LO 3000-Busmodell Fr 2 M/B 21 wurde zwischen 1973 und 1985 mit einem luftgekühlten 75 PS-Vierzylinder-Vergasermotor angeboten.

dau. In Verbindung mit dem inzwischen lieferbaren verstärkten Einheitsgetriebe erreichten die Reisebusse eine Höchstgeschwindigkeit von 92 km/h. Ansonsten gab es keinerlei grundsätzliche Weiterentwicklung, und das Hin- und Hergeschiebe zwischen Werdau und Ammendorf ließ keine großen Stückzahlen aufkommen. Zeitgleich mit der Beendigung

Ikarus-Busse bildeten seit Mitte der 1960er-Jahre das Gros des Busbestandes in der DDR. Mit den Modellen 30 und später 31 begann bereits 1952 der Import aus Ungarn. Der zwischen 1956 und 1959 gefertigte Ikarus 31 war mit einem Csepel-Vierzylinder-Wirbelkammer-Diesel mit 5320 cm³ Hubraum ausgerüstet, der 85 PS bei 2200 U/min erzeugte und eine Höchstgeschwindigkeit von 75 km/h ermöglichte.

Zwischen 1960 und 1973 befand sich das Ikarus-Modell 311 in der Fertigung. Dieses Fahrzeug hatte gegenüber seinem Vorgänger, dem Typ Ikarus 31, einen mit 95 PS stärkeren Motor und erreichte jetzt 78 km/h Maximalgeschwindigkeit.

flugsbusse und kleine Reisewagen oder für Industrie, Bauwirtschaft und Landwirtschaft geeignete kleinere Personentransportmittel.

Nach der Einstellung der eigenen Produktion musste sich die Omnibusbeschaffung bei den Großraumwagen bis zum Ende der DDR ausschließlich auf Importe stützen. Hier war der ungarische Hersteller Ikarus der dominierende Monopolist. In den 1960er- und 1970er-Jahren belebten allerdings auch Busse von Skoda und Jelcz das Bild, während kurz vor der Wende einige von Karosa aufgebaute ČSSR-Busse beschafft wurden.

Die Tradition des Fahrzeugbaus bei Ikarus reichte bis in die frühen 1920er-Jahre zurück. Wichtigstes Modell war in den 1960er-Jahren der Heckmotor-

Der Ikarus 66 wurde wegen seiner eigenwilligen Form auch „Zigarre" genannt.

Reisebus Ikarus 55, der 1956 vorgestellt und bis 1973 fast unverändert gefertigt wurde. 1959 erschien mit dem Typ 66 die Ausführung als Stadtlinienbus, die ebenso lange im Produktionsprogramm blieb. Beide Fahrzeuge waren technisch nahezu identisch. Sie

waren in selbsttragender Bauweise konstruiert, wobei der im Heck installierte Dieselmotor von Csepel eine Leistung von 145 PS zur Verfügung stellte und die Hinterachse antrieb. Das 5/1-Gang-Getriebe war teilsynchronisiert und die hintere Achse war als Außenplaneten-Hinterachse ausgebildet. Der Stadtlinienbus verfügte über 32 Sitz- und 58 Stehplätze und erreichte je nach Übersetzung bis zu 100 km/h Höchstgeschwindigkeit. Von beiden Varianten erhielt die DDR 8350 Stück, die damit eine wesentliche Stütze für den Kraftverkehr des Landes bildeten. Ab 1972 importierte die DDR das Ikarus Modell 260 als Stadtomnibus, dem ein Jahr später die Gelenkvariante 280 folgte. Der Gelenk-Linienbus 280 bot bis zu 180 Fahrgästen (einschließlich Stehplätze) Platz und war besonders im Berufsverkehr unverzichtbar geworden. Beide Modelle entwickelten sich fortan zur tragenden Säule des öffentlichen Personennahverkehrs in der DDR. Die Gesamtzahl der zwischen 1952 und 1989 aus Ungarn bezogenen Ikarus-Busse betrug 33 389 Einheiten, von denen sich 1988 noch 15 707 Einheiten im Einsatz befanden, davon allein 4047 vom Typ 280. Der letzte planmäßig im Linienverkehr eingesetzte Ikarus 280 wurde im August 2010 in Zittau außer Dienst gestellt.

Diese im Frühjahr 1991 in Bernburg (Saale) entstandene Aufnahme zeigt einen Ikarus-Gelenk-Linienbus 280. Während der Bus noch mit einem DDR-Zulassungskennzeichen verkehrt, hat sich sein äußeres Erscheinungsbild durch westliche Werbung bereits sichtbar gewandelt.

Ebenfalls erhältlich ...

Das große Buch der LANDTECHNIK

Albert Mößmer

Vom Grabstock zum Feldroboter

GeraMond

ISBN 978-3-95613-058-8

Ein Nachschlagewerk aller technischen Helfer der Landwirtschaft: vom hölzernen Grabstock bis zum futuristischen Feldroboter.

GeraMond

www.geramond.de